Sven Oehm

Nationalparks im Sudan

Sven Oehm

Nationalparks im Sudan

Sozioökonomische Entwicklung und Naturschutz im Schutzgebietsmanagement. Dinder und Wadi Howar Nationalpark

Südwestdeutscher Verlag für Hochschulschriften

Impressum / Imprint
Bibliografische Information der Deutschen Nationalbibliothek: Die Deutsche Nationalbibliothek verzeichnet diese Publikation in der Deutschen Nationalbibliografie; detaillierte bibliografische Daten sind im Internet über http://dnb.d-nb.de abrufbar.
Alle in diesem Buch genannten Marken und Produktnamen unterliegen warenzeichen-, marken- oder patentrechtlichem Schutz bzw. sind Warenzeichen oder eingetragene Warenzeichen der jeweiligen Inhaber. Die Wiedergabe von Marken, Produktnamen, Gebrauchsnamen, Handelsnamen, Warenbezeichnungen u.s.w. in diesem Werk berechtigt auch ohne besondere Kennzeichnung nicht zu der Annahme, dass solche Namen im Sinne der Warenzeichen- und Markenschutzgesetzgebung als frei zu betrachten wären und daher von jedermann benutzt werden dürften.

Bibliographic information published by the Deutsche Nationalbibliothek: The Deutsche Nationalbibliothek lists this publication in the Deutsche Nationalbibliografie; detailed bibliographic data are available in the Internet at http://dnb.d-nb.de.
Any brand names and product names mentioned in this book are subject to trademark, brand or patent protection and are trademarks or registered trademarks of their respective holders. The use of brand names, product names, common names, trade names, product descriptions etc. even without a particular marking in this works is in no way to be construed to mean that such names may be regarded as unrestricted in respect of trademark and brand protection legislation and could thus be used by anyone.

Coverbild / Cover image: www.ingimage.com

Verlag / Publisher:
Südwestdeutscher Verlag für Hochschulschriften
ist ein Imprint der / is a trademark of
AV Akademikerverlag GmbH & Co. KG
Heinrich-Böcking-Str. 6-8, 66121 Saarbrücken, Deutschland / Germany
Email: info@svh-verlag.de

Herstellung: siehe letzte Seite /
Printed at: see last page
ISBN: 978-3-8381-3417-8

Zugl. / Approved by: Berlin, FU, Diss., 2008

Copyright © 2012 AV Akademikerverlag GmbH & Co. KG
Alle Rechte vorbehalten. / All rights reserved. Saarbrücken 2012

Nationalparks im Sudan

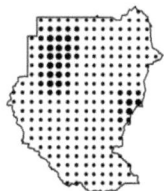

Integration von sozioökonomischer Entwicklung und Naturschutz als Herausforderung für das Schutzgebietsmanagement

Die Beispiele Dinder Nationalpark und Wadi Howar Nationalpark

Dissertation zur Erlangung des akademischen Grades Doktor der Naturwissenschaften eingereicht am Fachbereich Geowissenschaften der Freien Universität Berlin

von Sven Oehm

Gutachter:

Prof. Dr. Bernd Meissner
Freie Universität Berlin

Prof. Dr. Ludwig Ellenberg
Humboldt-Universität zu Berlin

Datum der Disputation: 12.06.2008

Berlin

Earth provides enough to satisfy every man's need,
but not any man's greed.

Mahatma Gandhi

Meinem Freund und großen Saharaforscher Stefan Kröpelin gewidmet

Vorwort

Vorwort

„Yes, it is quite a good business with the tourists here. But you know still it is very difficult for us to live our normal life. We need so much of the resources of the area which is now considered as Royal Chitwan National Park. But most of our needs are refused for the sake of conservation. At least we can cut the elefant-grass again that we need to make the roofs of our huts. But it was a hard struggle to re-legalize this activity."

In dieser Art hat sich ein Gespräch abgespielt, das ich vor gut zehn Jahren mit dem Betreiber einer kleinen Pension am Rande des Royal Chitwan Nationalparks in Nepal führte. Es war für mich die erste kritische Begegnung mit dem Naturschutz durch Nationalparks – und sie hat einen tiefen Eindruck hinterlassen. Der Gegensatz zwischen den Bedürfnissen der Menschen und dem Schutz der Natur hat mich seitdem beschäftigt.

Zwei Überzeugungen schienen sich nur schwer miteinander in Einklang bringen zu lassen. Selbstverständlich muss der Lebensraum der Tier- und Pflanzenarten vor der Zerstörung durch den Menschen geschützt werden. Ebenso selbstverständlich jedoch muss allen Menschen das Recht eingeräumt werden, ihr Überleben zu sichern.

Dass ich nun die Gelegenheit hatte, mich intensiv und wissenschaftlich mit diesem Thema zu beschäftigen, verdanke ich einer Reihe von Personen, denen in hiermit meinen Dank aussprechen möchte. Zunächst möchte ich Prof. Dr. Bernd Meissner dafür danken, dass er mir meinen wissenschaftlichen Weg der letzten Jahre, von der Mongolei bis in den Sudan, ermöglichte. Weiterhin gilt der Dank auch Prof. Dr. Ludwig Ellenberg, der mich herzlich in seine Arbeitsgruppe aufnahm und mir damit eine neue wissenschaftliche Einbettung eröffnete.

Ein ganz besonderer Dank geht an Dr. Stefan Kröpelin. Nicht nur, dass er mir auf verschiedenen Reisen den Sudan und Afrika dank seiner langjährigen Erfahrung nahe brachte. Ohne seine Unterstützung und die Bereitstellung seines Wissens und seiner Unterlagen hätte besonders das Kapitel über den

Vorwort

Wadi Howar Nationalpark nicht entstehen können. Dies schätze ich besonders, da Stefan Kröpelin seit über 30 Jahren sein wissenschaftliches Herz der Erforschung dieses Gebietes gewidmet hat. Ohne seinen unermüdlichen Einsatz hätten weder der Wadi Howar Nationalpark noch diese Arbeit entstehen können.

Allen drei sei besonders für die menschliche Art gedankt, die es mir persönlich ermöglichte, die Freude an der Arbeit zu erhalten.

Während meiner Zeit im Sudan wurde mir viel Hilfsbereitschaft und Freundlichkeit entgegengebracht. Zu groß ist die Anzahl derer, die mich bei der Recherche unterstützt haben, um sie alle namentlich aufzuführen. Stellvertretend ist mein Dank an Prof. Dr. Abdel Hafiz Gaafar, Mutassim Nimir Bashir, Anwar Jawed, Altair Anur und die Geological Research Authority of the Sudan gerichtet, die mir bei der Reise in den Dinder Nationalpark und anderen Arbeiten in Khartum hilfreich zur Seite standen. Gesondert erwähnen möchte ich Hassan Abureida, ohne dessen Übersetzungen und Kenntnisse meine praktische Arbeit im Dinder Nationalpark unmöglich gewesen wäre. Die Freundschaft zu Salah Fadlallah war eine große Bereicherung der Zeit in Khartum.

An der TFH Berlin geht mein Dank besonders an Dr. Daniel Wyss, der mir bei vielen Gesprächen mit freundschaftlichem Rat beiseite stand. Auch Prof. Dr. Immelyn Domnick half mir durch ihre immerwährende Begeisterung für Afrika und den Sudan in Phasen der schwindenden Motivation. Iris Andrzejak sei für die gute Zusammenarbeit im Sudan und Berlin gedankt. Ein genereller Dank geht auch an die Mitarbeiter von geo3 die mir bei kartographischen Fragen immer hilfsbereit zur Seite standen.

Den Mitgliedern der AG Ellenberg der Humboldt-Universität danke ich für die gute Aufnahme und die Hilfe bei der Korrektur meiner Arbeit.

Meinem Freund Marco Hartmann möchte ich für die kritisch-hilfreichen Diskussionen während der gesamten Zeit der Erstellung dieser Arbeit danken.

Vorwort

Ein herzlicher Dank geht auch an Giusi Valentini, die mich über lange Strecken der Arbeit mit viel Liebe und Geduld unterstützte.

Zuletzt möchte ich den Dank an meine Eltern und Geschwister richten. Sie haben mich zu großen Teilen zu dem gemacht, der ich bin. Es ist gut sich stets ihrer Unterstützung sicher zu sein – so verschlungen die Wege manchmal auch sein mögen.

Inhaltsübersicht

1. Einführung — 1
2. Methoden — 18
3. Schutzgebiete im globalen Kontext — 33
4. Rahmenbedingungen im Sudan — 92
5. Dinder National Park (DNP) — 139
6. Wadi Howar National Park (WHNP) — 201
7. Zusammenfassung der Forschungsergebnisse und strategische Empfehlungen für das Schutzgebietsmanagement im Sudan — 240
8. Ausblick — 259
9. Literatur — 263

Inhaltsverzeichnis

Inhaltsverzeichnis

Vorwort	*I*
Inhaltsübersicht	V
Inhaltsverzeichnis	VII
Zusammenfassung	**X**
Summary	**XI**
خلاصة	**XII**

1. Einführung **1**
    1.1 Einleitung *1*
    1.2 Zielsetzung *7*
    1.3 Stand der Forschung *8*
    1.4 Aufbau der Arbeit *16*

2. Methoden **18**
    2.1 Literaturarbeit *18*
    2.2 Auswahl der Untersuchungsgebiete *20*
    2.3 Anwendung von GIS und kartographischen Darstellungen .. *23*
    2.4 Geländearbeiten und Interviews *25*
    2.5 Universitäre Einbindung *30*

3. Schutzgebiete im globalen Kontext **33**
    3.1 Abkommen und Klassifizierungen *39*
        3.1.1 World Conservation Union 45
        3.1.2 Man and the Biosphere Programme 54
        3.1.3 Welterbeprogramm der UNESCO 58
        3.1.4 Ramsarkonvention 61
    3.2 Theoretischer Diskurs und praktische Implikationen *65*
    3.3 Nachhaltigkeit im Schutzgebietsmanagement *73*
    3.4 Schutzgebiete und Landnutzung *80*
    3.5 Chancen und Risiken *84*

4. Rahmenbedingungen im Sudan **92**
    4.1 Naturräumliche Ausstattung *92*
    4.2 Gesellschaftliche Situation *99*
    4.3 Ökonomische Situation *116*
    4.4 Ressourcenschutz im Sudan *121*
        4.4.1 Bedeutung für die sozioökonomische und ökologische Entwicklung 126

Inhaltsverzeichnis

4.4.2	Situation der existierenden Schutzgebiete	129
4.5	Sudanesische Landnutzungssysteme unter veränderten Ansprüchen	137

5. Dinder National Park (DNP) 139

5.1	Rahmenbedingungen des DNP	139
5.1.1	Geographische Lage und naturräumliche Merkmale	142
5.1.2	Sozioökonomische Situation	151
5.1.3	Der Managementplan	153
5.1.4	Schützenswertes im DNP	164
5.2	Forschungsergebnisse	164
5.2.1	Chancen	165
5.2.2	Risiken	166
5.2.3	Lösungsansätze	180
5.2.4	Partizipation der lokalen Bevölkerung als Notwendigkeit	187
5.2.5	Tourismus als alternative Einkommensquelle	189
5.3	Schlussfolgerungen	197

6. Wadi Howar National Park (WHNP) 201

6.1	Rahmenbedingungen des WHNP	201
6.1.1	Geographische Lage und naturräumliche Merkmale	206
6.1.2	Sozioökonomische Situation	213
6.1.3	Schützenswertes im WHNP	218
6.2	Forschungsergebnisse	225
6.2.1	Chancen	225
6.2.2	Risiken	226
6.2.3	Lösungsansätze	228
6.2.4	Partizipation der lokalen Bevölkerung als Notwendigkeit	231
6.2.5	Tourismus als alternative Einkommensquelle	233
6.3	Schlussfolgerungen	235

7. Zusammenfassung der Forschungsergebnisse und strategische Empfehlungen für das Schutzgebietsmanagement im Sudan 240

7.1	Institutionelle Erfordernisse	240
7.1.1	Internationale Ebene	241
7.1.2	Nationale Ebene	242
7.1.3	Lokale Ebene	247
7.2	Finanzielle Erfordernisse	249
7.3	Personelle Erfordernisse	252
7.4	Partizipative Erfordernisse	256

8. Ausblick 259

9. Literatur 263

Anhang 299

Auswertung von Modis-Satellitenbilddaten zur raumzeitlichen Erkennung von Bränden im DNP 299

Glossar 305

Abkürzungsverzeichnis 309

Inhaltsverzeichnis

Abbildungsverzeichnis.. 313

Tabellenverzeichnis.. 314

Kartenverzeichnis... 315

Verzeichnis der Boxen... 317

Fotoverzeichnis... 318

Questionnaire on protected areas (PA) in Sudan... 322

Liste der geführten Interviews.. 325

Gebührenliste für Besucher im DNP.. 331

Zusammenfassung

Zusammenfassung

Der wachsende Druck des Menschen auf die natürlichen Ökosysteme führt zu einem bedenklichen Maß des Verlustes von Biodiversität. Verschiedene Ansätze versuchen diesen Entwicklungen entgegenzuwirken. Die Etablierung von Schutzgebieten ist ein Eckpfeiler dieser globalen Bemühungen. Dem zahlen- und flächenmäßigen Wachstum von Schutzgebieten, stehen jedoch stagnierende Erfolge bei der Effektivität des Schutzgebietsmanagements entgegen. Trotz fundamentaler Weiterentwicklungen auf der theoretischen Ebene bleiben viele Probleme auf der praktischen Umsetzungsebene bestehen.

Der Sudan ist das flächenmäßig größte Land Afrikas und beherbergt eine reiche Biodiversität. Diese steht durch gewaltsame Konflikte, unangepasste Landnutzung und wachsende Bevölkerungszahlen unter zunehmendem Druck. Bisher existiert kein funktionierendes Schutzgebietssystem, welches den Schutz der natürlichen Vielfalt wirksam gestalten kann. Am Beispiel des Dinder Nationalparks, dem bisher einzigen Schutzgebiet mit aktivem Management, werden die Stärken und Schwächen des sudanesischen Schutzgebietssystems untersucht.

Die Ergebnisse werden auf den jungen Wadi Howar Nationalpark übertragen, um die Basis für den Aufbau eines funktionierenden Managements dieses Schutzgebietes zu schaffen. Darüber hinaus werden Empfehlungen für den Aufbau eines nationalen Schutzgebietssystems gegeben, die den zukünftigen Schutz der Biodiversität im Sudan, unter der Berücksichtigung der Belange der Bevölkerung, erhöhen können.

Summary

The growing pressure of human mankind on the natural ecosystems leads to an alarming extent of loss of biodiversity. Several approaches try to encounter these developments. The establishment of protected areas is a corner stone of these global efforts. The growing number of protected areas is not in line with the effectiveness of protected area management. The theoretical frameworks are steadily developing but nonetheless the practical problems of application remain.

The Sudan is the largest African country and is home to a rich biodiversity. The latter is under growing pressure due to violent disputes, unsustainable land use and growing population. Until today there is no national system of protected areas which may develop effective conservation strategies. The Dinder National Park is currently the only protected area with active management. The strengths and weaknesses of the Sudanese protected areas will be examined in that park. The results will be transferred to the Wadi Howar National Park, which is nothing more than a "paper park" since it was established in the year 2001. The findings lay the foundation for the setting up of an effectively working protected area. Further recommendations for the establishment of a Sudanese protected areas system are given in order to enhance the conservation of biodiversity taking the needs of the population into account.

Summary

خلاصة

إن الضغط المتنامى للعنصر البشري على موارد البيئة الطبيعية يؤدي إلى زيادة القلق على فقدان وخلل التنوع الإحيائي. وهناك عدة محاولات وأساليب لمواجهة هذه التطورات كما وأن قيام محميات يمثل حجر الزاوية فى كل الجهود والمحاولات على مستوى العالم. وإن تزايد قيام المحميات لايعادله أي تزايد في إدارة هذه المحميات علماً بأن الإطار النظرى قد تم تطويره إلا أن مسائل التطبيق على الواقع لم تراوح مكانها.

يعتبر السودان أكبر الأقطار الأفريقيه ويتمتع بثراء كبير في التنوع الإحيائي الذى يرزح تحت ضغط كبير بسبب النزاعات المسلحة وسوء إستخدام الأراضي والنمو السكاني المتزايد. وحتى الآن لايوجد نظام وطنى للمناطق المحمية الذى يمكن من خلاله تطوير نظام فعال لإستراتيجيات الحماية والحفظ. وتعتبر حظيرة الدندر هى المحمية الوحيدة الآن التى لها إدارة فعالة و مدى قوة وضعف المحميات السودانية يمكن قياسه على ما ينطبق فى تلك الحظيرة , وسوف يتم تحويل وتطبيق النتائج على حظيرة وادى هور والتى هى فقط حظيره على الورق منذ نشاتها في العام 2001 م. وسوف تؤدى النتائج التي يتم التوصل إليها لوضع قاعدة متينة لقيام منطقة محمية عاملة بفاعلية. إضافة لتوصيات أخرى فى شأن قيام نظام فعال للمحميات السودانية بغرض تطوير وتحسين المحافظة على التنوع الإحيائي مع أخذ حاجات السكان في الإعتبار

Einleitung

1. Einführung

1.1 Einleitung

Der Schutz von Biodiversität durch Schutzgebiete hat weltweit eine lange Tradition. In der Literatur wird der Ursprung dieses Gedankens mit der Gründung des Yellowstone Nationalparks im Jahr 1872 gleichgesetzt (PHILIPPS 2004, 4; STEVENS 1997b, 13-15). Damals wurde der Mensch als Gefährdung für die Ökosysteme angesehen und aus den Schutzgebieten ausgeschlossen. Für die dort lebenden Menschen hatte dies eine Umsiedlung aus ihren angestammten Lebensräumen heraus zur Folge. Untrennbar verbunden mit der Einrichtung von Schutzgebieten sind seither die Konflikte zwischen den Managementzielen und den Bedürfnissen und Vorstellungen der Menschen, die in oder in der Nähe dieser Gebiete leben. Die mit Schutzgebietsthematik befasste internationale Wissenschaftsgemeinschaft hat diese Verwerfungen erkannt und 1982 auf dem World Parks Congress das Konzept der „community-friendly conservation" entwickelt, um diese Konflikte zu mindern (BARROW et al. 2002, 70). Die Haupterkenntnis dieser Bemühungen war, dass Schutzgebiete nur gemeinsam mit den Menschen erhalten werden können und nicht gegen sie (WELLS et al. 1999, 1-3; BRECHIN et al. 1991, 17). Um den Verlust, der aus den Zugangsbeschränkungen zu den Schutzgebieten resultiert, zu kompensieren und illegaler Nutzung der Gebiete entgegen zu wirken, werden ökonomische Anreizsysteme und partizipative Managementstrategien entworfen (BORRINI-FEYERABEND et al. 2003, 2-3). Neben den Interessen der lokalen Bevölkerung ist auch zu berücksichtigen, dass die Interessen der allgemeinen ökonomischen Entwicklung und die daraus resultierenden Landnutzungsansprüche oftmals in einem Interessenskonflikt mit dem Schutzgebietsmanagement stehen. In der Regel wird der Etablierung von Schutzgebieten ein geringerer Stellenwert beigemessen als der wirtschaftlichen Inwertsetzung von natürlichen Ressourcen.

Eine Vielzahl an Beispielen belegt, dass es trotz aller Anstrengungen bis heute oftmals nicht gelungen

Einführung

ist, effektive Strukturen zu etablieren, die eine Integration von Naturschutz und sozioökonomischer Entwicklung leisten (HUGHES et al. 2001; DAVEY 1998, ix; PETERS 1998; GHIMIRE et al. 1997). Die Zahlen über den Rückgang der weltweiten Biodiversität zeigen, dass es weiterhin unabdingbar ist, ihren Bestand durch Strategien, die eine Verbindung zwischen dem Schutz der Natur und den Interessen der Menschen herstellen, besser zu schützen. Schutzgebieten kommt dabei eine zentrale Rolle zu. Die momentane Rate des Artensterbens ist allen Bemühungen des Artenschutzes zum Trotz anhaltend hoch. Die Zahl der vom Aussterben bedrohten Tier- und Pflanzenarten liegt momentan bei etwa 16 000 Spezies. Nach Berechnungen der World Conservation Union (IUCN) bedeutet das, dass 23% der Säugetiere, 12% der Vögel und etwa 30% der Amphibien in ihrer Existenz bedroht sind (IUCN 2007). Diese Ausmaße lassen befürchten, dass eine sechste Welle des Aussterbens bevorsteht. In der Erdgeschichte konnten bisher fünf solcher Wellen nachgewiesen werden. Der Unterschied des nun bevorstehenden Artensterbens ist, dass die Ursachen diesmal auf die Aktivitäten des Menschen zurückzuführen sind und nicht auf natürliche Prozesse (UNEP 2007c, 162).

Das Management von Schutzgebieten zum Schutz von Biodiversität bei gleichzeitiger Integration des Menschen und seiner Bedürfnisse ist eine komplexe Aufgabe, weil es die Berücksichtigung der vielschichtigen Rahmenbedingungen erfordert. Um angesichts dieser Herausforderung angemessen agieren zu können, ist somit eine multidimensionale Problemanalyse erforderlich. Es besteht die Notwendigkeit, bisherige Versuche auf nationaler und internationaler Ebene zu evaluieren, um sowohl Erfolge als auch Mängel aufzuzeigen. Hierbei gilt es grundsätzlich zwischen praktischen und strukturellen Mängeln zu unterscheiden. Es ist nicht zu erwarten, dass ein ideales Modell zur Herstellung einer idyllischen Harmonie zwischen Mensch und Natur erzeugt werden kann. Vielmehr geht es darum, die verschiedenen Interessengruppen unter den gegebenen Rahmenbedingungen möglichst gut in Ein-

Einleitung

klang zu bringen. Es sollen Entwicklungen angestoßen werden, welche die Strukturen auf lange Sicht derart verändern, dass sowohl Biodiversität erhalten bleibt als auch der Lebensunterhalt der Menschen auf eine nachhaltige Basis gestellt wird. Dabei gilt es die unterschiedlichen Lebensrealitäten zu beachten, denn auf der lokalen Ebene wird die langfristige Sicherung der Lebensgrundlagen durch nachhaltiges Wirtschaften und Schutzgebiete zu einem abstrakten Ziel, wenn die grundlegenden Güter zur kurzfristigen Sicherung des Lebensunterhaltes knapp sind. In der Wahrnehmung der Lokalbevölkerung verkommen Schutzgebietsgrenzen dann zu reinen Schikanen ohne Sinn und Zweck, die es geschickt zu umgehen gilt. Ranger und Schutzgebietspersonal werden als Gegner wahrgenommen, die das Grundrecht auf Versorgung mit den notwendigen Gütern gefährden (WELLS et al. 1992, 2).

In diesem Spannungsfeld befindet sich die Schutzgebietsthematik des Sudan. Der Sudan beherbergt als größter Flächenstaat Afrikas mit über 2,5 Millionen km² eine Vielzahl an unterschiedlichen naturräumlichen Einheiten. Wegen seiner großen Nord-Süd Ausdehnung (22° N bis etwa 4° N) reichen die Klimazonen von Wüstenklimaten der im Norden gelegenen Sahara bis hin zu tropischen Klimaten im Süden. Der Wert dieser Diversität wird im Sudan durch die Existenz von 30 Schutzgebieten, deren vorrangiges Ziel der Erhalt von Biodiversität und Ökosystemen ist, zumindest nominell anerkannt (ELASHA 2007, 276-279). Es mangelt jedoch in nahezu allen Schutzgebieten an der Formulierung oder Umsetzung von Managementstrategien für diese Schutzgebiete. Ein Grundproblem der sudanesischen Schutzgebiete ist, dass sie nahezu ausnahmslos reine „paper parks" sind und in der Realität kaum praktische Maßnahmen zum Schutz der natürlichen Ressourcen ergriffen werden (HCENR et al. 2004, 23; SCANLON et al. 2004, 41-42; JAMES et al. 1999, 21). Ein wesentlicher Grund hierfür kann in dem lange währenden Bürgerkrieg zwischen Nord- und Südsudan gesehen werden. In dem multiethnischen Staatsgefüge brechen immer wieder politisch und

Einführung

ökonomisch motivierte Konflikte auf, die dem Schutzgebietsgedanken sowohl auf regionaler als auch auf nationaler Ebene einen niedrigen Stellenwert zukommen lassen. Die Wurzeln der Konflikte liegen oft in dem nicht ausreichend geregelten Zugang zu Ressourcen (UNEP 2007b; HOVEN et al. 2004, 26-27; UNDP 2003, 8-15; SULIMAN 1998, 1-2). Mit dem Ende der kriegerischen Auseinandersetzungen und der Umsetzung eines vorläufigen Friedensabkommens vom Januar 2005 (GOS et al. 2005) besteht nun die Hoffnung, dass dem Ressourcenschutz höhere Priorität eingeräumt wird. Wenn politisch anerkannt wird, dass der Erhalt der natürlichen Grundlagen elementares Fundament sowohl für die dauerhafte Inwertsetzung des Landes als auch für stabilen Frieden ist (HOVEN et al. 2004), bestehen Chancen einen ausgewogenen Kompromiss zwischen Naturschutz und menschlicher Nutzung zu finden. Diese Art der nachhaltigen Entwicklung scheint umso elementarer, als durch wachsende Bevölkerung sowie steigende Technologisierung und Industrialisierung der Druck auf die natürlichen Ressourcen steigt (UNEP 2007a, 144-157).

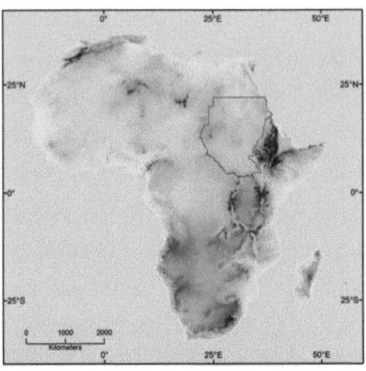

Karte 1-1: Lage des Sudans in Afrika
Kartographie: OEHM; Quelle: GLCF

Die aktuellen Nutzungsmuster und -tendenzen im Sudan führen zu Problemen wie Überweidung, Bodendegradation, Erosion, Grundwasserverknappung und zum Verlust von Biodiversität. Dies ist maßgeblich den Regelungsmechanismen der Landnutzungsrechte sowie der Ausrichtung der Landwirtschaftspolitik durch die Nationalregierung geschuldet. Die traditionellen Regelungen sind formal abgeschafft und durch neue ersetzt worden, die jedoch nicht alle Bevölkerungsgruppen berücksichtigen. Daher führen Konflikte um den Zugang zu sich verknappenden Ressourcen oft zu gewalttätigen Auseinandersetzungen und somit zu einer weiteren Verschlechte-

Einleitung

rung der Lebensumstände. Die schnellen gesellschaftlichen Veränderungen, beispielsweise durch Bevölkerungswachstum und Migration, werden ebenso wenig berücksichtigt wie die Bedürfnisse von mobilen Tierhaltern und Kleinbauern (UNDP 2003; SHAZALI et al. 1999, 8-16; SULIMAN 1998, 2). Entscheidungsträgern mangelt es oftmals an der reflektierten Weiterentwicklung von lokalen Nutzungsmustern und lokalem Wissen, um sie an die veränderten Rahmenbedingungen anzupassen.

Der Verbesserung des Biodiversitätsschutzes im Sudan kommt aufgrund der Größe des Landes und der enormen Variabilität an naturräumlicher Ausstattung eine regionale und globale ökologische Bedeutung zu (WICKENS 2007). Damit die Schutzgebiete nicht zu Inseln in einem Meer von verkümmernden Ökosystemen werden, muss auch die Entwicklung außerhalb dieser Gebiete berücksichtigt werden (IUCN 2005, 221). Die negativen Auswirkungen von unangepassten Landnutzungspraktiken sind nur durch eine Änderung der gegenwärtigen Tendenzen zu mildern. Eine Einbindung des Schutzgebietsmanagements in ein schlüssiges Gesamtkonzept der Landnutzung ist notwendig. Dem Schutzgebietsmanagement kommt somit die wichtige Aufgabe zu, Akteure unterschiedlicher Ebenen und Sachgebiete, wie z.B. verschiedene Regierungs- und Verwaltungsebenen, Nichtregierungsorganisationen (NGO) und lokale Akteure, zusammenzubringen. Hierzu ist es notwendig, wie schon im Caracas Action Plan, einem der wichtigen Abschlussdokumente des vierten World Parks Congress 1992 in Caracas, Venezuela, gefordert, ein kohärentes nationales Schutzgebietssystem aufzubauen (siehe Box 1-1) (HCENR et al. 2004, 68-69; GoS et al. 2000a, 41-53; MCNEELY 1993).

Einführung

> Requirements of the Caracas Action Plan relating to national system plans for protected areas
>
> Action 1.1-Develop and implement national protected area system plans. Develop national system plans as the primary national policy document for strengthening management and extending protected area coverage. Base state or provincial plans on the national plan.
>
> Identify all the groups with a particular interest in protected areas and enable them to participate actively in the system planning process. Review the system plan widely with all potential interest groups and agencies before final adoption, and periodically thereafter.
>
> Mobilise the best available science to identify critical sites that need to be included in the system if the nations full range of biodiversity is to be protected, and to provide guidance on appropriate management policies for the individual sites and their surrounding lands.
>
> Include within the system a range of terrestrial and marine protected area categories that addresses the needs of all interest groups, including agriculture, forestry, and fisheries. Ensure that all sites managed for conservation objectives are incorporated, including tribal lands, forest sanctuaries, and other sites managed by agencies other than the main protected areas management authority (for example, private landowners, local communities, and the military).

Box 1-1: Forderungen des Caracas Action Plans bezüglich nationaler Schutzgebietssysteme
Quelle: DAVEY 1998, 4

Zielsetzung

1.2 Zielsetzung

Das Ziel der vorliegenden Arbeit ist es, die Probleme des sudanesischen Schutzgebietsmanagements zu identifizieren und strategische Empfehlungen zu erarbeiten. Dabei werden sowohl institutionelle Defizite als auch Fragen der praktischen Umsetzung in die Untersuchungen einbezogen. Am Beispiel von zwei Nationalparks werden die Chancen und Risiken vor dem Hintergrund der politisch-institutionellen, soziokulturellen, ökologischen und ökonomischen Situation untersucht:

1. der Dinder Nationalpark (DNP) im Osten des Landes; er ist der bisher einzige sudanesische Park mit einem existierenden Managementplan, der zumindest in Ansätzen umgesetzt wird;
2. der Wadi Howar Nationalpark (WHNP) im Nordwesten des Sudan; ein Nationalpark, der erst kürzlich (2001) proklamiert wurde und bisher als „paper park" eingestuft werden muss.

An diesen beiden Beispielen wird der Forschungsfrage nachgegangen, ob und wie der ökologische Schutz durch Schutzgebiete und die sozioökonomische Entwicklung im Sudan in Einklang gebracht werden können. Dafür wird untersucht, inwieweit bestehende Ansätze zum Management von Schutzgebieten und natürlichen Ressourcen bereits übernommen werden oder zukünftig übernommen werden können. Weiterhin werden die Grenzen der Umsetzbarkeit und des Erfolges des Schutzgebietsmanagements untersucht.

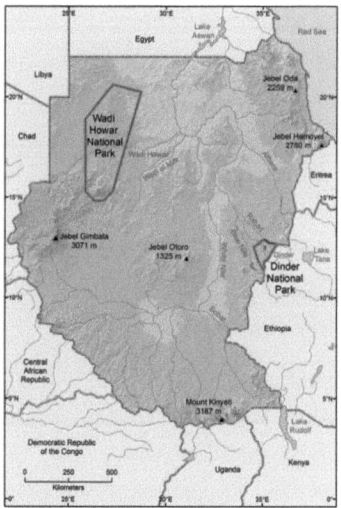

Karte 1-2: Lage der beiden Untersuchungsgebiete
WHNP und DNP
Kartographie: Oehm: Quelle: GLCF

Einführung

Den zentralen Untersuchungsgegenstand der Arbeit stellen somit die positiven und negativen Entwicklungen des sudanesischen Schutzgebietsmanagements am Beispiel des DNP dar. Darüber hinaus wird die Übertragbarkeit der dortigen Erfahrungen auf andere Schutzgebiete im Sudan und im Besonderen auf den WHNP geprüft. Die Motivation der vorliegenden Untersuchung liegt darin, einerseits eine Basis für weitergehende Untersuchungen im WHNP zu schaffen, die durchgeführt werden sollten, sobald die momentanen Kämpfe in der Region beigelegt sind. Andererseits werden generelle Anregungen zum Aufbau eines sudanesischen Schutzgebietssystems gegeben. Dabei ist es notwendig, die jeweils regionalen Spezifika in naturräumlicher und sozioökonomischer Hinsicht zu beachten und von generellen Aussagen über Schutzgebiete im Sudan zu trennen.

Über die Region des WHNP liegen bereits viele Daten vor, welche zusammengeführt werden, um den Wert der zu schützenden Flächen darzustellen. Die möglichst umfassende Erfassung des Gebietes ist der Grundstein für die Erstellung eines Managementplans. Somit soll von zwei Seiten ein praktischer Beitrag zur Erstellung und Umsetzung eines Konzeptes für den WHNP geleistet werden: einerseits die Darstellung der zu schützenden Fläche und andererseits die theoretische Aufarbeitung von institutionellen und strukturellen Rahmenbedingungen für Schutzgebiete im Sudan.

1.3 Stand der Forschung

Seit der United Nations Conference on the Human Environment von 1972 wurde der Mensch mit seinen sozialen und ökonomischen Bedürfnissen in Beziehung zu Schutzgebieten gesetzt (BORRINI-FEYERABEND et al. 2004a, 1). Anfang der 1980er Jahre rückte der Zusammenhang zwischen Ressourcenschutz, sozioökonomischer Entwicklung und partizipativen Ansätzen zusehends vom Rand der Schutzgebietsmanagement-Diskussion in das Zentrum der theoretischen Auseinandersetzung (BARROW et al. 2002, 70; ALLEN 1980). Seitdem gibt es kaum noch Publikationen oder Abkommen, in denen dieser Zusammenhang nicht

Stand der Forschung

aufgegriffen und weiterentwickelt wurde (SPITERI et al. 2006; GHIMIRE 1997; STEVENS 1997a; WELLS et al. 1992, 2; ANDERSON et al. 1987). Spätestens mit dem World Parks Congress in Durban, Südafrika, im Jahr 2003 ist die Gleichwertigkeit von ökologischem Schutz und sozioökonomischer Entwicklung in der theoretischen Diskussion um Schutzgebietsmanagement angekommen (IUCN 2005). Die Berücksichtigung von sozialer Gerechtigkeit ist zu einem zentralen Element der Zielsetzungen sowohl der IUCN als auch der Convention on Biological Diversity (CBD) geworden und ist untrennbar mit dem Erreichen des ursprünglichen Zieles von Schutzgebieten verbunden, dem Schutz von Biodiversität. Drei Hauptgedanken liegen diesem neuen Verständnis von Schutzgebieten zu Grunde:

1. eine räumliche Ausweitung des Schutzgedankens von bestimmten Gebieten auf deren Umgebung und ein globales Netzwerk von Schutzgebieten;

2. die Erkenntnis, dass Ökosysteme kein statisches Gleichgewicht besitzen, sondern dass sie vielmehr in einem ständigen Wandel begriffen sind;

3. die bei der Etablierung von Schutzgebieten gemachten Erfahrungen haben die Einsicht gebracht, dass die Integration der Menschen vor Ort ein wesentlicher Faktor zur Erreichung der Schutzziele ist.

(BORRINI-FEYERABEND et al. 2004a, 2)

Eine besondere Rolle kommt in diesem Kontext der indigenen und lokalen Bevölkerung zu. Die Einsicht, dass ihre Wissenssysteme einbezogen werden müssen, fußt auf drei Tatsachen:

1. Von der internationalen Wissenschaftsgemeinde wird mittlerweile anerkannt, dass traditionelles Schutzgebietsmanagement mit Umsiedlungsmaßnahmen und strikten Nutzungsrestriktionen eine Form von Menschenrechtsverletzung darstellt. Oft nutzte und bewahrte die indigene

Einführung

Bevölkerung die natürlichen Ressourcen auf ihrem angestammten Land seit langer Zeit. Diese Form der Nutzung ist elementarer Bestandteil ihrer Kultur und ihres Lebensunterhaltes.

2. Es wurde erkannt, dass ihr Wissen unentbehrlich ist für die Bemühungen der nachhaltigen Bewahrung von Biodiversität. Indigenes Wissen garantiert sehr oft eine nachhaltige und ideal an die lokalen Begebenheiten angepasste Art der Landnutzung. Seine Akzeptanz dient damit dem Erhalt von Biodiversität. Oft kann dieses Wissen direkt genutzt werden, ohne es durch aufwendige Forschungen neu zu ergründen.

3. Die Wertschätzung dieses Wissens hilft, Konflikte zwischen den Schutzgebietsverwaltungen und der lokalen Bevölkerung zu vermeiden (MULONGOY et al. 2004, 18; BERLTRÁN 2000; STEVENS 1997e, 265; WELLS et al. 1992; ANDERSON et al. 1987). Aufgrund dieses Verständnisses wurde im Jahr 2000 das Theme on Indigenous and Local Communities, Equity, and Protected Areas (TILCEPA) von zwei der sechs Kommissionen der IUCN gegründet (World Commission on Protected Areas (WCPA) und Commission on Environmental, Economic, and Social Policy (CEESP)) (TILCEPA 2007).

Die wachsenden Probleme, denen sich Schutzgebiete in der Akzeptanz durch die Bevölkerung gegenüber sahen, waren eine treibende Kraft bei der Entwicklung von Ansätzen, welche die Konflikte zwischen Naturschutz und Nutzung durch die lokale Bevölkerung eindämmen sollten (BLAIKIE et al. 1997). Ansätze die versuchen, über Anreizsysteme für die involvierten sozialen Gruppen die Akzeptanz und die Effektivität der Schutzgebiete zu erhöhen, werden von SPITERI et al. unter dem Begriff Incentive-Based Programme (IBP) mit folgendem Hauptziel zusammengefasst:

„The ultimate goal of the IBPs is to reduce conflicts be-

Stand der Forschung

tween the social and economic needs of rural communities and the need to protect the environment." (SPITERI et al. 2006, 11)

Dabei sind Partizipation und Anreizsysteme die wichtigsten Schlagworte der aktuellen Diskussion. Beiden muss eine fundierte Analyse der Macht- und Sozialstrukturen sowie der Verluste an Zugangs- und Nutzungsrechten durch die Einrichtung der Schutzgebiete voran gestellt werden. Es wird anerkannt, dass ein interdisziplinärer Ansatz, der die Sozialwissenschaften mit den Naturwissenschaften verzahnt, unerlässlich ist (STOLL-KLEEMANN et al. 2006).

Generell können die IBP in zwei Gruppen eingeteilt werden, Integrated Conservation and Developpment Programmes (ICDP) und Commuity Based Conservation (CBC). Die ICDP versuchen die Akzeptanz der Schutzgebiete eher durch ökonomische Anreizsysteme und Informationskampagnen für die lokale Bevölkerung zu erhöhen. Die CBC hingegen setzt mehr auf die Befähigung und Beteiligung der Bevölkerung durch ihre aktive Einbeziehung in Planungs- und Managementprozesse. Beide Ansätze beinhalten wichtige Ausrichtungen, deren Kombination bestmögliche Ergebnisse sowohl beim Schutz der Biodiversität, als auch bei der sozioökonomischen Entwicklung der lokalen Bevölkerung und damit der Akzeptanz von Schutzgebieten bei den Menschen, erreichen kann (SPITERI et al. 2006, 2).

Um diese strategischen Überlegungen auf nationaler Ebene umzusetzen gibt es den Ansatz der Systemplanung, der bereits 1998 in die offiziellen Empfehlungen der IUCN eingegangen ist (DAVEY 1998). Entsprungen ist die Idee dem Caracas Action Plan (MCNEELY 1993) (siehe Box 1-1, Seite 4). Dabei gibt es drei wichtige Eckpunkte, die bei der Umsetzung einer nationalen Systemplanung für Schutzgebiete beachtet werden sollten. Das System soll

1. repräsentativ für die verschiedenen ökologischen Zonen des jeweiligen Landes sein;
2. den Rahmen geben für das Management der einzelnen Schutzgebiete;

Einführung

3. die Koordination zwischen Schutzgebietsmanagement und anderen Politikfeldern stärken/aufbauen (Einbettung). (DAVEY 1998, 4)

Um den wachsenden Ansprüchen an das Schutzgebietsmanagement gerecht zu werden, werden auch hinsichtlich der Verwaltung und der Eigentümerschaft neue Wege gegangen. Neben die traditionellen Schutzgebiete unter staatlicher Führung treten zunehmend auch andere Formen. Dies sind einerseits private Schutzgebiete und andererseits durch die Bevölkerung verwaltete Schutzgebiete (community-conserved areas). Neben diesen drei Formen gibt es auch Mischformen. Durch diese Neuordnung sollen erstens größere Gebiete unter Schutz gestellt werden, zweitens der Staat bei der Erfüllung der Aufgaben unterstützt werden und drittens die oben erläuterten Konflikte zwischen Biodiversitätsschutz und anderweitigen Interessen entspannt werden (MORE 2005; MULONGOY et al. 2004, 18; STEVENS 1997d, 237).

The conventional understanding of protected areas	The emerging understanding of protected areas
Established as separate units	Planned as part of national, regional and international systems
Managed as "islands"	Managed as elements of networks (protected areas connected by "corridors", "stepping stones" and biodiversity-friendly land uses)
Managed reactively, within a short timescale, with little regard to lessons from experience	Managed adaptively, on a long time perspective, taking advantage of on-going learning
About protection of existing natural and landscape assets – not about the restoration of lost values	About protection but also restoration and rehabilitation, so that lost or eroded values can be recovered

Stand der Forschung

Set up and run for conservation (not for productive use) and scenic protection (not ecosystem functioning)	Set up and run for conservation but also for scientific, socio-economic (including the maintenance of ecosystem services) and cultural objectives
Established in a technocratic way	Established as a political act, requiring sensitivity, consultations and astute judgement
Managed by natural scientists and natural resource experts	Managed by multi-skilled individuals, including some with social skills
Established and managed as a means to control the activities of local people, without regard to their needs and without their involvement	Established and run with, for, and in some cases by local people; sensitive to the concerns of local communities (who are empowered as participants in decision making)
Run by central government	Run by many partners, including different tiers of government, local communities, indigenous groups, the private sector, NGOs and others
Paid for by taxpayers	Paid for from many sources and, as much as possible, self-sustaining
Benefits of conservation assumed as self-evident	Benefits of conservation evaluated and quantified
Benefiting primarily visitors and tourists	Benefiting primarily the local communities who assume the opportunity costs of conservation
Viewed as an asset for which national considerations prevail over local ones	Viewed as a community heritage as well as a national asset

Tabelle 1-1: Paradigmenwechsel im Schutzgebietsmanagement
Quelle: BORRINI-FEYERABEND et al. 2004a, 3

Einführung

Insgesamt wird die stärkere Einbettung der Schutzgebiete in das institutionell-politische, soziokulturelle, ökonomische und ökologische Umfeld gefordert. Damit nähert sich das Schutzgebietsmanagement immer stärker den Forderungen aus dem Umfeld der Ländlichen Entwicklung und der Entwicklungszusammenarbeit an.

Für die letzten Jahre kann somit ein Paradigmenwechsel der theoretischen Schutzgebietsmanagement-Forschung festgestellt werden, welches dem oben beschriebenen, neuen Verständnis von Schutzgebieten Rechnung trägt (IUCN 2005; BORRINI-FEYERABEND et al. 2004a, 3; PHILLIPS 2003) (siehe Tabelle 1-1, S. 13). Das neue Paradigma beinhaltet folgende Leitlinien:

- Berücksichtigung der Bedürfnisse der lokalen Bevölkerung mit gerechter Verteilung von Kosten und Nutzen von Schutzgebieten;
- Einbettung der Schutzgebiete in einen breiten politischen, ökologischen und sozioökonomischen Kontext;
- Vernetzung der Schutzgebiete und Einbezug der weltweit wichtigsten Ökosysteme;
- Einbindung von verschiedenen nichtstaatlichen Akteuren zur Verbesserung des Managements;
- Koordination der verschiedenen räumlichen Ebenen des Schutzgebietsmanagements (global, regional, national, lokal).

Dieser Paradigmenwechsel ist in den Plänen für die nächste Dekade auf dem World Parks Congress 2003 durch die WCPA festgelegt und in zehn Hauptzielen fixiert worden (siehe Box 1-2). Die aktuelle Diskussion fokussiert im Besonderen die Fragestellung, wie diese Ziele erreicht werden können und welche Feinheiten bei der Umsetzung des neuen Schutzgebietsmanagement-Paradigmas beachtet werden müssen (SPITERI et al. 2006; BORRINI-FEYERABEND et al. 2004a).

Literatur zu Schutzgebieten im Sudan ist auf internationaler Ebene kaum vertreten. Die vorhandenen Texte sind in der Regel bereits einige Jahre alt und/oder spiegeln

Stand der Forschung

aktuelle Entwicklungen nicht ausreichend wieder (GOS et al. 2006a; GOS 2004; HOVEN et al. 2004; SOA 2001; GOS et al. 2000a/b; KRÖPELIN 1993a). Auch auf nationaler Ebene gibt es nur wenige Texte, die sich explizit mit Schutzgebieten beschäftigen. Oftmals stehen andere Themen wie Landwirtschaft, Landzugang, Landnutzung oder ökologische Probleme isoliert nebeneinander. Die inhaltliche Verknüpfung der Themen wird selten aufgegriffen. Die verfügbaren Informationen sind spärlich und für interessierte Personen oder Gruppen nur schwer verfügbar.

1. Protected areas fulfil their full role in biodiversity conservation.
2. Protected areas make a full contribution to sustainable development.
3. A global system of protected areas, with links to surrounding landscapes and seascapes, is in place.
4. Protected areas are effectively managed, with reliable reporting on their management.
5. The rights of indigenous peoples, including mobile indigenous peoples, and local communities are secured in relation to natural resources and biodiversity conservation.
6. Younger generations are empowered in relation to protected areas.
7. Significantly greater support is secured for protected areas from other constituencies.
8. Improved forms of governance are in place.
9. Greatly increased financial resources are secured for protected areas.
10. Better communication and education are achieved on the role and benefits of protected areas.

Box 1-2: Die zehn Ziele des Durban Action Plan
Quelle: IUCN 2005, 226

Einführung

1.4 Aufbau der Arbeit

Kapitel eins der Arbeit gibt eine Einführung und stellt die Zielsetzung dar. Darüber hinaus wird der aktuelle Stand der Forschung zu dem Thema des Schutzgebietsmanagements wiedergegeben.

In Kapitel zwei werden die Methoden der Arbeit näher erläutert. Dabei wird zunächst die Literaturarbeit vorgestellt. Anschließend wird die Auswahl der Untersuchungsgebiete begründet. Die Anwendung von Geographischen Informationssystemen (GIS) und kartographischen Darstellungen wird beschrieben und es wird sowohl auf die praktische Durchführung als auch auf dabei auftretende Probleme und Lösungsansätze bei der Geländearbeit und den Interviews eingegangen.

In Kapitel drei wird eine globale Einordnung von Schutzgebieten vorgenommen. Die vier weltumspannenden Abkommen über Schutzgebiete und neue Trends der theoretischen Weiterentwicklung von Schutzgebietsmanagement und die daraus entstehenden praktischen Implikationen werden diskutiert. Schutzgebiete werden außerdem in Beziehung zu Nachhaltigkeit und Landnutzung gestellt. Dabei werden Kriterien identifiziert, die eine entscheidende Rolle für den Erfolg von Schutzgebietsmanagement einnehmen. Abschließend werden die Chancen und Risiken, die Schutzgebietsmanagement mit sich bringt, dargestellt.

Bezüglich der Analyse der Situation im Sudan wird in Kapitel vier eine Aufgliederung der für das Schutzgebietsmanagement relevanten Themenbereiche auf nationaler Ebene durchgeführt. Dabei werden zunächst die naturräumliche und die gesamtgesellschaftliche Situation beschrieben sowie die Bedeutung des Ressourcenschutzes für die Zukunft des Landes analysiert. Der Rolle der Schutzgebiete wird hierbei besondere Aufmerksamkeit geschenkt. Weiterhin wird die Entwicklung der sudanesischern Landnutzungssysteme dargestellt, da diese enge interdependente Verknüpfungen mit dem Schutzgebietsmanagement aufweisen.

Im fünften Kapitel wird die Situation des DNP untersucht. Hierzu ist es notwendig, die ökologischen

Aufbau der Arbeit

und sozioökonomischen Gegebenheiten, sowie den Stand des Schutzgebietsmanagements zu beschreiben. Weiterhin wird der Managementplan diskutiert und die schützenswerten Gegebenheiten werden beschrieben. Hierauf aufbauend werden die Forschungsergebnisse vorgestellt, wobei Chancen und Risiken von zukünftigen Entwicklungen herausgearbeitet und Lösungsansätze konzipiert werden. Besonders herausgestellt werden dabei die Partizipation der lokalen Bevölkerung und der Tourismus als alternative Einkommensquelle. Aus der Analyse werden Schlussfolgerungen für die zukünftige Entwicklung des Parks gezogen.

Im sechsten Kapitel wird das zweite Forschungsgebiet, der WHNP, untersucht. Dabei wird der bisherige Wissensstand über die Region zusammengetragen. Chancen und Risiken werden erörtert und darüber hinaus werden Notwendigkeiten zur Entwicklung und Umsetzung eines Schutzgebietsmanagements für diesen Park ermittelt. Die Erfahrungen aus dem DNP werden für den Entwurf von Lösungsansätzen einbezogen.

Im siebten Kapitel wird eine Synthese der theoretischen Überlegungen und empirischen Untersuchungen vorgenommen, die zu strategischen Empfehlungen für das Schutzgebietsmanagement im Sudan führen. Diese Empfehlungen sind in vier Kategorien unterteilt, welche die in Kapitel drei identifizierten Problembereiche repräsentieren: institutionelle, finanzielle, personelle und partizipative Erfordernisse.

Kapitel acht gibt einen Ausblick in die Zukunft, in dem die möglichen Wege der Entwicklung des Schutzgebietsmanagements und des Ressourcenschutzes im Sudan aufzeigt werden.

Methoden

2. Methoden

Um sich der Forschungsfrage zu nähern, müssen grundlegende Entscheidungen zum Forschungsablauf und über die zu verwendenden Methoden getroffen werden. Die grundsätzliche Entscheidung für einen qualitativen und gegen einen quantitativen Forschungsansatz wurde angesichts der Forschungsbedingungen im Sudan und der Datenlage bezüglich des Untersuchungsgegenstandes gewählt.

Im Bestreben, die Situation der Schutzgebiete im Sudan am Beispiel des DNP zu erfassen, fanden im Zeitraum von September 2005 bis April 2007 mehrere Geländeaufenthalte statt, bei denen qualitative Interviews mit verschiedenen Akteuren geführt wurden. Es wurden sowohl Bauern, Tierhalter und Vorsitzende der village development committees, sowie offizielle Vertreter der Administration und anderer Interessengruppen, als auch Nationalparkpersonal, das vor Ort im Einsatz ist, befragt[1]. Diese Vorgehensweise bot einen Einblick in die Verhältnisse vor Ort. Die Nutzung von Satellitenbildern und GIS hat die Aufenthalte logistisch und kartographisch unterstützt. Darüber hinaus ermöglichten sie eine Visualisierung der räumlichen Gegebenheiten sowie diverser Fragestellungen in Form von Karten. Fundiert durch eine Auseinandersetzung mit Arbeiten aus verschiedenen relevanten Fachgebieten ergibt sich somit ein Überblick, der die Situation erfasst, kritisch hinterfragt und es ermöglicht, strategische Überlegungen für zukünftige Entwicklungen anzustellen.

2.1 Literaturarbeit

So wie die Feldarbeit das empirische Rückgrat dieser Arbeit bildet, stellt die Literaturarbeit ihr theoretisches Pendant dar. Die Literaturrecherche hat sich dabei auf zwei wesentliche Stränge konzentriert: erstens internationale Literatur zu Schutzgebieten und den damit verbundenen Sachgebieten, zweitens regionalspezifische Literatur zum Sudan im Allgemeinen und zu Ressourcenschutz und Schutzgebietsmanagement im Besonderen.

---

[1] Es sei darauf hingewiesen, dass aus Gründen des Leseflusses auf die spezielle weibliche Wortform verzichtet wird, auch wenn Männer und Frauen gemeint sind.

Literaturarbeit

Da die Literatur zu Schutzgebieten sehr umfangreich ist, wurden einige Unterthemen ausgewählt, die tendenziell eher sozioökonomisch und politisch-institutionell einzuordnen sind. Rein biologische Veröffentlichungen, wie z.B. spezielle Abhandlungen zu einzelnen Tierarten, über zugewanderte Tier- und Pflanzenarten oder zu ökosystemaren Detailuntersuchungen werden aufgrund der inhaltlichen Ausrichtung der Arbeit weitestgehend ausgespart. Die ausgewählten Themenbereiche sind:

- Schutzgebiete und lokale Bevölkerung;
- Einbettung von Schutzgebieten in größere gesellschaftliche und ökologische Zusammenhänge;
- Nachhaltigkeit und Schutzgebiete;
- Finanzierung von Schutzgebieten;
- Effektivität des Schutzgebietsmanagements;
- genereller theoretischer Diskurs über Schutzgebiete im Wandel der Zeit.

Die regionalspezifische Literatur zum Sudan ist weit weniger umfangreich. Dies gilt im Besonderen für Literatur zu Schutzgebieten und verwandten Themen. Die existierenden Veröffentlichungen sind in Europa weitestgehend nicht verfügbar und wurden zum größten Teil in Khartum zusammengetragen. Da das Bibliothekswesen der Universitäten und Ministerien jedoch deutlich anders organisiert ist als in Deutschland, gestaltete sich die Recherche oftmals schwierig, das heißt vor allem langwierig. Letztendlich konnte jedoch aufgrund der institutionellen und persönlichen Verankerung des Autors ausreichendes Material zusammengetragen werden. Manche der Dokumente sind bibliographisch nicht nach wissenschaftlichem Standard zuzuordnen. Bei einigen Dokumenten fehlt entweder der Autor oder das Datum. Dies gilt auch für Texte, die über vertrauenswürdige Wege (Universität oder Ministerium) zugänglich gemacht wurden. Auch auf spezielle Nachfrage konnten die fehlenden Angaben nicht nachvollzogen werden. Aufgrund der inhaltlichen Relevanz einiger dieser Dokumen-

Methoden

te werden sie mit der gebotenen kritischen Vorsicht dennoch verwendet. Generell wurden wissenschaftliche Arbeiten und Reports gesichtet, die hauptsächlich von verschiedenen sudanesischen Institutionen und Universitäten erstellt wurden. Abhandlungen bezüglich der administrativen und juristischen Strukturen des Managements von Schutzgebieten und natürlichen Ressourcen sowie der Landnutzungsregelungen im Sudan ergänzen die theoretische Analyse.

Neben der sudanesischen Literatur wurden speziell für den WHNP die Veröffentlichungen des Sonderforschungsbereiches (SFB) 389 (Arid Climate, Adaptation and Cultural Innovation in Africa (ACACIA)) der Universität zu Köln benutzt. Die Forscher dieses Forschungsprojektes arbeiten teilweise schon seit mehr als 20 Jahren in dem Gebiet und haben entscheidend zu der Ausrufung des WHNP und andern Schutzgebieten in der Region beigetragen.

Die Literaturrecherche stützt sich im beginnenden 21. Jahrhundert zunehmend auf das Internet. Dies birgt gleichzeitig große Chancen und Gefahren. Viele Dokumente und Artikel sind dadurch mit vertretbarem Zeitaufwand zugänglich geworden. Jedoch muss der wissenschaftliche Charakter der Veröffentlichungen stets geprüft werden. Auch in dieser Arbeit wurden viele Internetquellen verwendet. Dabei wurde großer Wert darauf gelegt, lediglich wissenschaftlich einwandfreie Literatur zu nutzen und diese der guten wissenschaftlichen Praxis entsprechend zu zitieren.

Sämtliche für relevant erachteten Veröffentlichungen wurden ausgewertet und die Diskussionsbeiträge in die entsprechenden Kapitel der Dissertation eingearbeitet. Auf dieser Grundlage wurden die eigenen wissenschaftlichen Schlussfolgerungen gezogen.

2.2 Auswahl der Untersuchungsgebiete

Im Sudan existieren schon seit über sieben Jahrzehnten Schutzgebiete. Die Etablierung des ersten Schutzgebietes geht in das Jahr 1935 zurück, als der DNP durch die damalige Kolonialmach Großbritannien gegründet wurde (EL MOGHRABY 2006, 27-29). Es man-

Auswahl der Untersuchungsgebiete

gelt jedoch bis heute in vieler Hinsicht an einer praktischen Durchsetzung von tatsächlichem Schutz. Wenn nachfolgend das Schutzgebietsmanagement im Sudan kritisch untersucht und Verbesserungspotential aufgezeigt wird, soll dies einen Beitrag dazu leisten, diesen Rückstand aufzuholen. Die ausgewählten Nationalparks dienen als gute Beispiele, an denen die wichtigsten Chancen und Risiken aufgezeigt werden können. Anhand des DNP, dem bisher einzigen sudanesischen Schutzgebiet mit Managementplan, wird analysiert, welche Neuerungen der theoretischen Weiterentwicklung des Schutzgebietsmanagements im Sudan bis heute umgesetzt werden und welche Probleme dabei zu Tage treten. Der WHNP repräsentiert den Zustand der meisten sudanesischen Schutzgebiete als „paper parks". An seinem Beispiel wird das Entwicklungspotential für die Schutzgebiete im Sudan aufgezeigt. Unter „paper parks" werden Schutzgebiete verstanden, die zwar auf dem Papier existieren, für die in der Praxis aber bisher keine oder keine nennenswerten Maßnahmen zur Umsetzung unternommen werden (SCANLON et al. 2004, 41-42; JAMES et al. 1999, 21).

Was die politische Situation angeht, so finden sich derzeit im Sudan einerseits Zeichen der Hoffnung, andererseits neu aufbrechende Konflikte. Im Darfur ist im Jahr 2003 ein neuer Konflikt ausgebrochen, dessen kurz- und mittelfristigen Entwicklungsaussichten wenig hoffnungsvoll stimmen. Auch wenn die Gründe für diese gewaltsamen Auseinandersetzungen vielfältig sind und äußerst kontrovers diskutiert werden, ist der Zugang zu Land und den natürlichen Ressourcen definitiv als einer der zentralen Konfliktherde auszumachen. Eine grundlegende Überarbeitung der Landzugangsrechte auf nationaler Ebene ist notwendig, um sowohl mobilen Tierhaltern als auch sesshaften Ackerbauern eine gesicherte Basis zur Sicherung ihrer Lebensunterhalte zu gewähren (KUZNAR et al. 2005; UNDP 2003, 13-17; SULIMAN 1998, 4-5). Schutzgebiete können durch die Einführung von nachhaltigen Landnutzungsmustern dazu beitragen, dass die Ressourcen geschützt werden. Durch angemessene Regelungsmechanismen können sie hel-

Methoden

fen die Konflikte über den Zugang zu Land und Wasser zu vermeiden (FADUL 2004, 42-43). Vor dem Hintergrund des Konfliktpotentials des Zugangs zu natürlichen Ressourcen ist es ebenso schwierig wie notwendig, das Management von Schutzgebieten im Sudan systematisch zu untersuchen, um Stärken und Schwächen zu identifizieren und Lösungsansätze für effektivere Umsetzungsstrategien zu entwerfen.

Der DNP ist das älteste Schutzgebiet des Sudans und über die Jahrzehnte hinweg gab es viele Änderungen hinsichtlich von Status und Verwaltung. Bereits im Jahr 1972 erschien ein Bericht der Food and Agriculture Organization of the United Nations (FAO) zum Management des DNP (DASMANN 1972). Jedoch wurden die dort gegebenen Empfehlungen nicht umgesetzt und erreichten nie den Status eines offiziellen Managementplans. Erst im Jahr 2004 erschien ein offizieller Managementplan, der seitdem in die Praxis umgesetzt wird (HCENR et al. 2004). Damit ist der DNP bis heute der einzige Nationalpark im Sudan, der nennenswert über das Stadium eines „paper parks" hinausgeht (HOVEN et al. 2004, 26). Anhand dieses Beispiels lassen sich übergeordnete, strukturelle Probleme wie das Zusammenwirken von Ministerien und untergeordneten Abteilungen, die Finanzierung oder der Einfluss der Landnutzungsregelungen, hinsichtlich des Schutzgebietsmanagements im Sudan erfassen. Darüber hinaus werden die Herausforderungen bei der praktischen Umsetzung untersucht.

Der WHNP ist demgegenüber ein sehr junges Schutzgebiet und wurde erst im Jahr 2001 offiziell ausgerufen. Bisher ist er ein klassischer „paper park". An seinem Beispiel lässt sich die Entwicklung eines Nationalparks nachvollziehen. Darüber hinaus können die beim DNP festgestellten Probleme thematisiert und Handlungsempfehlungen abgeleitet werden, um ähnliche Probleme nicht entstehen zu lassen. Eine Besonderheit des WHNP ist, dass er zu großen Teilen in Wüstengebiet liegt und lediglich im Süden Nutzung seitens der Bevölkerung stattfindet.

Mit der Umsetzung des WHNP kann auch ein Zeichen gesetzt

werden, das auf die Signifikanz des Schutzes von Wüstenregionen aufmerksam macht. Die Empfehlungen dieser Arbeit tragen dazu bei, dass bei der Erstellung eines Managementplans für den WHNP entscheidende Aspekte für die Umsetzung berücksichtigt werden. Der Park befindet sich in der Peripherie des Konfliktgebietes im Darfur. Langfristig angelegt kann der WHNP durch die Etablierung geregelter Landnutzung den Konflikt entschärfen und zu einer dauerhaften Befriedung des Darfur beitragen. Darüber hinaus kann er im Sinne von Peace Parks in ein länderübergreifendes System von Schutzgebieten in der Region eingebunden werden und auch die zwischenstaatliche Kooperationen auf dieser Ebene voran bringen. Peace Parks sind grenzübergreifende Schutzgebiete, die eine Zusammenarbeit der beteiligten Staaten anregen. Durch die Kooperation auf dem Feld des Schutzgebietsmanagements soll eine weitergehende friedliche Nachbarschaft zwischen den Staaten gefördert werden (SANDWITH et al. 2001; HANKS 1997, 11-14).

2.3 Anwendung von GIS und kartographischen Darstellungen

Technisch wurde die Arbeit durch Methoden der Fernerkundung, der Kartographie und von GIS unterstützt. Im Vorfeld der Geländearbeit wurden Arbeitskarten, basierend auf Daten des Landsat7-Satelliten, erstellt. Diese wurden mit topographischen Informationen aus verschiedenen Kartenwerken verbessert.[2] Mit Hilfe von Global Positioning System (GPS)-Daten verschiedener Feldkampagnen wurden detaillierte Karten sowohl des DNP als auch des WHNP erstellt. Diese Karten dienten einerseits zur Orientierung im Gelände und andererseits unterstützend bei den Gesprächen mit den verschiedenen Interessengruppen. Darüber hinaus wurden die Karten den für dieSchutzgebietsverwaltung zuständigen Behörden zur Verfügung gestellt, da diese in der Regel entweder über keine oder veraltete

---

[2] Für den Sudan existieren zwei topographische Kartensätze; ein Satz aus russischer Herstellung im Maßstab 1 : 500 000 aus den Jahren 1978 - 1986 und ein Satz aus britischer Herstellung im Maßstab 1 : 250 000 aus den Jahren 1927 - 1952. Beide Kartensätze sind aufgrund ihres Alters nicht aktuell, stellen jedoch bisher die verlässlichste Quelle an kartographischer Information dar.

Methoden

Karten verfügen. Das für alle kartographischen Arbeiten und Daten zuständige Survey Department des Ministry of Interior verlangt von anderen offiziellen Stellen und Behörden hohe Summen für die Bereitstellung von kartographischem Material und Informationen. Da die Parkverwaltung bzw. die Wildlife Conservation General Administration (WCGA) nicht über die notwendigen finanziellen Mittel verfügt, nutzten sie veraltetes Kartenmaterial (Interview ANUR). Der Mangel an aktuellem Kartenmaterial wurde sowohl von den zuständigen Behörden in Khartum, als auch von den Rangern im DNP beklagt. Erste Entwürfe einer Karte des DNP[3] wurden den Beteiligten im Sudan wiederholt vorgelegt und durch ihre Mithilfe und Änderungsvorschläge modifiziert und verbessert. Darüber hinaus wurden in die Karte touristische Informationen wie z.B. die Anreiseroute, die Unterbringungsmöglichkeiten und Kontaktadressen eingearbeitet. Sie soll somit zur Verbesserung des Informationsangebotes besonders für ausländische Reisende in Khartum dienen. Bei vielen informellen Gesprächen mit in Khartum ansässigen Ausländern wurde immer wieder betont, dass es nur schwer zugängliche und mangelhafte Informationen über die touristischen Möglichkeiten im DNP gibt. Diese und andere Karten stellen eine gute Grundlage zur Erstellung, bzw. verbesserten Umsetzung eines Managementplans dar.

Foto 2-1: Gespräch mit dem Vorsitzenden des village development committees in Nur al Medina. Mit Hilfe einer Satellitenbildkarte werden verschiedene Probleme des Parks diskutiert.
Foto: Andrzejak

Für den DNP wurden weiterhin Karten über die räumliche und zeitliche Verteilung von Bränden erstellt. Die hierbei verwendeten Modis-Daten stehen in einer hohen zeitlichen Auflösung zur Verfügung.[4] Feuer stellt eine bedeutende

---

[3] Diese Karte wurde im Rahmen der Diplomarbeit von Iris Andrzejak im Studiengang Kartographie an der TFH Berlin erstellt. Die Daten nahm sie während einer vom Autor organisierten Exkursion im April 2006 auf. Siehe Anlage in der hinteren Umschlagseite.

[4] Modis (Moderate Resolution Imaging Spectroradiometer)-Daten werden über zwei Satelliten

Geländearbeiten und Interviews

Bedrohung für die Ökologie des DNP dar, und den Rangern stehen bisher praktisch keine geeigneten Mittel zur Feuerbekämpfung zur Verfügung. Die Karten können einen Beitrag zur Vermeidung von Feuern leisten. Die verwendete Technik lehnt sich an neueste Erfahrungen im Umgang mit Modis-Daten in der Entwicklungszusammenarbeit an (WYSS 2006, 55-75). Für die verbesserte Darstellung der Gegebenheiten wurden die verfügbaren Daten kartographisch genutzt und in die Arbeit eingebunden. Die erstellten Karten sind in Englisch gehalten, um ihre weitere Verwendung im Sudan zu ermöglichen.

2.4 Geländearbeiten und Interviews

Literatur- und Büroarbeit sind bei einer geographischen Doktorarbeit in der Regel nicht ausreichend. Um eigene Eindrücke und Einsichten bezüglich des Untersuchungsgegenstandes zu gewinnen, ist die Geländearbeit mit empirischen Erhebungen im Untersuchungsraum notwendig. Im Rahmen der Feldarbeit für die vorliegende Arbeit wurden im Zeitraum von September 2005 bis April 2007 qualitative, semistrukturierte Interviews mit Vertretern der verschiedenen Interessengruppen in Khartum und im DNP durchgeführt.

Bei semistrukturierten Interviews gibt es keine strikte Reihenfolge von vorformulierten Fragen, sondern nur einen Gesprächsleitfaden, der die wichtigsten in dem Interview zu behandelnden Themenbereiche und Fragen enthält. Diese offene Vorgehensweise erlaubt es, spontan auf die Antworten zu reagieren und inhaltliche Entwicklungen des Gespräches aufzunehmen. Darüber hinaus werden durch die offene Gesprächsführung die Spielräume bei der Beantwortung der Fragen erweitert. Den Befragten wird somit ermöglicht, Erfahrungshintergründe und alle ihnen relevant erscheinende Aspekte einzubringen. Aufgrund des Gesprächsleitfadens wird die potentielle Gefahr eines inhaltlichen Abdriftens, wie sie bei wenig strukturierten oder narrativen Interviews ohne Leitfaden besteht, jedoch vermieden (SCHNELL et al. 2005,

---

(Terra – EOS AM und Aqua – EOS PM) der NASA aufgenommen. Sie nehmen die Erdoberfläche seit dem Jahr 2001 alle ein bis zwei Tage in 36 verschiedenen Spektralkanälen vollständig auf. (NASA 2007)

Methoden

386-387). Diese Form der empirischen Datenerhebung ist der Situation in dem Forschungsgebiet angemessen. Eine Liste der Interviewpartner sowie der Gesprächsleitfaden finden sich im Anhang. Von der Verwendung standardisierter Fragebögen wurde abgesehen, weil die inhaltlichen und strukturellen Zusammenhänge des Forschungsvorhabens mit dieser Methode nicht ausreichend erfasst werden können. Denn bei quantitativen Methoden besteht leicht die Gefahr, dass „…das soziale Feld in seiner Vielfalt eingeschränkt, nur ausschnittsweise erfasst und komplexe Strukturen zu sehr vereinfacht und zu reduziert dargestellt werden." (LAMNEK 1995, 4)

Während der Interviews wurden schriftliche Aufzeichnungen der Aussagen gemacht. Eine Abschrift dieser Notizen wurde am selben Tag erstellt und durch Anmerkungen ergänzt. Durch diese Vorgehensweise wurden die Aussagen zeitnah zum Interview nochmals ins Bewusstsein gerufen und verinnerlicht. Fehlende oder widersprüchliche Informationen konnten identifiziert und in weiteren Gesprächen geklärt werden.

Foto 2-2: Bewohner und Mitglieder des village development committees diskutieren anhand einer Satellitenbildkarte die Lage ihres Dorfes und der Übergangszone des DNP
Foto: OEHM

Die Befragung einer großen Bandbreite von Akteuren ist die Grundvoraussetzung dafür, die verschiedenen Interessenlagen in ihrer Gesamtheit zu erfassen. Hierzu wurden Bauern, Tierhalter, Vorsitzende der village development committees, offizielle Vertreter sowohl der Administration als auch der Politik, Wissenschaftler und Nationalparkpersonal im Park selbst befragt. Diese Vorgehensweise bietet einen Einblick in die verschiedenen, teilweise konträren Sichtweisen.

Bei der vorliegenden Arbeit konnte lediglich eins (DNP) der zwei Untersuchungsgebiete (Forschungsfelder) persönlich bereist werden. Im Folgenden möchte ich kurz darstellen, warum ich den WHNP

Geländearbeiten und Interviews

nicht persönlich in Augenschein nehmen konnte. Der WHNP liegt zu großen Teilen im Norddarfur wo seit dem Jahr 2003 gewalttätige Auseinandersetzungen stattfinden. Dessen ungeachtet habe ich im Februar 2006 den Versuch unternommen, gemeinsam mit einer Expeditionsgruppe den WHNP und seine Umgebung zu bereisen. Zumindest in den nördlichen Regionen haben wir die Lage so eingeschätzt, dass dies ohne ernsthafte Gefährdung möglich gewesen wäre. Trotz vorhandener Reisegenehmigungen von offiziellen Stellen in Khartum wurden wir, wenige hundert Kilometer vom Zielgebiet entfernt, von den lokalen Behörden an der Weiterreise in das Zielgebiet gehindert. Somit konnte dieser Feldforschungsversuch, ebenso wie andere geplante Reisen in das Zielgebiet in den Jahren 2004 und 2005 nicht durchgeführt werden. Lediglich die 200 km östlich des eigentlichen Parkgebiets, am Wadi Howar gelegene Festung Gala Abu Ahmed konnte angefahren werden. Diese Exklave des Parks konnte zumindest landschaftliche und archäologische Eindrücke des Parks vermitteln.

Da die Sicherheitslage bis zum Abschluss dieser Arbeit keine grundlegenden Änderungen erfahren hat, konnten auch zu keinem späteren Zeitpunkt weiteren Reisen durchgeführt werden.

Dies machte eine Neudisposition der Arbeit in Teilen notwendig. Der Schwerpunkt bezüglich des WHNP innerhalb dieser Arbeit musste gänzlich auf theoretische Überlegungen verlagert werden, die als Fundament für spätere Arbeiten bezüglich des WHNP dienen. Die Überlegungen werden durch die enge Zusammenarbeit mit verschiedenen Wissenschaftlern die sich intensiv mit dem WHNP, der Region und/oder der Situation der Bevölkerung beschäftigen, untermauert.

Umfangreiche Arbeiten, die im Rahmen des SFB 389/ACACIA bereits vor dem Jahr 2003 durchgeführt wurden, dienen als Grundlage der Untersuchungen. Durch persönliche Mitarbeit bei zwei Teilprojekten (A2 und A6) des SFB bestand guter Zugang zu den verfügbaren Daten und es konnten viele Gespräche mit Kollegen geführt werden. Die Arbeiten umfas-

Methoden

sen wissenschaftliche Untersuchungen hinsichtlich der paläoklimatischen Entwicklung, der Besiedlungsgeschichte sowie der geologischen und geomorphologischen Gegebenheiten. Die Beschreibung der sozioökonomischen Rahmenbedingungen in den südlichen Gebieten des WHNP wurde aus verschiedenen Quellen zusammengetragen. Neben den Angaben in der Literatur konnte in Khartum mit Mitarbeitern von im Darfur tätigen Hilfsorganisationen (z.B. Deutsche Welthungerhilfe) gesprochen werden.

Im DNP hingegen konnten Geländearbeiten durchgeführt werden. Während einer mehrwöchigen Reise in den Park (März – April 2006) konnten Eindrücke über das Gebiet an sich, über die infrastrukturelle Ausstattung, die Arbeitssituation der Ranger und die Situation der Bevölkerung an der nördlichen Grenze des Parks gesammelt werden. Die Infrastruktur wurde sowohl hinsichtlich der Arbeit des Parkpersonals als auch der touristischen Nutzungsmöglichkeiten begutachtet. Dafür wurden vier exemplarisch ausgewählte Camps der Ranger besucht und die Arbeitsbedingungen sowie die Ausstattung aufgenommen. Dabei wurden die dort stationierten Personen nach Arbeitsbedingungen, Arbeitsmotivation, Ausbildung und eigenen Vorstellungen befragt. Die Interviews wurden mit Hilfe eines Dolmetschers auf Arabisch geführt und in das Englische übersetzt.

Weiterhin wurden in einigen Dörfern an der Nordgrenze des Parks semistrukturierte Interviews mit der lokalen Bevölkerung und mit Vorsitzenden der village development committees geführt. Dabei wurde besonders auf das Verhältnis zwischen diesen Personen und dem DNP abgehoben. Um die Patrouillemöglichkeiten sowie die touristischen Möglichkeiten zu erfassen, wurden sämtliche befahrbaren Pisten und Wege innerhalb des DNP mittels GPS aufgezeichnet. Das Hauptcamp Galagu wurde kartographisch erfasst und die touristischen Einrichtungen wurden dokumentiert.

Auf die quantitative Erhebung von sozioökonomischen Haushaltsdaten wurde bewusst verzichtet. Der 2001 vom Higher Council for En-

Geländearbeiten und Interviews

vironment and Natural Resources (HCENR) durchgeführte Haushaltssurvey liefert die benötigten Daten in aufbereiteter Form.[5] Jedoch wurden einige Dörfer exemplarisch besucht, um einen Eindruck der Situation durch Begehung und informelle Gespräche zu erlangen.

In Khartum wurden verschiedene Institutionen und Einzelpersonen besucht und interviewt. Bei der Auswahl der befragten Personen wurde darauf geachtet, dass ein breites Spektrum an Beteiligten abgedeckt wurde. Somit wurde eine einseitige Sichtweise der Probleme und Vorteile des DNP vermieden. Die wichtigsten Institutionen waren:

- HCENR;
- United Nations Development Programme (UNDP);
- Wildlife Conservation General Administration (WCGA);
- Ministry of Wildlife and Tourism;
- Ministry of Agriculture;
- Sudanese Environment Conservation Society (SECS);
- FAO;
- Nile Basin Initiative (NBI).

Verschiedene Schlüsselpersonen, die beispielsweise bei der Erstellung des Managementplans beteiligt waren, wurden hinsichtlich der bisherigen Entwicklungen, der aktuellen Probleme und der zukünftigen Perspektiven befragt. Neben diesen offiziellen Personenkreisen wurden auch potentielle Besucher des Parks befragt. Diese Gruppe setzte sich aus in Khartum lebenden und arbeitenden Personen aus dem Ausland sowie deren Familien zusammen. Diese Personengruppe ist relevant, da sie mittelfristig eine Hauptzielgruppe eines touristischen Marketings darstellt.

Die Interviews und Beobachtungen wurden inhaltlich ausgewertet und flossen an den relevanten Stellen in die Argumentation dieser Arbeit ein. Statistische Auswertungen waren aufgrund der qualitativen Vorgehensweise nicht notwendig.

---

[5] Die ausgewerteten Daten sind bisher nicht veröffentlicht, wurden dem Autor aber von Mitarbeitern des HCENR zur Verfügung gestellt.

Methoden

Foto 2-3: Die Bilder der vielfältigen Aktivitäten innerhalb der Wadis außerhalb des Parks stehen für die Eindrücke einer Region, die man nur bekommt, wenn man sie persönlich bereist. Hier werden im Dinder Wadi Ziegel für den Hausbau gefertigt.
Foto: Oehm

Foto 2-4: Darüber hinaus werden die verbleibenden Wasserstellen zum Tränken der Tiere, zum Waschen und Teilweise auch für die menschliche Trinkwasserversorgung genutzt.
Foto: Oehm

2.5 Universitäre Einbindung

Die Kooperation mit verschiedenen deutschen und sudanesischen Universitäten war sowohl in praktischer als auch inhaltlicher Hinsicht sachdienlich. In Deutschland bestand eine enge Kooperation mit der Technischen Fachhochschule (TFH) Berlin und der Universität zu Köln.

An der TFH Berlin bestand eine Zusammenarbeit mit dem Institut für Geoforschung - geo3 unter der Leitung von Prof. Dr. B. MEISSNER. Das Institut ist schwerpunktmäßig auf angewandte Kartographie und GIS ausgerichtet. Aufgrund der langjährigen Betätigung im Sudan gibt es einen großen Bestand an sudanesischen Kartenwerken, welche für die Neugestaltung von Karten in der vorliegenden Arbeit genutzt werden konnten. Auch die fachliche Kompetenz der Kollegen war bei der Erstellung der Karten hilfreich. Darüber hinaus konnte auf die persönlichen und universitären Kontakte des Institutes in den Sudan zurückgegriffen werden.

An der Universität zu Köln bestand eine Zusammenarbeit mit dem SFB 389/ACACIA und mit Dr. S. KRÖPELIN im Besonderen. Dieses Forschungsprojekt erforschte in den Jahren 1995-2007 den holozänen Klima- und Kulturwandel hauptsächlich in der Ostsahara. Viele der Arbeiten kon-

Universitäre Einbindung

zentrierten sich dabei auf den Nordwesten des Sudans und speziell auf das Wadi Howar. Die dort gewonnenen Erkenntnisse wurden in der vorliegenden Arbeit teilweise verarbeitet. Durch die Mitarbeit bei ACACIA bestand auch die Möglichkeit, den Wadi Howar persönlich zu befahren, wenn auch etwa 200 km östlich des Gebietes des WHNP. Weiterhin konnte die im Sudan vorhandene Infrastruktur für die Feldforschung genutzt werden.

Im Sudan wurde mit zwei in Khartum ansässigen Universitäten zusammengearbeitet, namentlich mit der Al Neelain University und mit der Juba University. Zwischen den beiden Universitäten und der TFH Berlin besteht seit 2006 eine offizielle Kooperation.

An der Al Neelain University bestand die Zusammenarbeit hauptsächlich mit dem Department of Geography. Als erstes Projekt der Hochschulkooperation Al Neelain – TFH wurde meinerseits eine Exkursion in den DNP angeregt. Der Vorsitzende des Instituts Prof. Dr. A. GAAFAR nahm eine Schlüsselposition bei den Vorbereitungen des Geländeaufenthaltes ein. Drei seiner Studenten sollten vor Ort Einblicke in den Umgang mit GPS und GIS, sowie in angewandte Methoden der Feldforschung erhalten. Im Gegenzug waren sie bei praktischen Fragen mit offiziellen Vertretern der sudanesischen Verwaltung hilfreich. Darüber hinaus wurden sämtliche notwendigen Papiere (Forschungsgenehmigung, Reiseerlaubnis, etc.) von Seiten des Instituts in die Wege geleitet.

An der Juba University konzentrierten sich die Kontakte auf das College of Natural Resources and Environmental Studies. Das dort ansässige Wildlife Department begleitet den DNP seit einigen Jahren wissenschaftlich. Ein Student der Fakultät, H. ABUREIDA, nahm an der Exkursion in den DNP teil. Aufgrund seiner guten Kenntnisse sowohl der Fauna und Flora als auch des Parkpersonals wurde der Kontakt zu den zu befragenden Personen stark erleichtert. Darüber hinaus nahm er die Funktion des Dolmetschers ein.

Auch wenn die von den Universitäten beziehungsweise den genannten Personen erbrachten Leistun-

Methoden

gen aus hiesiger Perspektive relativ gering erscheinen mögen, waren sie für die praktische Umsetzung einer Feldforschung im Sudan von unschätzbarem Wert. Daher ist es wichtig, den Auf- und Ausbau von Kontakten als Teil der Methodik dieser Arbeit besonders zu betonen. Denn ohne Kontakte wäre die Arbeit vor Ort, wenn nicht unmöglich, so jedoch zumindest ungleich erschwert und mit einem unangemessenen Zeitaufwand verbunden.

Foto 2-5: Gruppenfoto mit vier Mitgliedern der WCGA sowie den sudanesischen Studenten und der deutschen Studentin einer Exkursion im DNP
Foto: OEHM

3. Schutzgebiete im globalen Kontext

Um das Anliegen dieser Arbeit vor einem klaren Hintergrund darzubringen, werden im folgenden Kapitel die wichtigsten theoretischen Grundbegriffe dargestellt. Dies geschieht in einer Diskussion sowohl der Begrifflichkeiten als auch der theoretischen Diskurse, die hinter diesen stehen. Somit wird die Relevanz der in dieser Arbeit untersuchten Probleme in einen größeren Kontext gestellt.

Zunächst werden Schutzgebiete definiert und die relevanten internationalen Regime beschrieben. Anschließend wird gezeigt, welche Kluft zwischen theoretischem Diskurs und praktischen Umsetzungsmöglichkeiten von Schutzgebieten liegen. Weiterhin wird auf die Nachhaltigkeit von Schutzgebietsmanagement eingegangen. Darüber hinaus wird der Bezug zwischen Schutzgebieten und Landnutzung vorgestellt. Abschließend werden die Chancen und Risiken von Schutzgebieten ausgeleuchtet.

Schutzgebiete sind ein wichtiger Eckpfeiler zum Schutz der globalen Biodiversität. Im Jahr 2007 existierten weltweit 113 614 Schutzgebiete mit einer Gesamtfläche von knapp 20 Millionen km^2, die etwa 13% der gesamten Landoberfläche ausmachen (WCPA et al. 2007). Ein rasanter Anstieg, wenn man sich die Zahlen aus den vorhergehenden Jahrzehnten ansieht (siehe Abbildung 3-1, S. 35). Dennoch sind die Raten des Biodiversitätsverlustes anhaltend hoch. Die Rote Liste der IUCN zählt etwa 800 bisher ausgestorbene Arten und über 16 000 gefährdete Arten (IUCN 2007). Ein Schutzgebiet ist nach der IUCN folgendermaßen definiert:

„An area of land and/or sea especially dedicated to the protection and maintenance of biological diversity, and of natural and associated cultural resources, and managed through legal and other effective means." (IUCN 1994a, 7)

Ähnlich und explizit nicht im Widerspruch hierzu formuliert es die CBD:

„‚Protected area' means a geographically defined area which is designated or regu-

Schutzgebiete im globalen Kontext

lated and managed to achieve specific conservation objectives." (CBD 2005, 46)

Diese breiten Definitionen bieten viel Raum für Gebiete unterschiedlichen Charakters. Im Einzelnen können die jeweiligen Schutzgebiete hinsichtlich ihrer ökologischen Ausstattung und ihrer Nutzung durch den Menschen sehr verschieden sein. Ihren Ausgangspunkt hat die Idee des Schutzgebietes im heutigen Sinne in den USA, wo 1872 der Yellowstone National Park gegründet wurde. Bereits im Jahr 1864 wurde der heutige Yosemite National Park unter der damaligen Bezeichnung Yosemite Grant gegründet, also nicht mit der offiziellen Bezeichnung eines Nationalparks (GREENE 1987, 53-54). Auch wenn die Konzepte der beiden Schutzgebiete ähnlich waren, ist der Yellowstone National Park aufgrund seiner offiziellen Benennung als erster Nationalpark in die Geschichte eingegangen (PHILLIPS 2003, 10). In den Reglementierungen dieser Nationalparks liegt der Ursprung des protektionistischen, auch Yellowstone-Modell genannten, von der westlichen Perzeption der Natur geprägten Ansatzes des Schutzgebietsmanagements (STEVENS 1997b, 13-14). Der Schutz wird durch einen rigorosen Ausschluss lokaler Bevölkerung von der Nutzung der Schutzgebiete erreicht. Traditionelle Nutzungsformen und -muster sowie Bedürfnisse dieser Menschen werden ignoriert. STEVENS (1997b, 28) drückt es folgendermaßen aus:

„…parks in which settlement is prohibited and both subsistence and commercial uses of natural resources are banned."

Häufig sind Konflikte zwischen den Bewohnern dieser Gebiete und dem Schutzgebietspersonal die Folge. Sozioökonomische und kulturelle Strukturen werden gestört und der Schutz von Biodiversität kann nicht langfristig in die gesellschaftlichen Strukturen eingebettet werden. Dieses exklusive Verständnis von Schutzgebietsmanagement hat sich erst in jüngerer Zeit gewandelt und ist auch heute noch in den Managementplänen vieler Schutzgebiete zu finden. Doch zumindest auf theoretischer Ebene haben sich neue Ansätze

Schutzgebiete im globalen Kontext

durchgesetzt, die einen Paradigmenwechsel anzeigen (GORIUP 2003, 1; PHILLIPS 2003, 19). Dass sich dieses neue Paradigma nicht immer durchsetzen kann, liegt meist an dem politischen Kontext, in den Schutzgebiete eingebunden sind. Problemfelder ergeben sich hinsichtlich „...land tenure and macro-economic policies, ethnic and political conflicts, and power inequities at various levels." (BORRINI-FEYERABEND et al. 2004a, 3)

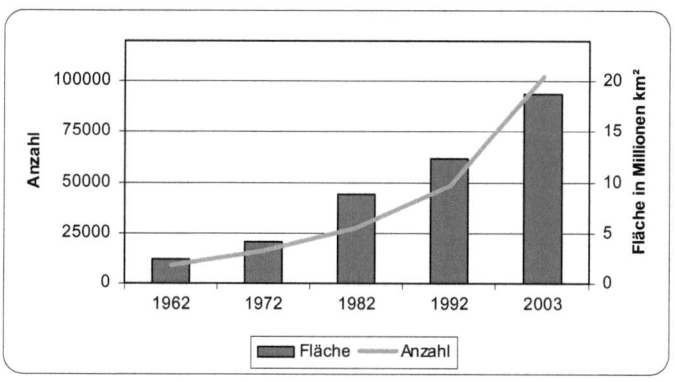

Abbildung 3-1: Entwicklung der Schutzgebietszahlen und -fläche von 1962 bis 2003
Quelle: eigene Darstellung nach CHAPE et al. 2003, 24

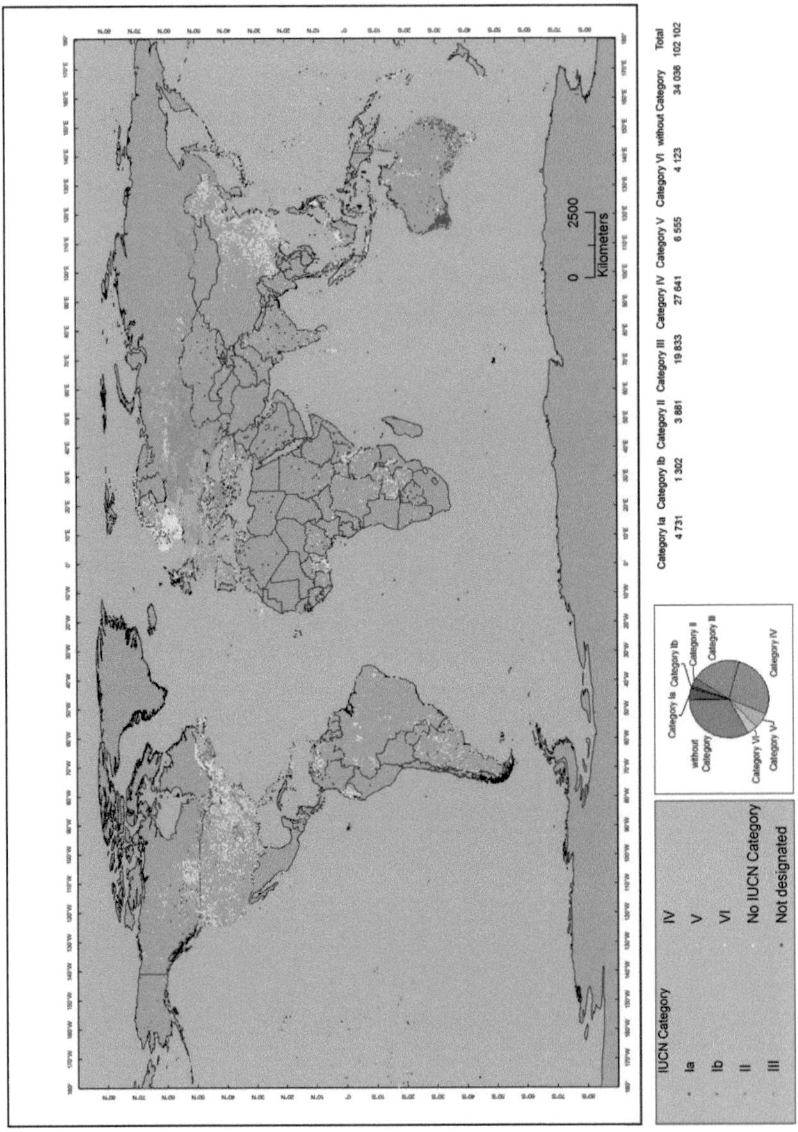

Schutzgebiete im globalen Kontext

Karte 3-1: Weltweite Verteilung der Schutzgebiete nach der Klassifikation der World Conservation Union (IUCN)
Kartographie: OEHM; Quelle: WCPA et al. 2007; CHAPE et al. 2003, 23

Schutzgebiete im globalen Kontext

Schutzgebiete sind trotz aller mit ihnen verbundenen Probleme die in den folgenden Kapiteln analysiert werden, ein wichtiger Bestandteil im Rahmen der Bemühungen, Biodiversität zu erhalten. Jedoch sind sie alleine nicht ausreichend, wenn sie zu Inseln hoher Biodiversität in einem Meer von Degradierung verkommen (IUCN 2005, 221). Als Einzelphänomene können sie den Erhalt von Biodiversität nicht erbringen. Vielmehr müssen sie miteinander in einem Netzwerk verbunden sein, welches die ökologischen Zusammenhänge berücksichtigt (z.B. Wassereinzugsgebiete von Flüssen, Migrationsrouten von Großsäugern und Zugvögeln) (SANDWITH 2006, 574-576). Darüber hinaus sollten sie in einer insgesamt stärker auf Nachhaltigkeit ausgerichteten Entwicklung eingebettet werden (DAVEY 1998, 13). Gesamtgesellschaftliche Entwicklungen auf nationaler und globaler Ebene sind die eigentliche Bedrohung für die ökologische Vielfalt. Veränderungen auf diesen Ebenen herbeizuführen, liegt jedoch weit außerhalb der unmittelbaren Reichweite von Schutzgebietsmanagement. Die Einbindung der Schutzgebiete in das breite politische Umfeld ist daher unbedingt notwendig (WELLS et al. 1992, XI).

Schutzgebiete sollten darüber hinaus nicht als Phänomene auf lediglich einer räumlichen Ebene gesehen werden. Insgesamt können vier Ebenen identifiziert werden, in welchen Schutzgebiete eingebunden sind und wo Schutzgebietsmanagement ansetzen sollte:

- global/international (IUCN, Ramsar Convention, etc.);
- regional (bilaterale Abkommen, Peace Parks);
- national (Schutzgebietssystem);
- lokal (Managementpläne der einzelnen Schutzgebiete).

Schutzgebiete im globalen Kontext

Räumliche Ebene	Zuständige Institutionen/ Abkommen	Spezifische Aufgabe der Schutzgebiete
global/internationeal	IUCN, WCPA, CBD, MAB, Ramsar, UNESCO Welterbe	Erhalt globaler Biodiversität Klimaschutz
regional	bi- und multilaterale Abkommen Peace Parks	Erhalt der Integrität grenzüberschreitender Ökosysteme zwischenstaatliche Kooperation
national	Schutzgebietssystem staatliche Stellen private Träger community-based	Erhalt der charakteristischen naturräumlichen Einheiten des Landes Aufrechterhaltung der Dienstleistungen der Ökosysteme
lokal	Managementpläne der einzelnen Schutzgebiete	Verankerung des Schutzgebietes in den lokalen Strukturen Bewußtseinsschaffung

Tabelle 3-1: Räumliche Ebenen, Zuständigkeiten und Aufgaben von Schutzgebieten
Quelle: eigener Entwurf

Auf diesen verschiedenen räumlichen Ebenen betrachtet sind Schutzgebiete immer eingebunden in ökologische, soziokulturelle, politisch-institutionelle und ökonomische Rahmenbedingungen (RAUCH 1996). Diese erfahren seit den frühen 1990er Jahren einen rapiden Wandel. Die nahezu überall anzutreffenden Auswirkungen der Globalisierung berühren auch Schutzgebiete. Beschleunigte Wirtschaftskreisläufe und verstärkter Verwertungszwang erhöhen den Druck auf natürliche Ressourcen erheblich (UNESCO 1996a/b). Die Mobilität von Kapital und Waren und die damit verbundene Durchdringung nahezu aller Gebiete durch Rohstoffausbeutung und -verwertung steigern diesen Druck weiter: als Beispiele können die Ölförderung in ökologisch sensiblen Gebieten (Alaska, Sudd, Nigeria (Nigerdelta), Ecuador, etc.), die großen Palmölplantagen in Indonesien, Sojaanbau in Brasilien oder der Gemüseanbau in Andalusien genannt werden (CIJ 2006; DOYLE 2006; MARTINEZ VIDAL et al. 2004; CRONIN et al. 1998). Die Kleinbauern, die in vielen Ländern die Mehrheit der Bevölkerung stellen, können aufgrund von mangelndem Zugang zu den notwendigen Produktionsmitteln nicht nachhaltig wirtschaften. Die prekären Lebensverhältnisse nehmen in vielen Gebieten zu und veranlassen die Menschen oft zu unangepasster Landnutzung (LOCKWOOD et al. 2006, 42-55).

Viele ökologische Kreisläufe sind global angelegt. Besonders augenscheinlich ist dies bei über Kontinente hinweg migrierenden Vogelarten (WORBOYS et al. 2006a, 12-19). Auch das Klima ist durch weltweite Mechanismen bestimmt. Verschiedene Forschungen und Berichte weisen auf die starken anthropogenen Einflüsse auf das Klima hin (IPCC 2007; STERN 2006). Schutzgebiete können, wie oben erwähnt, nicht das alleinige Heilmittel gegen Klimawandel und Artensterben sein, jedoch kommt ihnen eine wichtige Rolle zu, wenn es darum geht, die globalen ökologischen Kreisläufe zu erhalten: Rastplätze für Zugvögel, Treibhausgassenken in Form von großflächiger Vegetationsbedeckung oder Erhalt von Biodiversität sind gute Beispiele für diese Funktion (WCPA 1998, 9).

Gesteigerte Mobilität ist ein weiteres Merkmal der globalisierten Gesellschaften. Fern- und Naturtourismus ist eine starke Wachstumsbranche, die von dieser gesteigerten Mobilität profitiert. Gerade der im städtischen Umfeld lebende Mensch sehnt sich in seiner Freizeit nach unberührter Natur und Ruhe. Dabei rücken auch Schutzgebiete stärker in den Fokus der Reisebranche. Die Art des Tourismus bestimmt, ob negative oder positive Auswirkungen überwiegen (BEYER et al. 2007; ELLENBERG 2002; BULTMANN et al. 1995).

3.1 Abkommen und Klassifizierungen

Es existieren internationale Foren, die der globalen Relevanz von Biodiversität und Schutzgebieten Rechnung tragen und sich um eine Homogenisierung und Weiterentwicklung der Strategien zum Ma-

Schutzgebiete im globalen Kontext

nagement von Schutzgebieten verdient machen. Vier dieser Institutionen beziehungsweise Abkommen sind auf globaler Ebene angelegt: die IUCN, das Man and the Biosphere Programme (MAB), die Ramsarkonvention und die Konvention zum Schutz des Welterbes der United Nations Educational, Scientific and Cultural Organization (UNESCO).

Allen vier Abkommen ist gemein, dass sie den Menschen als fundamentalen Bestandteil ihrer Konzepte sehen. Der Mensch wird somit nicht lediglich als Bedrohung der schützenswerten Einheiten gesehen, sondern als ein wichtiger zu integrierender Faktor zum Schutz der Gebiete. Die Mitgliedschaft eines Gebietes in einem der Abkommen schließt die Mitgliedschaft in den anderen nicht aus; in der Praxis sind viele Schutzgebiete bei mehr als einem dieser Abkommen registriert. Diese Überschneidungen sind nicht als ungenaue Abgrenzungen konkurrierender Ansätze zu verstehen; vielmehr stellen die Abkommen ein komplementäres System dar, mit dem Ziel die bestehenden Herausforderungen möglichst gut zu bewältigen (BATISSE 2001).

Diese vier Abkommen sind auch für die zwei Fallbeispiele dieser Arbeit relevant. Beide Schutzgebiete sind in der IUCN Liste als Nationalpark (Kategorie II) aufgeführt. Der DNP wurde darüber hinaus sowohl als Biosphärenreservat als auch als Ramsargebiet in die entsprechenden Abkommen aufgenommen. Der WHNP kommt aufgrund seiner überragenden Bedeutung hinsichtlich archäologischer Fundplätze und außergewöhnlicher natürlicher Vorkommen für die Aufnahme in die Welterbeliste der UNESCO in Frage. In nachstehender Abbildung sind die wichtigsten Merkmale der vier Abkommen aufgelistet. Im Folgenden werden diese Regime beschrieben.

Ergänzend zu diesen globalen Abkommen (Abbildung 3-2, S. 41) existieren verschiedene Abkommen auf regionaler Ebene. Eine Gesamtübersichtbersicht findet sich in Tabelle 3-2, S. 42.

Abkommen und Klassifizierungen

IUCN **gegründet: 1948** **Gebiete: 68 066**	**Man and the Biosphere** **gegründet: 1971** **Gebiete: 529**
• Förderung des Schutzes der globalen Biodiversität; • Förderung des Aufbaus eines weltweiten Schutzgebietsnetzwerkes; • Erstellung einheitlicher Standards für Schutzgebiete und eines Klassifikationssystems; • Weiterentwicklung von Managementstrategien für Schutzgebiete; • Förderung der nachhaltigen und gerechten Nutzung der Biodiversität.	• Förderung des Gleichgewichtes zwischen: • wirtschaftlicher Entwicklung; • ökologischem Schutz; und • kultureller Bewahrung. • Aufbau eines Weltnetzes von Biosphärenreservaten; • Konzept der Zonierung von Schutzgebieten.
UNESCO Welterbe **gegründet: 1972** **Gebiete: 851** (660 Kultur/166 Natur/25 beide Kategorien)	**Ramsar Konvention** **gegründet: 1971** **Gebiete: 1 739**
• Förderung des Erhaltes des Weltkultur- und Weltnaturerbes; • Aufbau eines Weltnetzes von Welterbestätten; • Förderung der Fähigkeiten zum Schutz dieser Stätten; • Förderung des Bewusstseins über das globale Welterbe.	• Förderung des Schutzes und der nachhaltigen Nutzung von Feuchtgebieten; • Aufbau eines Weltnetzes von geschützten Feuchtgebieten; • Förderung der lokalen, regionalen und nationalen Aktivitäten und internationaler Kooperation; • Förderung der Einbettung von Feuchtgebieten in die Landnutzungsplanung.

Abbildung 3-2: Die vier globalen Abkommen zum Schutz der Biodiversität durch die Förderung von Schutzgebieten
Quelle: eigene Zusammenstellung

Schutzgebiete im globalen Kontext

Initiative	Geographical coverage	Thematic coverage
IUCN	Global	Classification and incorporation into broader context
World Heritage Convention	Global	Cultural and Natural Heritage
Ramsar Convention	Global	Wetlands
UNESCO MAB Biosphere Reserves	Global	Holistic
Helsinki Convention	Baltic	Marine and coastal
Barcelona Convention and SPA Protocol	Mediterranean	Marine and coastal
Cartagena Convention and SPAW Protocol	Caribbean	Marine and coastal
Antarctic Treaty and Madrid Protocol	Antarctic	Antarctic
Bern Convention	Europe	Listed species/habitats
EU Birds Directive	European Union	Listed species
EU Habitats Directive	European Union	Listed species/habitats
Council of Europe Biogenetic Reserves	Europe	Biogenetic Resources
ASEAN Declaration on Heritage Parks and Reserves	South East Asia	Protected areas

Tabelle 3-2: Bedeutende internationale Initiativen zur Ausweisung und Anerkennung von Schutzgebieten. Neben den global angelegten Initiativen gibt es regionale oder thematische Abkommen.
Quelle: modifiziert nach HARRISON 2002, 2

Abkommen und Klassifizierungen

Ein für den Erhalt der Biodiversität wichtiges Abkommen ist die CBD, welche 1992 als ein Abschlussdokument auf dem Erdgipfel in Rio verabschiedet wurde. Sie ist ein umfassendes Programm, welches als genereller Leitfaden zu verstehen ist, dem keine Schutzgebiete direkt zugeordnet werden. Die drei Hauptziele der CBD sind:

1. Erhalt der Biodiversität;
2. nachhaltige Nutzung ihrer Komponenten:
3. gerechte Verteilung des Nutzens der Biodiversität.

„The objectives of this Convention, to be pursued in accordance with its relevant provisions, are the conservation of biological diversity, the sustainable use of its components and the fair and equitable sharing of the benefits arising out of the utilization of genetic resources, including by appropriate access to genetic resources and by appropriate transfer of relevant technologies, taking into account all rights over those resources and to technologies, and by appropriate funding." (CBD 2005, 88)

Sie bezieht sich dabei nicht ausschließlich auf Schutzgebiete, sondern wählt mit dem Ökosystemansatz einen umfassenden, gesamtgesellschaftlich angelegten Weg. Dieser betont ausdrücklich die Einbettung der Schutzgebiete in einen breiten ökologischen und sozioökonomischen Kontext. Schutzgebiete dienen als Instrumente, um die Ziele der Konvention zu erreichen. Die zwölf Ziele des Ökosystemansatzes sind der folgenden Abbildung zu entnehmen.

Schutzgebiete im globalen Kontext

Principle 1: The objectives of management of land, water and living resources are a matter of societal choice.

Principle 2: Management should be decentralized to the lowest appropriate level.

Principle 3: Ecosystem managers should consider the effects (actual or potential) of their activities on adjacent and other ecosystems.

Principle 4: Recognizing potential gains from management, there is usually a need to understand and manage the ecosystem in an economic context. Any such ecosystem-management programme should:

(a) Reduce those market distortions that adversely affect biological diversity;

(b) Align incentives to promote biodiversity conservation and sustainable use;

(c) Internalize costs and benefits in the given ecosystem to the extent feasible.

Principle 5: Conservation of ecosystem structure and functioning, in order to maintain ecosystem services, should be a priority target of the ecosystem approach.

Principle 6: Ecosystems must be managed within the limits of their functioning.

Principle 7: The ecosystem approach should be undertaken at the appropriate spatial and temporal scales.

Principle 8: Recognizing the varying temporal scales and lag-effects that characterize ecosystem processes, objectives for ecosystem management should be set for the long term.

Principle 9: Management must recognize that change is inevitable.

Principle 10: The ecosystem approach should seek the appropriate balance between, and integration of, conservation and use of biological diversity.

Principle 11: The ecosystem approach should consider all forms of relevant information, including scientific and indigenous and local knowledge, innovations and practices.

Principle 12: The ecosystem approach should involve all relevant sectors of society and scientific disciplines.

Box 3-1: Prinzipien des Ökosystemansatzes
Quelle: CBD 2005, 589-590

Abkommen und Klassifizierungen

Auf der siebten Conference of the Contracting Parties (COP) der CBD im Februar 2004 wurde das erste zwischenstaatliche Abkommen angenommen, welches feste Ziel- und Zeitvorgaben für Schutzgebiete festlegt. Diese sind explizit als Ergänzung von bestehenden Abkommen gedacht und die Überschneidung von Kompetenzen wurde weitestgehend vermieden. Fixiert wurde das Abkommen in der Entscheidung VII/28 zu Schutzgebieten mitsamt dem Anhang „Programme of Work". Dieses Arbeitsprogramm besteht aus vier Hauptpunkten, die jeweils mit einem Oberziel und verschiedenen konkretisierten Zielen, sowie mit Handlungsvorschlägen ausgeführt werden. Die vier Hauptkriterien sind die folgenden:

1. Direct actions for planning, selecting, establishing, strengthening, and managing protected area systems and sites;
2. Governance, Participation, Equity and Benefit Sharing;
3. Enabling Activities;
4. Standards, Assessment and Monitoring. (DUDLEY et al. 2005, 16-17)

COP 9 wird vom 19 – 30 Mai 2008 in Bonn abgehalten und steht unter dem Motto: „ One Nature, One World, Our Future"

3.1.1 World Conservation Union

1948 wurde die International Union for the Conservation of Nature and Natural Resources[6] (IUCN) in Fontainebleau, Frankreich, ins Leben gerufen. Ziel dieser Organisation ist es:

„…to influence, encourage and assist societies throughout the world to conserve the integrity and diversity of nature and to ensure that any use of natural resources is equitable and ecologically sustainable." (IUCN, 2006)

Seit 1948 fanden 19 Generalversammlungen statt, aus denen 1994

---

[6] Die IUCN wurde als "the International Union for the Protection of Nature" (IUPN) gegründet. 1956 wurde sie umbenannt in "the International Union for Conservation of Nature and Natural Resources" (IUCN). Seit dem Jahr 1990 ist die Bezeichnung "World Conservation Union" gebräuchlich. Das Akronym IUCN wurde jedoch, aufgrund seines hohen Bekanntheitsgrades, beibehalten (IUCN 2006).

Schutzgebiete im globalen Kontext

der World Conservation Congress hervorging. Dieser wird seitdem alle drei bis vier Jahre abgehalten. Der dritte und bisher letzte fand 2004 in Bangkok statt, der nächste ist unter dem Titel „A diverse and sustainable world" für Oktober 2008 in Barcelona geplant. Der World Conservation Congress dient dazu, die neuesten Entwicklungen zum Status des Schutzes von Biodiversität zusammenzubringen.

Die IUCN besteht insgesamt aus sechs Kommissionen, die in unterschiedlichen Bereichen des Biodiversitätsschutzes arbeiten.

1. Species Survival Commission (SSC);
2. World Commission on Protected Areas (WCPA);
3. Commission on Environmental Law (CEL);
4. Commission on Education and Communication (CEC);
5. Commission on Environmental, Economic and Social Policy (CEESP);
6. Commission on Ecosystem Management (CEM). (IUCN 2006)

Die WCPA ist innerhalb der IUCN für sämtliche Sachgebiete im Zusammenhang mit Schutzgebieten zuständig. Ihre Mission ist es,

„…to promote the establishment and effective management of a world-wide representative network of terrestrial and marine protected areas, as an integral contribution to the IUCN mission." (WCPA, 2006)

Ein wichtiges Instrument zur Erfüllung dieser Aufgabe ist der alle zehn Jahre stattfindende World Parks Congress (ehemals World Congress on Protected Areas). Während der oben genannte World Conservation Congress sich als Generalversammlung der IUCN dem Erhalt von Biodiversität im Allgemeinen widmet, stellt der World Parks Congress einen wichtigen Kulminationspunkt für die Entwicklung von neuen Managementstrategien für Schutzgebiete dar. Der fünfte und bisher letzte Kongress fand im September 2003 in Durban, Südafrika, statt. Dort treffen alle Experten, die sich professionell mit Schutzgebietsmanagement beschäftigen, zusam-

Abkommen und Klassifizierungen

men, um neue Entwicklungen zu präsentieren und Erfahrungen auszutauschen. Die Ergebnisse geben das Ziel des Schutzgebietsmanagements für die jeweilige Dekade vor. Bei dem Kongress in Durban war die Herausforderung, zu ermitteln, ob und wie Schutzgebiete zur allgemeinen ökonomischen, sozialen und ökologischen Entwicklung der Menschheit beitragen können. Er stand daher auch unter dem Motto „Benefits Beyond Boundaries". Die wichtigsten Eckpunkte der Strategie für das laufende Jahrzehnt sind in den Empfehlungen des Durban Action Plans aufgeführt. Diese sind in 32 Bereiche eingeteilt, wie sie in Box 3-2, S. 49 aufgelistet sind, und enthalten im Original jeweils ausführliche Beschreibungen der Problematik sowie konkrete Handlungsempfehlungen, um diesen zu begegnen (IUCN 2005, 139-218).

Bisher fanden fünf World Parks Congresses statt. Vor dem Kongress in Durban, Südafrika, im Jahr 2003 fanden diese 1962 in Seattle, USA, 1972 in Yellowstone, USA (Thema: „National Parks - A Heritage for a Better World"), 1982 auf Bali, Indonesien (Thema: „Parks for Development") und 1992 in Caracas, Venezuela (Thema: „Parks for Life"), statt (WCPA, 2006).

Das Management von Schutzgebieten fällt in der Regel in die Kompetenz von Nationalregierungen. Abhängig von administrativen Strukturen sowie naturräumlicher Ausstattung und Sozialstruktur des jeweiligen Landes entstanden vielfältige Kategorisierungen und Regelungsmechanismen von Schutzgebieten. 1994 existierten weltweit ca. 140 unterschiedliche Begriffe für Schutzgebietskategorien. Um eine weltweite Vereinheitlichung voranzutreiben, hat die IUCN unter Federführung der WCPA eine internationale Kategorisierung entworfen, die versucht, die große Diversität in einem flexiblen und dennoch griffigen System von Kategorien zu erfassen. Das explizite Ziel war, die Kommunikation über Schutzgebiete zu verbessern, und damit die Ausbreitung des Schutzgebietsgedankens voranzutreiben. Die Kategorien sollen ausdrücklich nicht als Druckmittel auf nationale Regierungen verstanden oder eingesetzt werden (IUCN 1994a, 1).

Schutzgebiete im globalen Kontext

Die erste Fassung des Klassifikationssystems von 1978 enthielt 10 Kategorien. Jedoch wurden fundamentale Schwächen innerhalb weniger Jahre deutlich. Das Kategoriensystem spiegelte neue inhaltliche Zielsetzungen nicht wieder und musste angepasst werden. Daher wurde bereits im Jahr 1984 eine Untersuchungsgruppe zur Überarbeitung dieses Systems eingesetzt. Nach zehn Jahren Arbeit und Diskussion in verschiedenen Foren wurde 1994 ein neues Klassifikationssystem eingeführt, welches auf sechs Kategorien reduziert wurde und in Box 3-3, S. 50 dargestellt ist. Hauptkriterien der Zuordnung eines Schutzgebietes in eine dieser Kategorien sind

> „...die verbindlich festgelegten Zielsetzungen für das Schutzgebiet, nicht der Name eines Gebietes oder das Maß, inwieweit die festgelegten Ziele bereits erreicht sind. Die Effektivität des Managements wird zwar in Betracht gezogen, sie ist jedoch kein Hauptmerkmal für die Einordnung in eine Kategorie." (IUCN 1994b, 1)

Abkommen und Klassifizierungen

1. Strengthening Institutional and Societal Capacities for Protected Area Management in the 21st Century
2. Strengthening Individual and Group Capacities for Protected Area Management in the 21st Century
3. Protected Areas Learning Network
4. Building Comprehensive and Effective Protected Area Systems
5. Climate Change and Protected Areas
6. Strengthening Mountain Protected Areas as a Key Contribution to Sustainable Mountain Development
7. Financial Security for Protected Areas
8. Private Sector Funding of Protected Areas
9. Integrated Landscape Management to Support Protected Areas
10. Policy Linkages between Relevant International Conventions and Programmes in Integrating Protected Areas in the Wider Landscape/Seascape
11. A Global Network to Support the Development of Transboundary Conservation Initiatives
12. Tourism as a Vehicle for Conservation and Support of Protected Areas
13. Cultural and Spiritual Values of Protected Areas
14. Cities and Protected Areas
15. Peace, Conflict and Protected Areas
16. Good Governance of Protected Areas
17. Recognising and Supporting a Diversity of Governance Types for Protected Areas
18. Management Effectiveness Evaluation to Support Protected Area Management
19. IUCN Protected Area Management Categories
20. Preventing and Mitigating Human-Wildlife Conflicts
21. The World Heritage Convention
22. Building a Global System of Marine and Coastal Protected Area Networks
23. Protecting Marine Biodiversity and Ecosystem Processes through Marine Protected Areas beyond National Jurisdiction

Schutzgebiete im globalen Kontext

24. Indigenous Peoples and Protected Areas
25. Co-management of Protected Areas
26. Community Conserved Areas
27. Mobile Indigenous Peoples and Conservation
28.
29. Protected Areas: Mining and Energy
30. Poverty and Protected Areas
31. Africa's Protected Areas
32. Protected Areas, Freshwater and Integrated River Basin Management Frameworks
33. Strategic Agenda for Communication, Education and Public Awareness for Protected Areas

Box 3-2: Empfehlungen des Durban Action Plans
Quelle: IUCN 2005, 139-218

CATEGORY Ia

Strict Nature Reserve: protected area managed mainly for science

Area of land and/or sea possessing some outstanding or representative ecosystems, geological or physiological features and/or species, available primarily for scientific research and/or environmental monitoring.

CATEGORY Ib

Wilderness Area: protected area managed mainly for wilderness protection

Large area of unmodified or slightly modified land, and/or sea, retaining its natural character and influence, without permanent or significant habitation, which is protected and managed so as to preserve its natural condition.

CATEGORY II

National Park: protected area managed mainly for ecosystem protection and recreation

Natural area of land and/or sea, designated to (a) protect the ecological integrity of one or more ecosystems for present and future generations, (b) exclude exploitation or

Abkommen und Klassifizierungen

occupation inimical to the purposes of designation of the area and (c) provide a foundation for spiritual, scientific, educational, recreational and visitor opportunities, all of which must be environmentally and culturally compatible.

CATEGORY III

Natural Monument: protected area managed mainly for conservation of specific natural features

Area containing one, or more, specific natural or natural/cultural feature which is of outstanding or unique value because of its inherent rarity, representative or aesthetic qualities or cultural significance.

CATEGORY IV

Habitat/Species Management Area: protected area managed mainly for conservation through management intervention

Area of land and/or sea subject to active intervention for management purposes so as to ensure the maintenance of habitats and/or to meet the requirements of specific species.

CATEGORY V

Protected Landscape/Seascape: protected area managed mainly for landscape/ seascape conservation and recreation

Area of land, with coast and sea as appropriate, where the interaction of people and nature over time has produced an area of distinct character with significant aesthetic, ecological and/or cultural value, and often with high biological diversity. Safeguarding the integrity of this traditional interaction is vital to the protection, maintenance and evolution of such an area.

CATEGORY VI

Managed Resource Protected Area: protected area managed mainly for the sustainable use of natural ecosystems

Area containing predominantly unmodified natural systems, managed to ensure long-term protection and maintenance of biological diversity, while providing at the same time a sustainable flow of natural products and services to meet community needs.

Box 3-3: Schutzgebietskategorien der IUCN
Quelle: CHAPE et al. 2003, 12

Schutzgebiete im globalen Kontext

Die sechs Kategorien repräsentieren Abstufungen hinsichtlich einer „steigenden Intensität menschlicher Eingriffe" (IUCN 1994b, 10). Diese Eingriffe umfassen wissenschaftliche Forschung, touristische Nutzung, Bildungsaktivitäten sowie die nachhaltige Nutzung von Ressourcen, beispielsweise durch traditionelle Landwirtschaft oder Sammeltätigkeiten. Soweit die Integrität des jeweiligen Ökosystems nicht gefährdet ist, wird die Nutzung durch indigene oder andere lokale Bevölkerung zugelassen. Kategorien I - III repräsentieren in der Regel Gebiete, die nur geringe anthropogene Veränderungen aufweisen. In Gebieten der Kategorien IV - VI hingegen sind deutliche Einflüsse menschlichen Wirtschaftens auszumachen (IUCN 1994b, 10).

Managementziel/IUCN Kategorie	Ia	Ib	II	III	IV	V	VI
Wissenschaftliche Forschung	1	3	2	2	2	2	3
Schutz der Wildnis	2	1	2	3	3	-	2
Artenschutz und Erhalt der genetischen Vielfalt	1	2	1	1	1	2	1
Erhalt und Wohlfahrtswirkungen der Umwelt	2	1	1	-	1	2	1
Schutz bestimmter natürlicher/kultureller Erscheinungen	-	-	2	1	3	1	3
Tourismus und Erholung	-	2	1	1	3	1	3
Bildung	-	-	2	2	2	2	3
Nachhaltige Nutzung von Ressourcen aus natürlichen Ökosystemen	-	3	3	-	2	2	1
Erhalt kultureller und traditioneller Besonderheiten	-	-	-	-	-	1	2
Erklärung: 1 vorrangiges Ziel; 2 nachrangiges Ziel; 3 unter bestimmten Umständen einschlägiges Ziel; - nicht einschlägiges Ziel							

Tabelle 3-3: Zielzuordnung der IUCN-Schutzgebietskategorien
Quelle: IUCN 1994b, 8

Abkommen und Klassifizierungen

Auf der Basis dieser Klassifizierung wurden 1997 und 2003 die United Nations List of Protected Areas (CHAPE et al. 2003; IUCN 1997) herausgegeben. Die im Zeitraum von 1962 bis 1993 herausgegebenen elf Listen konnten die moderne Klassifizierung aufgrund ihrer Nichtexistenz nicht einbeziehen.

Die Kategorien wurden im Jahr 2004 nach eingehender Untersuchung auf Aktualität und Praktikabilität grundsätzlich bestätigt (BORRINI-FEYERABEND et al. 2004a, 14). Mit ihrer Hilfe wurde eine „gemeinsame Sprache" („common language") gefunden, welche die Kommunikation über Schutzgebiete erleichtert und die Verständigungsprobleme reduziert. Diese Errungenschaften werden ebenso wie die technischen, bürokratischen und finanziellen Schwierigkeiten bei der Anwendung in verschiedenen Publikationen diskutiert. Dabei werden auch neue Fragestellungen aufgeworfen (LOCKWOOD 2006, 82-90; BISHOP et al. 2004; BORRINI-FEYERABEND et al. 2004a). Die umfassendste Auseinandersetzung, mit vielen Fallbeispielen untermauert, ist der Report „Speaking a Common Language. The uses and performance of the IUCN System of Management Categories for Protected Areas" (BISHOP et al. 2004). So wurden beispielsweise neue Anwendungsbereiche des Systems identifiziert, die 1994 noch nicht vorgesehen waren. Zu nennen sind:

- die genaue Festlegung von erlaubten Aktivitäten innerhalb der Schutzgebiete;
- die Etablierung von Kriterien zur Messung von Umsetzungserfolgen;
- die Funktion als Basis für die nationale und internationale Gesetzgebung hinsichtlich von Schutzgebieten;
- die Garantie für Qualitätsstandards;
- die Verwendung als Werkzeug für ein „bioregional planning". (BISHOP et al. 2004, 5-6)

Die Zuordnung der Schutzgebiete zu einer der Kategorien scheint nicht immer klar und explizite Regelungen hierzu existieren bisher nicht. Trotz der generellen Bestäti-

Schutzgebiete im globalen Kontext

gung des Klassifizierungssystems wurden Änderungen an dem Leitfaden (IUCN 1994a/b) zur Umsetzung dieses Systems formuliert. Diese spiegeln die neuen Erkenntnisse und Strömungen in der Diskussion über das Management und die gesellschaftliche Rolle von Schutzgebieten wieder. Eine Beibehaltung der bestehenden Kategorien wird grundsätzlich befürwortet, jedoch sollen inhaltliche Änderungen vorgenommen werden, um die sich ständig wandelnden Rahmenbedingungen und Anforderungen bezüglich von Schutzgebieten zu berücksichtigen.

Insgesamt kann eine positive Bilanz des Systems gezogen werden. Viele der weltweiten Schutzgebiete sind in das System integriert und die Kategorisierung leistet gute Hilfe bei dem Aufbau nationaler Schutzgebietsnetzwerke. Sie dient als Orientierung und hilft bei der Konzeption der Managementziele.

3.1.2 Man and the Biosphere Programme

Das Man and the Biosphere Programme der UNESCO stammt aus dem Jahr 1971 und hat das Ziel „…ein nachhaltiges Gleichgewicht zwischen den bisweilen widersprüchlichen Zielen der Erhaltung der biologischen Vielfalt, der Förderung der wirtschaftlichen Entwicklung und der Wahrung zugehöriger kultureller Werte zu verwirklichen." (UNESCO 1996b, 2)

Das Man and the Biosphere Programme basiert auf dem Grundsatz, dass der Mensch einen Teil der Biosphäre darstellt und sein Handeln und seine Bedürfnisse mit den anderen Bestandteilen der Ökosysteme zu integrieren sind. Biosphärenreservate stellen die Instrumente zur praktischen Umsetzung der Strategie dar. Ihre Zielsetzung überschneidet sich zunehmend mit den Kernelementen des generellen, modernen Schutzgebietsmanagements. In der Praxis sind viele Biosphärenreservate zunehmend auch unter weiteren Abkommen als Schutzgebiete anderer Kategorien registriert. Dies gilt sowohl für die in Kapitel 3.1.1 beschriebene IUCN Klassifizierung, als auch für die in den Kapiteln 3.1.3 und 3.1.4 beschriebenen Klassifizierungen nach dem UNE-

Abkommen und Klassifizierungen

SCO Welterbe und der Ramsarkonvention (UNESCO 1996b, 4).

1974 wurde das Konzept der Biosphärenreservate eingeführt und 1995 in der Sevilla-Strategie umfassend überarbeitet (UNESCO 1996). Biosphärenreservate sind in den Internationalen Leitlinien für das Weltnetz der Biosphärenreservate (ILWB), Artikel 1, der UNESCO folgendermaßen definiert:

„Biosphärenreservate sind Gebiete, bestehend aus terrestrischen und Küsten- sowie Meeresökosystemen oder einer Kombination derselben, die international im Rahmen des UNESCO Programms ‚Der Mensch und die Biosphäre' (MAB) nach Maßgabe vorliegender internationaler Leitlinien für das Weltnetz der Biosphärenreservate anerkannt werden." (UNESCO 1996b, 23)

Weltweit existieren 529 Biosphärenreservate in 105 Ländern (UNESCO 2007). Sie sollen drei Funktionen erfüllen:

- „…eine **Schutzfunktion** zum Zwecke der Erhaltung der Genressourcen sowie der Tier- und Pflanzenarten, Ökosysteme und Landschaften;

- eine **Entwicklungsfunktion**, um nachhaltige wirtschaftliche und menschliche Entwicklung zu fördern;

- eine **logistische Funktion**, um Demonstrationsprojekte, Umweltbildung, Ausbildung, Forschung und Umweltbeobachtung, bezogen auf lokale, nationale und weltweite Angelegenheiten von Schutz und nachhaltiger Entwicklung, zu unterstützen." (UNESCO 1996b, 4, Hervorhebung durch den Verfasser)

Um diesen Funktionen gerecht zu werden, sollen Biosphärenreservate in verschiedene Zonen eingeteilt werden. In der Regel gibt es drei Zonen, die unterschiedliche Nutzungen zulassen und unterschiedlichen Schutzstatus gewährleisten. Die Zonierung ist als flexibles Instrument konzipiert, welches sich den lokalen Gegebenheiten und Bedürfnissen anpasst. Es gibt…

- „…eine oder mehrere **Kernzonen** streng geschützte[r] Gebiete zur Erhaltung der biologischen Vielfalt, zur Beobachtung minimal gestörter Ökosysteme und zur Durchführung von Forschungen, die die Ökosysteme nicht verändern und sonstiger Nutzungen mit geringfügigen Auswirkungen (wie z.B. Bildungsmaßnahmen);

- eine klar ausgewiesene **Pufferzone**, die im allgemeinen die Kernzone umgibt oder an sie angrenzt und für kooperative Tätigkeiten genutzt wird, die im Einklang mit umweltfreundlichen Nutzungen stehen; zu diesen zählen Maßnahmen der Umweltbildung, Erholung sowie angewandte und Grundlagenforschung; und

- eine flexible **Übergangszone** oder **Zone der Zusammenarbeit**, in der verschiedenartige landwirtschaftliche Tätigkeiten, Siedlungstätigkeiten und weiteren Nutzungen stattfinden können, bei denen lokale Gemeinschaften, Bewirtschaftungsbehörden, Wissenschaftler, Nichtregierungs-Organisationen, kulturelle Gruppen, die Wirtschaft und sonstige Interessensgruppen zusammenarbeiten, um die Ressourcen des Gebietes zu bewirtschaften und nachhaltig zu entwickeln." (UNESCO 1996b, 4, Hervorhebung durch den Verfasser)

Durch die Zonierung werden die komplexen Zusammenhänge des sozioökologischen Gefüges theoretisch gut erfasst. In der Praxis ergeben sich jedoch verschiedene Probleme. Die Abgrenzung im Gelände ist oft nicht dauerhaft zu gewährleisten, wodurch die Grenzen verschwimmen oder verschoben werden. Weiterhin können administrative Unklarheiten entstehen, wenn die Kompetenzregelung zwischen den verschiedenen Institutionen für die verschiedenen Zonen nicht eindeutig ist (PAUDEL 2003, 5-8).

Damit ein Gebiet als Biosphärenreservat anerkannt und in das Weltnetz der Biosphärenreservate aufgenommen wird, muss es sieben Kriterien erfüllen, die in den ILWB, Artikel 4 festgelegt sind.

Abkommen und Klassifizierungen

Aritkel 4 - Kriterien

Allgemeine Kriterien, als Voraussetzung für die Anerkennung eines Gebietes als Biosphärenreservat, sind:

1. das Gebiet soll sich aus einer Reihe verschiedener ökologischer Systeme zusammensetzen, die für bedeutende biogeographische Systeme repräsentativ sind, einschließlich abgestufter Formen des Eingriffs durch den Menschen;

2. das Gebiet soll für die Erhaltung der biologischen Vielfalt von Bedeutung sein;

3. das Gebiet soll die Möglichkeit bieten, Ansätze zur nachhaltigen Entwicklung auf regionaler Ebene zu erforschen und zu demonstrieren;

4. das Gebiet soll über eine ausreichende Größe verfügen, um die in Artikel 3 aufgeführten Funktionen der Biosphärenreservate erfüllen zu können;

5. das Gebiet soll diese Funktionen durch eine entsprechende Einteilung in die folgenden Zonen erfüllen:

(a) eine gesetzlich definierte Kernzone oder Gebiete, die langfristigem Schutz gewidmet sind, und die mit den Schutzzielen des Biosphärenreservates übereinstimmen sowie eine ausreichende Größe zur Erfüllung dieser Ziele aufweisen;

(b) eine Pufferzone oder eindeutig festgelegte Zonen, die die Kernzone/n umschließen oder an sie angrenzen, in denen nur Aktivitäten stattfinden, die mit den Schutzzielen vereinbar sind;

(c) eine äußere Übergangszone, in der Vorgehensweisen zur nachhaltigen Bewirtschaftung von Ressourcen gefördert und entwickelt werden.

6. Für eine angemessene Beteiligung und Mitarbeit u.a. von Behörden, örtlichen Gemeinschaften und privaten Interessen bei der Bestimmung und Ausübung der Funktionen eines Biosphärenreservates sollen organisatorische Vorkehrungen getroffen werden.

7. Zusätzlich sollen Vorkehrungen getroffen werden, für

(a) Mechanismen zur Lenkung der menschlichen Nutzung und Aktivitäten in der oder den Pufferzonen;

(b) Strategien oder Pläne zur Bewirtschaftung des Gebietes als Biosphärenreservat;

(c) die Bestimmung einer Behörde oder eines Mechanismus zur Umsetzung dieser Strategien bzw. Pläne;

(d) Programme zur Forschung, Umweltbeobachtung, Bildung und Ausbildung.

Box 3-4: **Kriterien zur Aufnahme in die internationale Liste der Biosphärenreservate (ILWB)**
Quelle: UNESCO 1996b, 24

3.1.3 Welterbeprogramm der UNESCO

Das Welterbeprogramm der UNESCO umfasst zwei Kategorien, das Weltkulturerbe und das Weltnaturerbe. Aktuell (Mai 2008) sind insgesamt 851 Denkmäler aufgenommen, von denen 660 dem Kulturerbe, 166 dem Naturerbe und 25 weitere beiden Kategorien zugeordnet sind. Prominente Beispiele für das Weltkulturerbe in Deutschland sind der Kölner Dom oder das Elbtal bei Dresden. Das Wattenmeer an der deutschen, dänischen und niederländischen Nordsee soll in naher Zukunft zum Weltnaturerbe erklärt werden. Gegründet wurde die Konvention auf der 17. Generalversammlung der UNESCO in Paris, die vom 17. Oktober bis zum 21. November 1972 abgehalten wurde. Oberziel ist es, das Kultur- und Naturerbe der Welt zu erhalten, indem Objekte von außergewöhnlichem, universellen Wert („outstanding universal value") langfristig vor dem Verfall oder vor Zerstörung geschützt werden. In der Konvention wird der „outstanding universal value" folgendermaßen definiert:

„Outstanding universal value means cultural and/or natural significance which is so exceptional as to transcend national boundaries and to be of common importance for present and future generations of all humanity." (UNESCO et al. 2005, 14)

Dafür wurden in der Budapest Declaration aus dem Jahr 2002 in Absatz 4, vier strategische Ziele festgelegt:

Abkommen und Klassifizierungen

> 4. We, the World Heritage Committee, will co-operate and seek the assistance of all partners for the support of World Heritage. For this purpose, we invite all interested parties to co-operate and to promote the following objectives:
>
> a. **strengthen** the credibility of the World Heritage List, as a representative and geographically balanced testimony of cultural and natural properties of outstanding universal value;
>
> b. **ensure** the effective conservation of World Heritage properties;
>
> c. **promote** the development of effective capacity-building measures, including assistance for preparing the nomination of properties to the World Heritage List, for the understanding and implementation of the World Heritage Convention and related instruments;
>
> d. **increase** public awareness, involvement and support for World Heritage through communication.

Box 3-5: Zielsetzung der UNESCO Welterbekommission (Budapest Declaration, Absatz 4)
Quelle: UNESCO 2002

Für die Aufnahme in die Welterbeliste kommen verschiedene Einheiten in Frage, die in Artikel 1 und 2 der World Heritage Convention festgelegt sind. Hierzu zählen Monumente, Gebäudekomplexe, historische Stätten, physische oder biologische Formationen, abgegrenzte Habitate und Gebiete, die besonders wertvoll für die Wissenschaft, den ökologischen Schutz oder landschaftsästhetisch herausragend sind. Zur Bestimmung gibt es zehn Kriterien, von denen mindestens eins erfüllt werden muss. Dabei beziehen sich die Kriterien i - vi auf das kulturelle und die Kriterien vii - x auf das natürliche Erbe. Darüber hinaus muss die Integrität und/oder Authentizität sowie der Schutz und das Management gewährleistet sein (UNESCO et al. 2005, 13).

Schutzgebiete im globalen Kontext

> The Committee considers a property as having outstanding universal value (see paragraphs 49-53) if the property meets one or more of the following criteria. Nominated properties shall therefore :
>
> i. to represent a masterpiece of human creative genius;
>
> ii. to exhibit an important interchange of human values, over a span of time or within a cultural area of the world, on developments in architecture or technology, monumental arts, town-planning or landscape design;
>
> iii. to bear a unique or at least exceptional testimony to a cultural tradition or to a civilization which is living or which has disappeared;
>
> iv. to be an outstanding example of a type of building, architectural or technological ensemble or landscape which illustrates (a) significant stage(s) in human history;
>
> v. to be an outstanding example of a traditional human settlement, land-use, or sea-use which is representative of a culture (or cultures), or human interaction with the environment especially when it has become vulnerable under the impact of irreversible change;
>
> vi. to be directly or tangibly associated with events or living traditions, with ideas, or with beliefs, with artistic and literary works of outstanding universal significance. (The Committee considers that this criterion should preferably be used in conjunction with other criteria);
>
> vii. to contain superlative natural phenomena or areas of exceptional natural beauty and aesthetic importance;
>
> viii. to be outstanding examples representing major stages of earth's history, including the record of life, significant on-going geological processes in the development of landforms, or significant geomorphic or physiographic features;
>
> ix. to be outstanding examples representing significant on-going ecological and biological processes in the evolution and development of terrestrial, fresh water, coastal and marine ecosystems and communities of plants and animals;
>
> x. to contain the most important and significant natural habitats for in-situ conservation of biological diversity, including those containing threatened species of outstanding universal value from the point of view of science or conservation.

Box 3-6: Kriterien zur Aufnahme in die Welterbeliste der UNESCO
Quelle: UNESCO et al. 2005, 19-20

Abkommen und Klassifizierungen

3.1.4 Ramsarkonvention

Ebenso wie das Man and the Biosphere Programme wurde die Ramsar Konvention über Feuchtgebiete im Jahr 1971 ins Leben gerufen und von 18 Staaten unterzeichnet. Die Intention des Abkommens war die Berücksichtigung der Besonderheiten von Feuchtgebieten bei deren Schutz. Damit sollte sowohl ihrer Rollen im globalen ökologischen System als auch ihrer ökologischen Fragilität Rechnung getragen werden. Vier Jahre später trat die Konvention in Kraft. Die Aufgabe der Konvention ist

„…the **conservation and wise use of all wetlands** through local, regional and national actions and international cooperation, as a contribution towards achieving sustainable development throughout the world" (RCS 2006b, 7, Hervorhebung durch den Verfasser).

„Wise use" wurde auf der COP 3 im Jahr 1987 in Regina, Kanada, erstmals definiert und im Jahr 2005 modifiziert, um den Vertragsparteien klare Richtlinien an die Hand zu geben.

„Wise use of wetlands is the maintenance of their ecological character, achieved through the implementation of ecosystem approaches, within the context of sustainable development." (RCS 2006b, 48-49)

Bis heute (Mai 2008) sind der Konvention 158 Staaten beigetreten. Insgesamt sind 1 739 Gebiete in die Liste aufgenommen und nehmen eine Fläche von über 1,61 Millionen km^2 ein. Diese Areale umfassen nach der in der Konvention festgehaltenen Definition offene Wasserflächen oder Feuchtgebiete wie z.B. Flüsse, Seen, Teiche, Küstenabschnitte, Sümpfe, Marschland, Überflutungsebenen und Moore (RCS 1994).

„For the purpose of this Convention wetlands are areas of marsh, fen, peatland or water, whether natural or artificial, permanent or temporary, with water that is static or flowing, fresh, brackish or salt, including areas of marine water the depth of which at low tide

Schutzgebiete im globalen Kontext

does not exceed six metres." (RCS 2006b, 91)

Die Mitgliedstaaten gehen **vier Hauptverpflichtungen** ein:

1. Nominierung von mindestens einem Feuchtgebiet zur Aufnahme in die „Ramsar List", dessen Schutz und die mittelfristige Ausweisung weiterer geeigneter Gebiete als Ramsar-Gebiet;
2. Einbettung des Schutzes von Feuchtgebieten in die Landnutzungsplanung, um weitestgehend die nachhaltige Nutzung der Feuchtgebiete innerhalb des Staatsgebietes zu fördern;
3. Etablierung von Schutzgebieten in Feuchtgebieten und die Förderung von Forschung, Management und Überwachung im Bezug auf diese;
4. aktive internationale Kooperation besonders hinsichtlich von grenzüberschreitenden Feuchtgebieten, gemeinsam genutzten Wassersystemen und migrierenden Tierarten. (RCS 2006b, 15-16)

Um diesen Verpflichtungen nachzukommen wurde auf dem sechsten Treffen der Vertragspartner (COP 6) in Brisbane, Australien, der so genannte Strategische Plan 1997 - 2002 verabschiedet. Dieser soll den Staaten bei den Planungsprozessen und der praktischen Umsetzung der Ziele helfen. Auf der COP 8 in Valencia, Spanien (2002), wurde der Strategische Plan 2003 - 2008 beschlossen. Hier wird formuliert, dass ein „...still broader approach to conservation and sustainable development..." nötig ist, besonders hinsichtlich „...poverty reduction and food and water security, integrated approaches to water management, climate change and its predicted impacts, increasing globalization of trade and reducing of trade barriers, the increasing role of the private sector, and the increasing influence of development banks and international development agencies." (RCS 2006b, 18) Darüber hinaus wurden **drei Säulen der Umsetzung** festgelegt, welche die generelle Zielsetzung bekräftigen:

1. nachhaltige Nutzung („wise use") der Feuchtgebiete;

Abkommen und Klassifizierungen

2. Erweiterung der Ramsar Liste durch Ausweisung neuer Gebiete;
3. internationale Kooperation.

Das Ramsar Sekretariat fördert die Kooperation mit anderen Abkommen. Dadurch sollen Synergieeffekte erzielt und ein Welt umfassendes Netz gespannt werden, welches die Feuchtgebiete schützt und die dortigen ökologischen und sozioökonomischen Entwicklungen auf Nachhaltigkeit ausrichtet. Bisher bestehen Kooperationen mit der CBD, der Convention on Conservation of Migratory Species of Wild Animals (CMS), der UNESCO Welterbekonvention, der United Nations Convention to Combat Desertification (UNCCD), der United Nations Framework Convention on Climate Change (UNFCCC) und verschiedenen regionalen Umweltabkommen (RCS 2006b, 20-22). Die Vision, die hinter der Vernetzung steht, ist...

„...to develop and maintain an international network of wetlands which are important for the conservation of global biological diversity and for sustaining human life through the maintenance of their ecosystem components, processes and benefits/services." (Resolution IX.1 Annex B (2005); RCS 2006b, 57)

Die grundlegende Voraussetzung, damit Gebiete in die Ramsarliste aufgenommen werden, ist, dass es sich um ein Feuchtgebiet von internationaler Bedeutung handelt. Um diese internationale Bedeutung zu definieren, gibt es einen Kriterienkatalog, der zuletzt 2005 modifiziert wurde (Box 3-7).

Schutzgebiete im globalen Kontext

Criteria for Identifying Wetlands of International Importance and Guidelines for their application

Adopted by the 7th (1999) and 9th (2005) Meetings of the Conference of the Contracting Parties, superseding earlier Criteria adopted by the 4th and 6th Meetings of the COP (1990 and 1996), to guide implementation of Article 2.1 on designation of Ramsar sites.

Group A of the Criteria. Sites containing representative, rare or unique wetland types

Criterion 1: A wetland should be considered internationally important if it contains a representative, rare, or unique example of a natural or near-natural wetland type found within the appropriate biogeographic region.

Group B of the Criteria. Sites of international importance for conserving biological diversity

Criteria based on species and ecological communities

Criterion 2: A wetland should be considered internationally important if it supports vulnerable, endangered, or critically endangered species or threatened ecological communities.

Criterion 3: A wetland should be considered internationally important if it supports populations of plant and/or animal species important for maintaining the biological diversity of a particular biogeographic region.

Criterion 4: A wetland should be considered internationally important if it supports plant and/or animal species at a critical stage in their life cycles, or provides refuge during adverse conditions.

Specific criteria based on waterbirds

Criterion 5: A wetland should be considered internationally important if it regularly supports 20 000 or more waterbirds.

Criterion 6: A wetland should be considered internationally important if it regularly supports 1% of the individuals in a population of one species or subspecies of waterbird.

Specific criteria based on fish

Criterion 7: A wetland should be considered internationally important if it supports a significant proportion of indigenous fish subspecies, species or families, life-history stages, species interactions and/or populations that are representative of wetland

Theoretischer Diskurs und praktische Implikationen

> benefits and/or values and thereby contributes to global biological diversity.
>
> Criterion 8: A wetland should be considered internationally important if it is an important source of food for fishes, spawning ground, nursery and/or migration path on which fish stocks, either within the wetland or elsewhere, depend.
>
> **Specific criteria based on other taxa**
>
> Criterion 9: A wetland should be considered internationally important if it regularly supports 1% of the individuals in a population of one species or subspecies of wetland-dependent non-avian animal species.

Box 3-7: Kriterien zur Identifizierung von international bedeutenden Feuchtgebieten und Richtlinien zu ihrem Schutz
Quelle: RCS 2006b, 60

3.2 Theoretischer Diskurs und praktische Implikationen

In den Empfehlungen des World Parks Congress in Durban (IUCN 2005), werden die negativen Auswirkungen von Schutzgebieten anerkannt und Maßnahmen zu deren Minderung gefordert. Es wird verlangt, dass Schutzgebiete die sozioökonomische Entwicklung fördern und keine Prozesse die zu verstärkter Armut führen, bewirken. Darüber hinaus sollen sie, eingebettet in eine breit angelegte nachhaltige Entwicklungsstrategie, zum Schutz der globalen und lokalen Lebensgrundlagen beitragen, Kosten und Nutzen gerecht verteilen, faire Kompensationen bereitstellen und auch Geschlechtergerechtigkeit fördern (IUCN 2005, 210). Dies sind hehre Ziele, deren Umsetzung in der Realität mit vielen Unzulänglichkeiten konfrontiert wird. Weder im DNP noch in anderen Schutzgebieten, die der Autor persönlich besuchte, noch in den vielfältigen Beispielen in der Literatur werden diese Ziele erreicht (SONGORAWA 1999; WELLS et al. 1999; GHIMIRE 1997). Idealentwürfe sind dennoch nicht verwerflich. Auch wenn sie mitunter utopisch anmuten, ist es doch richtig und wichtig, Ziele zu definieren, deren Erreichen unter den momentanen Bedingungen nicht immer realistisch ist. Trotzdem zeigen sie die Kluft auf, die zwischen den Gremien der internationalen Organisationen und der Umsetzungsebene in den meist ländlichen Gebieten besteht (BOR-

Schutzgebiete im globalen Kontext

RINI-FEYERABEND et al. 2004a, 2-8).

Auf internationaler, theoretischer Ebene wurden viele Fortschritte gemacht und die meisten grundlegenden Probleme werden in den Lösungsstrategien angegangen. Die Realität ist aber in vielen Fällen noch weit von den entworfenen Szenarien entfernt (STOLL-KLEEMANN 2005). Dies wird durchaus selbstkritisch anerkannt (BORRINI-FEYERABEND et al. 2004a, 3), jedoch bleiben bei der Umsetzung der Konzepte grobe Mängel bestehen. Dies liegt in den meisten Fällen an den innerstaatlichen Strukturen und Widerständen. Nicht selten werden Schutzgebiete politisch instrumentalisiert oder als störend in der politischen Agenda empfunden (PIMBERT et al. 1997, 317-326).

Um die Umsetzung der theoretischen Konzepte praxisorientierter zu gestalten, ist es notwendig, die bisherigen **Managementansätze und deren Umsetzung zu evaluieren**. Dabei spielt der Erfolg des Biodiversitätsschutzes eine zentrale Rolle, die relevanten sozioökonomischen Faktoren müssen jedoch ebenfalls berücksichtigt werden. Die Diskussion zur Messung der Effektivität des Schutzgebietsmanagements wird verstärkt geführt und war ein zentrales Thema des World Parks Congress 2003. Dabei tendieren die Lösungsansätze dahin, dass es kein einheitliches Instrument geben kann. Vielmehr sollte ein „Werkzeugkasten" entwickelt werden, aus dem man die auf die Umstände passenden Werkzeuge auswählt (STOLL-KLEEMANN et al. 2006, 10; HOCKINGS et al. 2000, 7-8). Ein einheitliches Analyseschema zur Bewertung von Schutzgebietsmanagement, welches die Problemfelder identifiziert, existiert daher nicht.

Im Jahr 2003 sind zwei Analyseschemata erstellt worden, die diesem Manko begegnen wollen. Die „Rapid Assessment and Prioritization of Protected Area Management (RAPPAM)" Methodologie zielt explizit auf die Ebene von Schutzgebietssystemen auf nationaler oder internationaler Ebene. Informationen über die Effektivität von einzelnen Schutzgebieten können mit der Methode nicht untersucht werden. Insgesamt gibt es sechs Hauptuntersuchungsfelder, über die Informationen gesammelt und ausgewertet werden (context, planning, inputs, processes, outputs, outcomes). Die benötigten Daten sind gerade in mangelhaft geführten Schutzgebieten selten in der benötigten Form vorhanden und nur schwer zu erheben. Der standardisierte Fragebogen, der verwendet wird, ist daher relativ allgemein gehalten und umfasst 19 Fragebereiche, die jeweils etwa sechs Unterfragen beinhalten. Bisher liegen keine öffentlichen Einschätzungen über den Nutzen des Analyseschemas vor. Erste Ergebnisse werden jedoch in den nächsten Jahren erwartet, da mittlerweile über fünf Jahre hinweg Erfahrungen im Umgang mit der Methode gesammelt werden konnten (ERVIN 2003, 7-8).

Die Worldbank/WWF Alliance for Forest Conservation hat 2003 ein „site-level management effectiveness tracking tool" entwickelt. Dieses evaluiert mit einem Katalog von 30 Fragen, kombiniert mit einem Punktevergabesystem, die Effektivität des Managements eines einzelnen Schutzgebietes. Die Ergebnisse liefern jedoch ausdrücklich keine direkte Hilfe zur Identifizierung oder für die Verbesserung der Schwachpunkte. Vielmehr stellen sie einen stark generalisierten und vereinfachten Indikator dar, der die Gesamtstellung des Managements beurteilt. Multitemporale Auswertungen können feststellen, ob sich das Management über eine bestimmten Zeitraum hinweg verbessert oder verschlechtert hat (WWF 2004, 3; STOLTON et al. 2003, 3-4). Beide Ansätze bauen auf den von HOCKINGS et al. (1999) identifizierten Einflussfaktoren auf das Schutzgebietsmanagement auf. Die Managementkapazitäten werden dort als ein Ergebnis verschiedener Faktoren dargestellt (Abbildung 3-3).

Die Arbeitsgruppe GoBi (Governance of Biodiversity) der Humboldt-Universität zu Berlin unternimmt den Versuch, detailliertere Faktoren zu identifizieren, die den Erfolg von Biosphärenreservaten bestimmen. Dabei bedient sich die Gruppe verschiedener bisher entwickelter Ansätze und versucht, diese zu integrieren und weiter zu entwickeln (STOLL-KLEEMANN et al. 2006).

Schutzgebiete im globalen Kontext

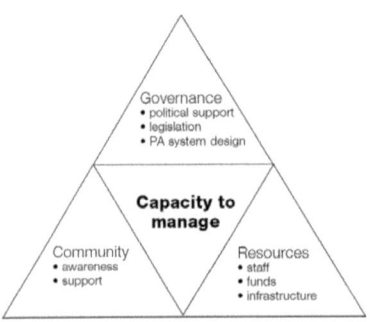

Abbildung 3-3: Einflussfaktoren auf das Schutzgebietsmanagement nach HOCKINGS et al.
Quelle: HOCKINGS et al. 1999, 9

Über diese Ansätze hinausgehend, lassen sich aus der Literatur vier Bereiche herausfiltern, die übergreifend als relevant für ein erfolgreiches Schutzgebietsmanagement eingestuft werden. Diese sind:

1. Institutionen;
2. Finanzen;
3. Personal;
4. Partizipation. (LEVERINGTON et al. 2008; SPITERI et al. 2006; STOLL-KLEEMANN et al. 2006, 5-6; DUDLEY et al. 2005; BARBER et al. 2004; DUDLEY et al. 2003; CHENOWETH et al. 2002; BELTRÁN 2000; HOCKINGS et al. 2000, 7-8; WELLS et al. 1999, 45; DAVEY 1998; PE-TERS 1998; BORRINI-FEYERABEND 1997a)

Innerhalb dieser Bereiche befinden sich jeweils verschiedene Unterkategorien. Diese können teilweise in mehr als eine der Kategorien eingeordnet werden und sind, wie die Kategorien selbst, oftmals interdependent miteinander verwoben. Die vorgenommene Einteilung in Kategorien und Unterkategorien dient somit lediglich der systematischen Erfassung und der besseren Darstellung der Sachverhalte. Im Folgenden wird anhand dieser vier Kategorien die **Diskrepanz zwischen Theorie und Praxis des Schutzgebietsmanagements** dargestellt.

Der **institutionelle Rahmen**, innerhalb dessen sich Schutzgebietsmanagement bewegt, hat einen entscheidenden Einfluss auf den Erfolg der Schutzgebiete. Dabei spielen sowohl die beteiligten Institutionen als auch deren Beziehungen untereinander eine Rolle. Die Verankerung des Schutzgebietsmanagements im politischen System eines Landes ist ein entscheidender Faktor. Die Zuordnung zu Ressorts und Ministerien,

Theoretischer Diskurs und praktische Implikationen

die hierarchische Stellung innerhalb dieser Institutionen und die politische Zustimmung, sind bestimmende Größen. Darüber hinaus kommt der spezifischen Gesetzgebung und deren Umsetzung eine wichtige Rolle zu. Die Bedingungen an den genannten Punkten müssen den Bedürfnissen des Schutzgebietsmanagements Rechnung tragen, da sonst die Etablierung eines effektiven Schutzgebietssystems nur sehr begrenzt möglich ist (LOCKWOOD et al. 2006, 62-67; DAVEY 1998, 27-34).

Ein Problem, das aus der Unklarheit der institutionellen Zuständigkeiten und der mangelnden politischen Verantwortung resultiert, ist die Identifikation der eigentlichen Bedrohungen der Schutzgebiete. Oftmals werden die in der unmittelbaren Umgebung lebenden Menschen als die Hauptbedrohung der Schutzgebietsziele wahrgenommen. Jedoch sind die größeren Rahmenbedingungen nicht selten zumindest gleichermaßen für negative Einflüsse auf die Schutzgebiete verantwortlich. Wirtschaftsstrukturen, welche die Menschen dazu animieren, nicht nachhaltiges Verhalten zu entwickeln, sollten unbedingt in Betracht gezogen werden (WELLS et al. 1992, 11-13). Hierunter fallen die Jagd auf exotische Tierarten, die in städtischen Zentren oder letzten Endes auf dem Weltmarkt landen, die Holzkohleproduktion aus Baumbeständen von Schutzgebieten zur Versorgung des urbanen Raumes, Straßen- oder andere Infrastrukturprojekte, Extraktionswirtschaft/Tagebau oder die generelle Landnutzungsplanung, um einige Beispiele zu nennen. Hinter dem eben Beschriebenen steht als Grundprinzip, dass die Menschen der ländlichen Regionen den städtischen Siedlungsraum mit Gütern versorgen. Dabei werden die Strukturen in der Regel von städtischen Geschäftsleuten organisiert und von der lokalen Bevölkerung - oftmals aus Mangel an Alternativen und Bildung - umgesetzt. Sozioökonomische Entwicklung für die ländlichen Gebiete ist somit als gut, aber nicht ausreichend, anzusehen, um Schutzgebiete zu fördern. Vielmehr müsste an der Wurzel des Problems angesetzt werden, die übergeordneten Strukturen beleuchtet und gegebenenfalls geändert werden. Die wirtschaftlichen und gesellschaftlich-politischen Verflechtungen machen es jedoch schwierig, die politisch-institutionellen Rahmenbedingungen für Schutzgebietsmanagement zu ändern (BARBER et al. 2004, 6-13).

Fundamental für das Management von Schutzgebieten ist eine **dauerhaft gesicherte Finanzierung**. Sie ist die Grundlage für alle notwendigen Maßnahmen, um ein Schutzgebiet oder Schutzgebietssystem effektiv zu führen. Da die Einnahmen der Schutzgebiete die Kosten meist nicht decken, sind externe Finanzierungsmechanismen notwendig. Weltweit kann eine Unterfinanzierung der Schutzgebiete konstatiert werden (EMERTON et al. 2006, 5-14). Bis auf weiteres scheint die Finanzierung durch staatliche Stellen und internationale Geber (z.B. Global Environment Facility (GEF) und United Nations Environmental Programmme (UNEP)) gesichert werden zu müssen (BALMFORD et al. 2003). Da Schutzgebietsmanagement ein mittel- bis langfristig angelegter Prozess mit vielen Akteuren und Variablen ist, müsste auch die Finanzierung mindestens mittelfristig, d.h. eher in Dekaden als in Jahren, angelegt sein. Durch die gleichzeitig gestiegenen Ansprüche an und Ausdehnung von Schutzgebieten steigt auch das benötigte Budget von Schutzgebieten. Die inhärenten Maßnahmen zur sozioökonomischen Einbindung der Bevölkerung benötigen viel Zeit und finanzielle Mittel (PIMBERT et al. 1997, 306-311; BORRINI-FEYERABEND 1997b, 32; WELLS et al. 1992, 47). In den letzten Jahren ist jedoch weltweit ein Trend zu abnehmender Bereitschaft einer dauerhaften Finanzierung zu erkennen (EMERTON et al. 2006, 5-14).

Dem **Schutzgebietspersonal** kommt eine weitere Schlüsselfunktion für ein effektives Schutzgebietsmanagement zu. Wenn es Formen des partizipativen Schutzgebietsmanagements gibt, werden sie durch das Personal umgesetzt welches damit dafür zuständig ist, Kontakt mit den Menschen vor Ort aufzunehmen. Das Personal verkörpert somit das, was die Bevölkerung mit dem Schutzgebiet verbindet. Darüber hinaus ist das Personal für die Erstellung, Umsetzung und Modifikation der Statu-

Theoretischer Diskurs und praktische Implikationen

ten verantwortlich. Daher ist es von großer Notwendigkeit, dass das Personal erstens eine gute Ausbildung erhält und zweitens möglichst langfristig angestellt wird. Die gute Ausbildung dient dem Verständnis und gleichzeitig der Motivation der Mitarbeiter (BARBER et al. 2004, 150-153). Darüber hinaus können sie den Menschen nur Vorbild sein oder in Diskussionen den Sinn und Zweck des Schutzgebietes näher bringen, wenn sie selbst überzeugt sind und die Zusammenhänge verstehen. Dem steht in der Praxis oftmals eine polizeilich-militärisch ausgerichtete Ausbildung des Personals gegenüber (Interview NIMIR).

Ein langfristiger Einsatz des gleichen Personals ist eine wichtige Basis für den Aufbau eines Vertrauensverhältnisses mit der Bevölkerung. Gleichzeitig kann das Personal auf diese Weise bessere Einblicke in die Probleme der Menschen erhalten und ihre Funktion als Bindeglied zwischen Schutzgebiet und Bevölkerung besser wahrnehmen. Die Gefahr dabei ist, dass durch zu engen Kontakt auch Korruption gefördert werden kann. Eine ausreichende Bezahlung, angemessene Ausrüstung, gute Ausbildung und damit stärkere Identifikation mit den Zielen des Schutzgebietes können dabei helfen, solchen Entwicklungen entgegenzuwirken. Die Realität ist oft weit von diesen Forderungen entfernt. Schlechte Bezahlung, mangelnde oder fehlende Weiterbildungsmaßnahmen, unzureichende Arbeitsbedingungen und zu häufige Versetzungen sind weit verbreitet (WORBOYS et al. 2006b, 359-366).

In gleichen Maßen abhängig von den politischen Rahmenbedingungen und von dem Einsatz des Schutzgebietspersonals ist die Rolle von **Partizipation im Schutzgebietsmanagement**. Oftmals münden partizipatorische Ansätze des Schutzgebietsmanagements lediglich in einer der schwächsten Form der Partizipation wie beispielsweise einer Information oder Konsultation der Bevölkerung. Um die Probleme von Schutzgebieten zu mindern, ist es notwendig, eine weitergehende Partizipation zu erreichen (SPITERI et al. 2006, 9).

„Public participation, however, requires not only the exchange of information but also the true sharing of power and responsibility between government authorities, community groups, and the wider community, a much more complex process." (CHENOWETH et al. 2002, 489)

Hier klaffen der theoretische Anspruch und die praktische Umsetzung oft auseinander. Insgesamt werden sieben Arten der Partizipation unterschieden, die von passiver Beteiligung bis hin zu sehr aktiver Mitgestaltung reichen:

1. passive Partizipation;
2. Partizipation durch Informationsvermittlung;
3. Partizipation durch Konsultationen;
4. Partizipation für materielle Entlohnung;
5. funktionale Partizipation;
6. interaktive Partizipation;
7. Selbstmobilisierung. (PIMBERT et al. 1997, 309)

Der Aufbau von Partizipation und der Ausbau von gegenseitig abgestimmten Mitteln, Wegen und Zielen braucht viel Zeit, die in der Projektpraxis selten gegeben ist.

Die relative Kurzfristigkeit von Projektfinanzierung und das Verlangen nach vorzeigbaren Erfolgen der beteiligten Institutionen (Regierungen, internationale Organisationen, NGOs, etc.) stehen den langwierigen und wenig spektakulären Anfängen der Partizipation entgegen (SPITERI et al. 2006, 8-9).

Im Rahmen der Partizipation ist auch die Gestaltung von Anreizsystemen mit und für die Bevölkerung wichtig für den Erfolg von Schutzgebietsmanagement. Anreizsysteme müssen tatsächlich auf die Bedürfnisse der Bevölkerung zugeschnitten werden, da sie sonst ins Leere laufen. Zu berücksichtigen ist, dass die Bevölkerung in der Regel eine sehr heterogene Gruppe ist, innerhalb derer es viele verschiedene Interessen gibt, die gleichberechtigt behandelt werden sollten. Leider gehen die Planungen in der Realität zu oft an den Anliegen der Bewohner vorbei, wenn beispielsweise ortsfeste Infrastruktur für eine überwiegend nomadisch geprägte gesellschaftliche Gruppe umgesetzt wird (SPITERI et al. 2006, 9; BARBER et al. 2004, 116-136; BORRINI-FEYERABEND et al. 2004a, 40-49).

Nachhaltigkeit im Schutzgebietsmanagement

Nur wenn diese vier Bereiche in der Praxis aufeinander abgestimmt werden, kann Schutzgebietsmanagement effektiv wirken und den wachsenden Ansprüchen und theoretischen Forderungen gerecht werden. Bis heute besteht eine große Kluft zwischen den Ambitionen und der Umsetzung von Schutzgebietsmanagement, die ihren Ursprung in den verschiedenen, ungünstigen Rahmenbedingungen ebenso wie in den teilweise dogmatischen und unflexiblen Entwürfen von Schutzgebietsstrategien hat.

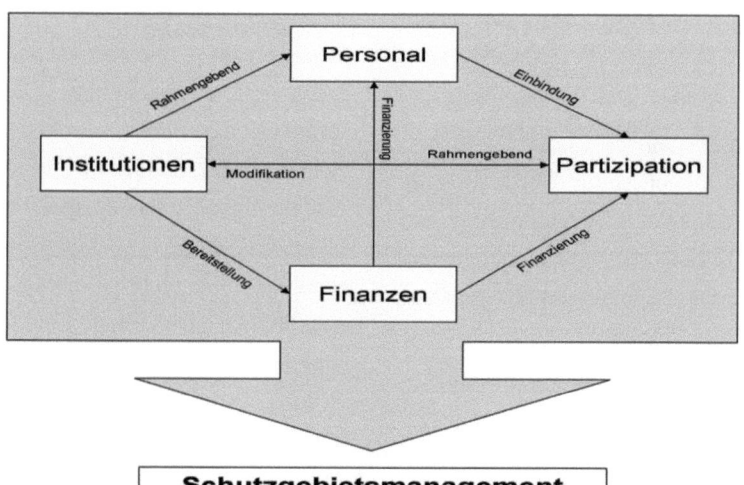

Abbildung 3-4: Schematischer Zusammenhang der vier Faktoren, die das Schutzgebietsmanagement maßgeblich beeinflussen
Quelle: eigener Entwurf

3.3 Nachhaltigkeit im Schutzgebietsmanagement

Die grundlegende Definition von Nachhaltigkeit, bzw. nachhaltiger Entwicklung wurde 1987 im so genannten Brundtlandbericht gegeben:

„Sustainable development is development that meets the needs of the present without compromising the ability of future generations to meet their own needs." (WCED 1987)

Schutzgebiete im globalen Kontext

Diese sehr breit gefasste Formulierung wurde in den zurückliegenden 20 Jahren präzisiert und gleichzeitig um wesentliche Aspekte erweitert. Bereits fünf Jahre später wurde in den Abschlussdokumenten der Rio Konferenz für nachhaltige Entwicklung von 1992[7] ein breiterer Blickwinkel gewählt. Neben den ökologischen Aspekten wurden explizit auch ökonomische und soziale Aspekte mit einbezogen.

Die Johannesburg Declaration on Sustainable Development von 2002 beschreibt die Grundelemente einer nachhaltigen Entwicklung in Punkt fünf als:

„…interdependent and mutually reinforcing pillars of sustainable development - economic development, social development and environmental protection - at the local, national, regional and global levels." (UN 2004)

Neben der ökologischen Nachhaltigkeit gehören somit auch die ökonomische und die soziale Nachhaltigkeit zu dem Prinzip der nachhaltigen Entwicklung (NOHLEN 2001, 84). Diese umfassende, globale Definition von Nachhaltigkeit und nachhaltiger Entwicklung kann auf alle gesellschaftlichen Handlungsfelder übertragen werden und ist damit auch für ein erfolgreiches Schutzgebietsmanagement von Bedeutung. Dabei umfasst der Bezug zwischen Schutzgebietsmanagement und Nachhaltigkeit zwei Perspektiven: einerseits leisten Schutzgebiete ihren Anteil an einer gesamtgesellschaftlichen nachhaltigen Entwicklung, und andererseits müssen Schutzgebiete nachhaltig geführt werden, damit sie dieser Rolle gerecht werden können. Um beiden Ansprüchen Genüge zu leisten, muss Schutzgebietsmanagement bestimmte Faktoren berücksichtigen, wie sie weiter unten beschrieben werden (MCNEELY 2005). Die theoretische Weiterentwicklung des Schutzgebietsmanagements der letzen zwei Jahrzehnte trägt diesen Ansprüchen an Schutzgebiete Rechnung. In der Praxis stehen viele Schutzgebiete, wie oben dargestellt, unter hohem Druck von

---

[7] Die Abschlussdokumente sind die Agenda 21 (UN 1993) und die Rio Declaration on Environment and Development (UN 1992a), die Convention on Biological Diversity (CBD 2005), die Framework Convention on Climate Change (UN 1992b) und das Statement of Forest Principles (UN 1992c).

Nachhaltigkeit im Schutzgebietsmanagement

verschiedenen Seiten. Das Resultat ist oft der Verlust an Artenvielfalt oder speziellen Schlüsselspezies. Nicht selten ist die Integrität des gesamten Ökosystems eines Schutzgebietes in Gefahr. Dem entgegenzuwirken und die Schutzgebiete dauerhaft zu schützen, ist das Ziel des nachhaltigen Schutzgebietsmanagements (BARBER et al. 2004, 43-49; DUDLEY et al. 2003, 3).

Die **ökologische Dimension** einer nachhaltigen Entwicklung erfüllen Schutzgebiete hauptsächlich durch den Erhalt von Biodiversität, ihrer ursprünglichen Kernaufgabe. Darüber hinaus kommt ihnen die Rolle als Vorbild und Entwicklungskern einer breiter angelegten nachhaltigen Entwicklung zu. Somit sollen Wege aufgezeigt werden, wie die fundamentale Aufgabe zur Aufrechterhaltung des menschlichen Überlebens auf der Erde bewältigt werden kann. Dieser Aspekt wird in der Agenda 21 im Kapitel 15 folgendermaßen ausgedrückt:

„Our planet's essential goods and services depend on the variety and variability of genes, species, populations and ecosystems. Biological resources feed and clothe us and provide housing, medicines and spiritual nourishment. The natural ecosystems of forests, savannahs, pastures and rangelands, deserts, tundras, rivers, lakes and seas contain most of the Earth's biodiversity. Farmers' fields and gardens are also of great importance as repositories, while gene banks, botanical gardens, zoos and other germplasm repositories make a small but significant contribution. The current decline in biodiversity is largely the result of human activity and represents a serious threat to human development." (UN 1993)

Auch die **ökonomische und soziale Dimension der Nachhaltigkeit** müssen von modernem Schutzgebietsmanagement integriert werden. Dafür müssen die Rahmenbedingungen und Bedürfnisse der jeweiligen Region und Menschen analysiert werden. Auf dieser Basis können dann Programme entworfen werden, welche die Integration des Schutzes der Biodiversität und der sozioökonomischen Entwicklung zum Ziel haben (BARBER et al. 2004, 123-135, 150-168). In den vorangehenden Kapiteln wurde bereits gezeigt, dass die modernen theoretischen Konzepte diese Problematik mit einbeziehen, teilweise sogar als zentrale Elemente herausstellen. Die Umsetzung dieser Konzepte in der Praxis wird allerdings, wie dargestellt, mit verschiedenen Schwierigkeiten konfrontiert. Um diesen Schwierigkeiten zu begegnen, muss das Schutzgebietsmanagement auf nationaler Ebene politisch als Querschnittsaufgabe eingebettet werden (SANDWITH et al. 2006, 579-580).

Essentiell hierfür ist der Aufbau eines nationalen Netzes, in das die einzelnen Schutzgebiete eingebunden werden. Dies bedeutet erstens, dass die Schutzgebiete eines Landes möglichst umfassend die unterschiedlichen nationalen Ökosysteme repräsentieren, und zweitens, dass die Schutzgebiete in anderen nationalen Sektorplanungen berücksichtigt werden. Darüber hinaus kann solch ein nationales Schutzgebietssystem helfen

"(to) ... demonstrate important linkages with other aspects of economic development, and show how various stakeholders can interact and co-operate to support effective and sustainable management of protected areas." (DAVEY 1998, ix)

Auf diese Weise kann der Verinselung der Schutzgebiete und der Fragmentierung der Ökosysteme entgegengewirkt werden (DAVEY 1998, 9-20). Ein nationales Schutzgebietssystem umfasst auch den Aufbau eines nationalen Informationssystems. Dabei sollten auch GIS einbezogen werden. Die computergestützte Verwaltung von raumbezogenen Daten hilft dabei, Raummuster zu erkennen. Durch die Verwendung von Fernerkundungsdaten können zeit- und arbeitsintensive Arbeiten im Gelände erleichtert und unterstützt werden (MEISSNER 2002). Durch die Sammlung und Verfügbarkeit von relevanten Daten wird das Management der Schutzgebiete auf eine solide Basis gestellt. Entwicklungen können nachvollzogen und eventuell auch vorhergesehen werden. Darüber hinaus gibt es natio-

Nachhaltigkeit im Schutzgebietsmanagement

nale Richtlinien, die als inhaltliche Leitplanken für das Management der einzelnen Schutzgebiete dienen. Dies erleichtert die Arbeit, da Grundlegendes nicht für jeden Einzelfall neu erdacht werden muss. Weiterhin können Kompetenzen klar vergeben werden, was zu einer Steigerung der Leistungsfähigkeit der Institutionen führt. Die in der Regel knappen personellen Ressourcen werden geschont und können für andere Aufgaben eingesetzt werden (BARBER et al. 2004, 68-96; LEE et al. 2003, 19; DAVEY 1998, 41).

In Kapitel 3.2 wurden vier Bereiche (Institutionen, Personal, Finanzen und Partizipation) genannt, die ein effektives und damit nachhaltiges Schutzgebietsmanagement bestimmen. Neben dieser thematischen Klassifizierung gibt es auch Einteilungen, die andere Kriterien zu Grunde legen. Beispielsweise wird zwischen direkten Bedrohungen, indirekten Bedrohungen und diesen Bedrohungen zugrunde liegenden Ursachen unterschieden (BARBER et al. 2004, 48-49). Auch die **räumliche Maßstabsebene** bietet sich als Unterscheidungsmerkmal für Einflüsse auf Schutzgebiete an. Diese Vorgehensweise identifiziert Kriterien, welche die vier Bereiche Institutionen, Finanzen, Personal und Partizipation maßgeblich beeinflussen. Im Folgenden werden die wichtigsten zu berücksichtigenden Punkte für ein nachhaltiges Schutzgebietsmanagement, nach lokaler, nationaler und internationaler Ebene aufgeteilt.

Auf **lokaler/regionaler Ebene** zu beachtende Faktoren für ein nachhaltiges Schutzgebietsmanagement:

- ausreichende Zeithorizonte, um Entwicklungen anzustoßen und zu dokumentieren;
- Integration in die lokale und regionale Politik;
- ökologische Ausrichtung aller Aktivitäten innerhalb des Schutzgebietes (z.B. Baumaßnahmen, Tourismus);
- Sicherung der Finanzierung;
- perspektivische Sicherheit für alle Beteiligten;
- Motivation, Ausbildung und Engagement der Mitarbeiter;

- Einbezug aller Gruppen (Klein- und Großbauern, mobile Bevölkerungsgruppen, (Extraktions-) Industrie, etc.);
- ökonomische Teilhabe der lokalen Bevölkerung;
- Aufbau/Verstärkung des ökologischen Bewusstseins. (LACY et al. 2006, 506-517; DUDLEY et al. 2005, 44-67; BARBER et al. 2004, 97-136; BELTRÁN 2000, 3-12)

Auf **nationaler Ebene** zu beachtende Faktoren für ein nachhaltiges Schutzgebietsmanagement:

- Sicherheitslage und Rechtssicherheit des Landes;
- Landnutzung;
- Förderung von entsprechenden Bildungsangeboten;
- Entwurf einer national einheitlichen Gesetzesgrundlage für den Schutz und die nachhaltige Nutzung von Biodiversität;
- Schaffung und Koordinierung von horizontalen Verbindungen zwischen den verschiedenen Sektoren und deren Ansprüchen hinsichtlich von Biodiversität, sowie eine klare vertikale Aufgabenteilung zwischen nationaler und subnationalen Ebenen;
- Bereitstellung von ausreichenden Kapazitäten, um die Regelungen umzusetzen;
- Demographie;
- technologische Entwicklung. (DUDLEY et al. 2005, 72-76; BARBER et al. 2004; LEE et al. 2003, 9; HOCKINGS et al. 2000, 90; DAVEY 1998, 21-30; BORRINI-FEYERABEND 1997a, 93-118)

Auf **internationaler/globaler Ebene** zu beachtende Faktoren für ein nachhaltiges Schutzgebietsmanagement:

- sozioökonomischer Wandel (Bevölkerungswachstum, Wirtschaftswachstum, Handel und Konsum, Armut und Ungleichheit);
- biophysikalischer Wandel (Klimawandel, Wandel und Fragmentierung von natürlichen Habitaten, hydrologische Veränderungen, Ein-

Nachhaltigkeit im Schutzgebietsmanagement

wanderung fremder Pflanzen- und Tierarten, Verlust von Biodiversität); und

- institutioneller Wandel (Wandlung globaler Normen und Institutionen, Globalisierung von Kommunikation, Wissen und Kultur). (BARBER et al. 2004, 2-40)

Je niedriger die räumliche Ebene, desto größer die Möglichkeiten der direkten Einflussnahme durch das Schutzgebietsmanagement. Proportional zu den Einflusseinbußen des Schutzgebietsmanagements treten andere Akteure an seine Stelle. Die Handlungsoption verschiebt sich zu Nationalregierungen, internationalen Gremien und anderen (meist an wirtschaftlichen Fragestellungen orientierten) Interessengruppen.

Die Qualität eines nachhaltigen Schutzgebietsmanagements misst sich bei seiner Umsetzung an all den genannten Punkten und räumlichen Ebenen. Der Grad an Nachhaltigkeit des Managements eines Schutzgebietes hängt eng mit der Erfüllung der verschiedenen Parameter zusammen. Je mehr der relevanten Punkte nachhaltig umgesetzt werden, desto höher ist die Wahrscheinlichkeit, dass das Schutzgebietsmanagement insgesamt nachhaltige positive Entwicklungen erwirkt. Dafür ist es notwendig, dass die Managementstrategien auf realistischen Annahmen basieren und die tatsächlichen Gegebenheiten möglichst umfassend mit einbeziehen.

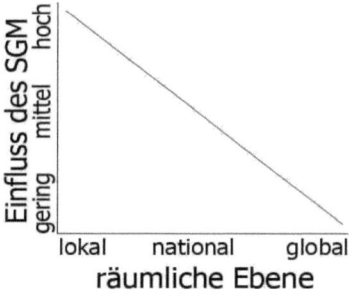

Abbildung 3-5: Einflussmöglichkeiten des Schutzgebietsmanagements auf die Nachhaltigkeit von Schutzgebieten, in Abhängigkeit von der räumlichen Ebene
Quelle: eigener Entwurf

Ein allgemein gültiges Raster für nachhaltiges Schutzgebietsmanagement kann es jedoch nicht geben. Vielmehr sind die jeweiligen speziellen Gegebenheiten des Schutzgebietes in Betracht zu ziehen und die Managementstrategien darauf anzupassen.

„The level and type of management needed must be based on the

Schutzgebiete im globalen Kontext

ecological objectives of the reserve, but also on the social context of the area. Both can change over time." (PRIMACK 2006, 383)

Abschließend kann festgehalten werden, dass langfristige Strategien notwendig sind, die einen breit angelegten Querschnitt an Prognosen über aktuelle und zukünftige Entwicklungen mit einbeziehen. Dabei müssen die Veränderungen auf allen gesellschaftlichen Ebenen unbedingt berücksichtigt werden. Denn starre Systeme können lediglich Antworten für Momentaufnahmen darstellen und werden schnell obsolet (WORBOYS et al. 2006c, 238-239; BARBER et al. 2004, 138-139).

3.4 Schutzgebiete und Landnutzung

Landnutzung wird mit der Zunahme der menschlichen Bevölkerung immer mehr zu einem globalen Problem. Ackerland, Weideflächen, Dauerkulturen sowie rurale und urbane Siedlungen breiten sich fortwährend aus und beeinflussen zunehmend die weltweite Biodiversität. Der Bedarf der Versorgung der Menschheit mit Wohnraum, Nahrung und anderen Gütern geht zu Lasten der natürlichen Ressourcen. Die Frage, die sich durch diese Entwicklungen aufdrängt, ist, ob diese menschlichen Eingriffe langfristig die Dienstleistungen der natürlichen Ökosysteme zerstören (FOLEY et al. 2005, 570). Auch Schutzgebiete sind von den Auswirkungen der Landnutzung betroffen. Schutzgebiete können in ihrer Schutzfunktion gestört werden, wenn sie durch Landnutzung zunehmend isoliert und Habitate fragmentiert werden, und ökologische Austauschprozesse nicht mehr möglich sind. Die Landnutzung hat darüber hinaus auch indirekten Einfluss auf illegale Aktivitäten wie Jagd, das Fällen von Bäumen, Beweidung oder Ackerbau (KINTZ et al. 2006, 238). Die Kernaufgabe von Schutzgebieten ist der Schutz von Biodiversität, Landnutzung hingegen ist einer der fünf treibenden Faktoren des Biodiversitätsverlustes (SALA et al. 2000, 1770).[8] Trotz dieses Ausmaßes gibt es keine genauen Zahlen

---

[8] SALA et al. (2000) identifizieren fünf Hauptfaktoren, um den Wandel der Biodiversität zu modellieren. Neben der Landnutzung nennen sie die CO_2 Konzentration, Stickstoffbelastungen und Sauren Regen, Klimawandel und biotischen Wandel durch die Einführung fremder Spezies in Ökosysteme.

Schutzgebiete und Landnutzung

über die Landnutzung und die daraus resultierenden Landbedeckungsmodifikationen. Auch die hinter diesen Entwicklungen stehenden Ursachen werden oft simplifiziert dargestellt. Globale wirtschaftliche Zusammenhänge werden ebenso vernachlässigt wie nationale, politisch-institutionelle Anreizsysteme (LAMBIN et al. 2001, 261-262).

Die Landnutzung kann nach verschiedenen Kriterien in Landnutzungssystemen zusammengefasst werden. Landnutzungssysteme entwickeln sich abhängig von den politischen, soziokulturellen und physisch-geographischen Bedingungen. Sie haben einen entscheidenden Einfluss auf die räumliche Entwicklung menschlicher Aktivitäten und deren Verhältnis zu Schutzgebieten. Darüber hinaus werden auch machtpolitische, ökonomische und andere tief in die gesellschaftliche Ordnung eingreifende Prozesse beeinflusst (BETKE et al. 1999, 3). In vielen ehemaligen Kolonien europäischer Staaten überlagern sich traditionelle und staatliche, zentral gesteuerte Landnutzungssysteme. Oftmals entsteht dabei ein regulatorisches Vakuum.

Dies trifft meist dann zu, wenn die verwurzelten Landnutzungssysteme und Landzugangsrechte nicht mehr gelten und die zugehörigen gesellschaftlichen Strukturen nicht mehr ausreichend gut funktionieren, gleichzeitig jedoch die nationalstaatlichen Gesetzgebungen nicht ausreichend und flächendeckend greifen (RAUCH et al. 2001, 92-93; BETKE et al. 1999, 15-16, 21-22).

Gegenwärtig werden soziale, ökonomische oder ökologische Bestrebungen oft durch die gegebenen Landnutzungssysteme konterkariert (BETKE et al. 1999, 3). Im ländlichen Raum der Entwicklungsländer bedeutet Landnutzungsplanung in der Hauptsache die Regulierung des Zugangs zu landwirtschaftlicher Nutzfläche. Dabei erhöht deren Ausweitung den Druck auf die natürlichen Ressourcen und die Schutzgebiete. DIXON et al. beschreiben den Zusammenhang zwischen Bevölkerungswachstum, Ausbreitung der Landwirtschaft und dem Druck auf natürliche Ökosysteme:

„Once most good quality land is already exploited, further

Schutzgebiete im globalen Kontext

population increases tend to lead to the intensification of farming systems. As forests and woodlands come under pressure, biodiversity is threatened and there may be growing tension between development and conservation goals. These trends have been exacerbated by colonial and post-colonial forces that have concentrated indigenous or minority peoples on poorer quality land - thus aggravating the degradation problem." (DIXON et al. 2001, 17-18)

Die Ausweitung von landwirtschaftlich genutzter Fläche schritt in den vergangenen Jahrzehnten stark voran. In den Entwicklungsländern stieg die Fläche von 676 Millionen ha in den Jahren 1961/63 auf 956 Millionen ha in den Jahren 1997/99 an. Die Prognosen für 2015 bzw. 2030 liegen bei 1017 bzw. 1076 Millionen ha. Dies entspricht einem Wachstum von jährlich 0,68 % für die Jahre 1961 - 1999 und einem prognostiziertem Wachstum von 0,37 % von 1999 bis 2030. Für Subsahara-Afrika liegen die Zahlen folgendermaßen: 1961/63 119 Millionen ha, 1997/99 228 Millionen ha, jährliches Wachstum 1961 - 1999 0,77 %, Prognosen bis 2015 262 Millionen ha, bis 2030 288 Millionen ha, prognostiziertes jährliches Wachstum 1997/99 - 2030 0,72 % (FAO 2003, 93). Das Wachstum der in den Entwicklungsländern landwirtschaftlich genutzten Fläche wird sich in den kommenden Jahren demnach etwas verlangsamen. Die Zahlen für Subsahara-Afrika liegen momentan, und den Prognosen zu Folge auch in der Zukunft, deutlich über dem weltweiten Durchschnitt. Die Auswirkungen auf Ökosysteme und Schutzgebiete werden dort demnach besonders gravierend sein.

Wachstum in Prozent		
	EL	SSA
1961-1999	0,68	0,77
1999-2030	0,37	0,72

Tabelle 3-4: Wachstum der landwirtschaftlich genutzten Fläche in Entwicklungsländern (EL) und im subsaharischen Afrika (SSA)
Quelle: FAO 2003, 93

Fläche in Millionen Hektar		
	EL	SSA
1961/1963	676	119
1997/1999	956	228
2015	1017	262
2030	1076	288

Tabelle 3-5: Landwirtschaftlich genutzte Fläche in Entwicklungsländern (EL) und im subsaharischen Afrika (SSA)
Quelle: FAO 2003, 93

Schutzgebiete und Landnutzung

Kleinbauern werden dabei oft auf marginale Standorte verdrängt, welche unter Nachhaltigkeitsgesichtspunkten nicht kultiviert werden sollten. Dies gilt etwa für steile Lagen oder Gebiete jenseits der agronomischen Trockengrenze (BARBER et al. 2004, 12). Großräumig bewirtschaftete landwirtschaftliche Nutzflächen können durch Monokulturen oder den Einsatz von Kunstdüngern, Pestiziden etc. ebenfalls großen ökologischen Schaden anrichten. In vielen Fällen scheint zu gelten, dass Landnutzer nur dann Anreize für eine Investition in die bewirtschafteten Flächen haben, wenn sie sich den dauerhaften Nutzungsrechten sicher sein können. Denn finanzielle oder anderwärtige Investitionen in Bodenfruchtbarkeit, Erosionsschutz oder andere Schutz- und Verbesserungsmaßnahmen erscheinen nur dann sinnvoll, wenn man sich sicher sein kann, dass man auch den Erfolg ernten kann (GUSTAFSON 2005, 65-66; RAUCH et al. 2001, 93; BETKE et al. 1999, 17). Einige Beispiele belegen jedoch, dass aufgrund von bestimmten kulturellen und gesellschaftlichen Gegebenheiten, trotz relativer Unsicherheit bezüglich der Landnutzung, langfristige Investitionen getätigt werden. Dabei kommt der Definition von Sicherheit der Landnutzungsrechte besondere Bedeutung zu. Die formellen und informellen rechtlichen Regelungen sind dabei nicht die einzigen Faktoren. Vielmehr ist es die subjektive Perzeption der Wahrscheinlichkeit des Verlustes des Landes, welche die Motivation für mittel- und langfristige Investitionen beeinflusst. Dies wird unter anderem damit begründet, dass legale Regelungen nicht unbedingt Sicherheit garantieren, besonders wenn der Rechtsstaat nur mangelnde Durchsetzungskompetenzen in ländlichen und marginalen Räumen besitzt (NEEF et al. 2004, 10-14; WACHTER 1992, 28-29).

Schutzgebietsmanagement und damit einhergehende Landnutzungsplanung kann von Regierungen auch zur Umsetzung von ordnungs- und sicherheitspolitischen Strategien genutzt werden. Unter dem Deckmantel des Naturschutzes können gesellschaftliche Gruppen in neue räumliche Muster gedrängt werden (NEEF et al. 2004, 2).

3.5 Chancen und Risiken

Bisher wurden die verschiedenen Rahmenbedingungen beschrieben, welche Schutzgebiete beeinflussen: die internationalen Schutzgebietsregime, die Diskrepanz zwischen Theorie und Praxis des Schutzgebietsmanagements, die Bedingungen für nachhaltiges Schutzgebietsmanagement und der Zusammenhang zwischen Schutzgebieten und Landnutzung. Vor diesem Hintergrund werden im Folgenden die potentiellen Chancen und Risiken von Schutzgebieten herausgearbeitet.

Schutzgebiete stellen Rückzugs- und Erholungsräume (nicht nur) für bedrohte Spezies dar. Ihre Kernaufgabe ist es, die globale Biodiversität zu erhalten. Darüber hinaus stellen sie auch natürliche Dienstleistungen (Wasser, saubere Luft, pflanzliche und tierische Produkte, etc.) bereit. Im Millennium Ecosystem Assessment wird ausführlich auf die verschiedenen Dienstleistungen von Ökosystemen und deren Wandel im Laufe der Zeit eingegangen.

"Ecosystem services are the benefits provided by ecosystems. These include provisioning services such as food, water, timber, fibre, and genetic resources; regulating services such as the regulation of climate, floods, disease, and water quality as well as waste treatment; cultural services such as recreation, aesthetic enjoyment, and spiritual fulfilment; and supporting services such as soil formation, pollination, and nutrient cycling." (MEA 2005, 39-48)

Zur weiteren Diskussion um den Nutzen von Biodiversität siehe CBD 2006, 13-20. Schutzgebiete tragen somit durch die **Förderung nachhaltiger Nutzungsmuster** zu einer dauerhaften Absicherung des Lebensunterhaltes bei. Beispiele sind Jagdquoten für bestimmte Bevölkerungsgruppen, Tourismus, Nutzung medizinischer Pflanzen, das Sammeln von Pflanzenteilen wie etwa Beeren oder Früchten. Schutzgebiete können Ausgangspunkt für nachhaltige Wirtschaftsweisen sein und auch über ihre Grenzen hinweg Wirkung zeigen. Dabei können sie als **Bewahrungsraum für traditionelle Lebensformen** dienen, wenn den entsprechenden Bevölkerungsgruppen die nötigen Rechte einge-

Chancen und Risiken

räumt werden. In dieser Funktion können sie dem Erhalt von kulturellen und ökologischen Besonderheiten dienen (STOLL-KLEEMANN et al. 2006, 25). STEVENS hat diese Vorteile sowohl für indigene Bevölkerungsgruppen als auch für Schutzgebiete in deutlicher Form dargestellt (STEVENS 1997e, 265). SPITERI et al. sehen in der Berücksichtigung von traditionellem Wissen sogar eine Schlüsselkomponente für das Erreichen der Managementziele von Schutzgebieten (SPITERI et al. 2006, 11).

Dies gilt auch für nomadisierende Gruppen, deren Lebensform beim Schutzgebietsmanagement meist wenig Beachtung geschenkt wird. Restriktionen treffen sie oft besonders hart und Anreizsysteme gehen oft an ihren Bedürfnissen vorbei (SPITERI et al. 2006, 6; HOMEWOOD et al. 1987, 120-126). Wenn ihre Bewirtschaftungsweise als nachhaltige Nutzungsform, beispielsweise innerhalb von Pufferzonen oder Korridoren, anerkannt wird, kann daraus beiderseitiger Nutzen resultieren. Die Etablierung von Schutzgebieten könnte dazu beitragen, dass diesen Gruppen wieder verstärkt zu ihrem Recht verholfen wird. Soziokulturelle und ökologische Nachhaltigkeit können somit gleichzeitig erreicht werden (BORRINI-FEYERABEND et al. 2004a, 19). Die Anpassung der traditionellen räumlichen Bewegungsmuster etc. an neue Gegebenheiten ist dabei nicht generell abzulehnen, sondern als normaler evolutionärer Prozess aufzufassen (HOMEWOOD et al. 1987, 116-120). Denn wenn Menschen als Teil von Ökosystemen erkannt und gleichzeitig Ökosysteme nicht als starre, sondern als bewegliche Einheiten verstanden werden, dann ist auch der Wandel menschlicher Gewohnheiten nicht verwerflich. Nicht zu vergessen ist die langsame und behutsame Entwicklung, die evolutionären Prozessen in der Regel innewohnt. Diese Prämisse sollte daher auch für den Wandel kultureller und anderer anthropogener Eigenschaften gelten.

In strukturschwachen und armen ländlichen Regionen können Schutzgebiete **finanzielle Vorteile und Arbeitsplätze** mit sich bringen. Internationale Förderung, beispielsweise durch die GEF, das UNDP oder NGOs, kann strukturelle Entwicklungen in Gang setzten, welche die Lebensbedingungen der lokalen Bevölkerung verbessern. Arbeitsplätze entstehen direkt in der Parkverwaltung, als Ranger oder durch weiteren Personalbedarf, oder indirekt durch Tourismus. Hier können Touristenführer oder Hotelpersonal angeführt werden, aber auch die Nachfrage nach landwirtschaftlichen Produkten zur Verpflegung der Touristen, Souvenirs oder handwerklichen Produkten zur Ausstattung der Unterkünfte etc. kann zusätzliche Märkte schaffen und damit Einkommen generieren (BEYER et al. 2007, 43-44; EAGLES et al. 2002, 23-26).

Schutzgebiete dienen auch der **Umweltbildung** in verschiedener Form. Durch Naturerlebnisse kann das Verständnis für ökologische Zusammenhänge gefördert werden. Dies gilt für touristische Besucher ebenso wie für Ausbildungsreisen von Studenten, für ausländische ebenso wie für einheimische Besucher. Neben den praktischen Chancen bieten Schutzgebiete oft auch eine starke spirituelle Bindung für die Bevölkerung. Dies ist nicht der Etablierung von Schutzgebieten zu verdanken, sondern fußt in der Regel auf langen Traditionen. Heilige Orte sind in vielen Gesellschaften von der Nutzung ausgeschlossen und verfügen über eine weitgehend intakte Natur. Daher wurden viele dieser nahezu unberührten Gebiete als Schutzgebiete ausgewiesen (BORRINI-FEYERABEND et al. 2004a, 5, 53-59; DDMPC 2002).

Neben diesen potentiell positiven Auswirkungen von Schutzgebieten gibt es viele **negative Effekte**, die in der Regel die indigene oder lokale Bevölkerung besonders betreffen. Die schnell wachsende Zahl der Schutzgebiete ohne den entsprechenden Ausbau der Managementkapazitäten steigert die Gefahr der negativen Auswirkungen von Schutzgebieten weiter (Davey 1998, 2).

Der **Verlust des Zugangs zu traditionell genutzten Gebieten und Ressourcen** ist immens. Durch die Adaption des Yellowstone-Modells bzw. des klassischen Modells (PHILLIPS 2003; BLAIKIE et al. 1997) wurden viele Menschen ihrer Rechte und Lebensgrundlagen beraubt. Die lange Tradition

Chancen und Risiken

von Schutzgebieten in diesem Stil hat sich auch in den IUCN-Statuten der frühen Siebzigerjahre des 20. Jahrhunderts fortgesetzt (STEVENS 1997e, 285). Schutzgebiete trieben durch Umsiedlung oder die starke Einschränkung traditioneller Landnutzung nicht nur viele traditionell lebende Bevölkerungsgruppen in die Illegalität und zum Verlust ihrer kulturellen Identität, sondern wurden auch als Instrumente der kolonialen Herrschaft benutzt. Diese Vorgehensweise wirft nicht nur Menschenrechtsfragen auf, sondern regt auch zum Überdenken der Ziele von Naturschutz und der Rolle indigener Bevölkerung an (BORRINI-FEYERABEND et al. 2004a, 4; GROVE 1997; PIMBERT et al. 1997; STEVENS 1997b, 29). In jüngeren Publikationen zu den Zielsetzungen von Schutzgebieten werden die Rechte und die Partizipation lokaler Bevölkerung betont (HILL 2004; IUCN 2003; GHIMIRE et al. 1997; IUCN 1994a/b). Bei der Umsetzung von Managementplänen von Schutzgebieten bestehen diesbezüglich jedoch weiterhin viele Defizite. Oftmals wird die **Partizipation der lokalen Bevölkerung** als offizieller Bestandteil von Managementplänen gelobt, jedoch in der Praxis **nicht ausreichend umgesetzt**. Weder bei der Planung, noch bei der Beteiligung an Einnahmen oder Beschäftigungsmöglichkeiten wird lokale Bevölkerung ausreichend berücksichtigt. Auch wenn Managementpläne mit guten Vorsätzen geschrieben werden, müssen sie sich nachfolgend anderen raumrelevanten Planungen seitens des Staates unterwerfen oder sich zumindest mit diesen arrangieren. Viele Regierungen nutzen Schutzgebietsmanagement als verbesserte Infrastruktur zur Machtausübung im ländlichen Raum und in peripheren Gebieten (STEVENS 1997b, 29-32).

Neben den negativen Auswirkungen für die Menschen wird durch die Nichtintegration von lokalem Wissen und die Nichtberücksichtigung der lokalen Bedürfnisse auch **dem Schutz von Biodiversität geschadet**. Wachsende Aggressionen zwischen Bevölkerung und Schutzgebietspersonal und fehlendes Verständnis auf beiden Seiten erschweren den Schutz. Denn das Wissen und die Kooperation der Menschen, die ein Gebiet kennen und nutzen, sind unerlässlich, um effektive Maßnahmen zu dessen Schutz zu ergreifen (BORRINI-FEYERABEND et al. 2004b; BELTRÁN 2000; STEVENS 1997c, 34). Die neueren Schutzgebietsmanagement-Konzepte, wie IBP und Incentive-Based Conservation (IBC) versuchen alle diese Erkenntnisse zu berücksichtigen. Auch in der Rio-Deklaration von 1992 wird in Grundsatz 22 die Rolle von indigener Bevölkerung zur Wahrung und zum Management von Umwelt explizit benannt:

„Indigenous people and their communities and other local communities have a vital role in environmental management and development because of their knowledge and traditional practices. States should recognize and duly support their identity, culture and interests and enable their effective participation in the achievement of sustainable development." (UNCED 1992)

Der neue Anspruch des Schutzgebietsmanagements, gleichzeitig ökologischen Schutz und sozioökonomische Entwicklung zu erreichen, ist ein konsequenter und logischer Schritt aus den bisherigen Erfahrungen. Als große Herausforderung kann man die Aufgabe bezeichnen, die Ziele von herkömmlichen Entwicklungsprojekten mit den Zielen des Ressourcen- und Artenschutzes in Einklang zu bringen (WELLS et al. 1992, X). Wenn man sich die großen und in weiten Teilen bis heute ungelösten Probleme der Entwicklungszusammenarbeit vor Augen führt, weiß man, was dies für eine enorme Aufgabe ist. Es ist schwierig, die Grenzen zwischen Entwicklungszusammenarbeit und Schutzgebietsmanagement zu ziehen (HUGHES et al. 2001, 4). Denn beides scheint in Hinsicht auf Nachhaltigkeit in der Regel nur sinnvoll, wenn die Konservierungs- und Entwicklungsziele miteinander verknüpft sind. Dennoch scheint es manchmal notwendig, eine Trennung vorzunehmen. Hierbei sollte dem Werkzeug der Zonierung eine größere Rolle zugedacht werden, wie dies in der Konzeption von Biosphärenreservaten der Fall ist. In verschiedenen Abstufungen können die Prioritäten in wechselnder Intensität von Biodiversitätsschutz hin zu sozio-

Chancen und Risiken

ökonomischer Entwicklung wandern.

Insgesamt gibt es bei der praktischen **Umsetzung des Konzepts der Zonierung viele Probleme**, obwohl es auf den ersten Blick simpel erscheint. Beispielsweise ist die Definition von „nachhaltigem Wirtschaften", wie es in Pufferzonen in der Regel verlangt wird, und die Einhaltung und Überwachung dessen, eine schwierige Aufgabe. Hinzu kommt, dass die administrativen Strukturen es oftmals erschweren, ein konsistentes Konzept zu erstellen, welches den Bedürfnissen in der Pufferzone und angrenzenden Gebieten gerecht wird. Ungeklärte Zuständigkeiten und Kompetenzgerangel sind die Folge von ungenauer oder fehlender Gesetzgebung (WELLS et al. 1992, 26). Sollen Bereiche außerhalb des eigentlichen Schutzgebietes einbezogen werden, muss mit den zuständigen Stellen für diese Gebiete eng kooperiert werden; Schutzgebietsmanagement und Landnutzungspläne müssen aufeinander abgestimmt werden. Trotz dieser Probleme birgt das System viele Chancen, um derentwillen es sich lohnt, die Lösung bestehender Probleme der effektiven Umsetzung von Zonierung weiter voranzutreiben. Wenn man durch die Einführung nachhaltiger Nutzung gewisse Abhängigkeiten des Lebensunterhaltes von den natürlichen Ressourcen schafft, beispielsweise durch Tourismus oder partielle Extraktion, ist der Anreiz zum Schutz der Ressourcen größer. Dabei muss jedoch darauf geachtet werden, dass eine möglichst diversifizierte Wirtschaftsstruktur etabliert wird, um den Risiken des Zusammenbruchs eines ökonomischen Pfeilers (beispielsweise ausbleibende Touristen) präventiv zu begegnen (MULONGOY et al. 2004, 17-19; HUGHES et al. 2001; PETERS 1998).

Um das Risiko zu umgehen, dass sich **Schutzgebiete zu einsamen Refugien entwickeln**, ist es äußerst wichtig, dass sie in einen übergreifenden nationalen Plan von Schutzgebieten eingebunden sind, die so genannte Systemplanung (DAVEY 1998). Somit kann gewährleistet werden, dass ein möglichst großer Teil der Bandbreite der verschiedenen Ökosysteme mit ihrer Biodiversität erhalten werden kann. So wichtig der

Erhalt der einzelnen Schutzgebiete ist, so wichtig ist es auch, dass es einen übergeordneten Plan gibt, der die Integrität der natürlichen Umwelt eines Landes oder einer Region bewahrt. Darüber hinaus können in solch einem Plan auch die Interaktionen von Schutzgebieten mit anderen Landnutzungsformen geregelt und Problemlösungsstrategien und Prioritäten festgelegt werden. Dabei können die Interessen der verschiedenen Akteure identifiziert werden und miteinander in Einklang gebracht werden (DAVEY 1998, ix). Systemplanung dient dazu, Schutzgebietsmanagement in einen breiteren Kontext, eine auf Nachhaltigkeit ausgelegte Gesamtplanung, einzubetten.

Ein mit der Integration von ökologischem Schutz und sozioökonomischer Entwicklung verbundenes Problem von IBP ist, dass es durch ökonomische Anreize zu **verstärkter Immigration** kommen kann. Da der Nutzungsdruck auf die natürlichen Ressourcen dadurch zunimmt, sollte von vorn herein versucht werden, die Anreizsysteme derart zu gestalten, dass Immigration nicht gefördert wird (SPITERI et al. 2006, 6; SCHOLTE 2005, 185-202; NEWMARK et al. 2000). So muss bei der Verteilung von Kompensationen und anderen Anreizen in Betracht gezogen werden, wer unter Zugangs- und Nutzungsrestriktionen leidet. Dabei muss sowohl eine Differenzierung zwischen verschiedenen Siedlungen, je nach Lage zu dem Schutzgebiet, als auch zwischen den verschiedenen ethnischen, sozialen und Geschlechtergruppen vorgenommen werden. Nur so kann die Akzeptanz in der breiten Bevölkerung verbessert werden (SPITERI et al. 2006, 8). Um dies zu erreichen, ist es notwendig, eine möglichst enge Kooperation zwischen den beteiligten Gruppen zu etablieren.

Eine wichtige, aber bis heute nicht zur Zufriedenheit beantwortete Frage ist, welcher Zusammenhang zwischen ökonomischer Entwicklung und verbessertem Ressourcenschutz besteht. Die Verbindung zwischen Armut und Umweltzerstörung darf nicht zu der generalisierten Annahme verleiten, dass Wohlstand nachhaltigen Umgang mit natürlichen Ressourcen bedeutet (MCNEELY 2005). Es gibt in der Literatur unterschiedliche Untersu-

Chancen und Risiken

chungen darüber, wie diese Zusammenhänge funktionieren könnten. Bei ICDP wird davon ausgegangen, dass die Menschen Ressourcen eher schützen, wenn sie ökonomisch besser gestellt sind. Der Zusammenhang kann gelten, wenn die Menschen nicht mehr auf die Ausbeutung der Ressourcen als einziger Einkommensquelle und Chance zum Überleben angewiesen sind. Jedoch kann ökonomische Entwicklung auch zu einem größeren Eingriff des Menschen führen: Straßen als Zugang und bessere Abtransportmöglichkeiten, Erschließung von Märkten etc. steigern die Möglichkeiten der Ausbeutung der natürlichen Ressourcen. (BARBER et al. 2004, 7; WELLS et al. 1992, 36-37)

Weiterhin wird argumentiert, dass durch erhöhtes Einkommen und verbesserten Lebensstandard die Nachfrage nach verschiedenen Produkten aus Schutzgebieten steigt (HUGHES et al. 2001, 8). An anderer Stelle wird die Abhängigkeit von den natürlichen Ressourcen nicht als generell schlecht betrachtet. Denn durch eine gesteigerte Abhängigkeit wird der Anreiz erzeugt, die Ressourcen zu schützen, zum einen aus Eigeninteresse, und zum anderen dadurch, dass die Menschen die Notwendigkeit ihres Erhaltes erkennen (SPITERI et al. 2006, 11).

Die aufgezeigten Risiken und Schwierigkeiten beim Schutzgebietsmanagement verstärken sich durch die schnelle Ausweitung der Anzahl von Schutzgebieten ohne angemessene Steigerung der finanziellen und personellen Ausstattung (STOLL-KLEEMANN et al. 2006, 1). Die eingangs erwähnten Zahlen machen deutlich, dass enormer Verwaltungsbedarf entsteht, um die ausgewiesenen Flächen zu verwalten. Fraglich ist, ob die Kapazitäten auf den verschiedenen Ebenen hierfür ausreichen. Die alleinige Ausweisung von Schutzgebieten ohne effektive Umsetzung von entsprechenden Maßnahmen, also die Etablierung von „paper parks", leistet keinen Beitrag zum Ressourcenschutz (DUDLEY et al. 1999).

4. Rahmenbedingungen im Sudan

Die Rahmenbedingungen für ein zeitgemäßes Schutzgebietsmanagement im Sudan werden durch verschiedene Faktoren bestimmt. Diese sind interdependent miteinander verbunden, werden im Folgenden jedoch getrennt voneinander betrachtet, ohne die Zusammenhänge auszublenden. Dies dient der Übersichtlichkeit und dem besseren Verständnis der einzelnen Teilaspekte. Der Umfang der Beschreibungen wird sich dabei auf das zum Verständnis der folgenden Kapitel notwendige und dem Ziel der Arbeit angemessene Maß beschränken. Zunächst werden die physisch-geographischen Gegebenheiten beschrieben und mit der Nutzung der einzelnen naturräumlichen Einheiten durch den Menschen in Verbindung gebracht. Anschließend wird die gesamtgesellschaftliche Situation, die durch soziale, wirtschaftliche und sicherheitsrelevante Aspekte beschrieben werden kann, betrachtet. Diesbezüglich besonders hervorzuheben ist die Beziehung zwischen Ackerbau und Tierhaltung, da diese einen entscheidenden Einfluss sowohl auf den Erhalt der Biodiversität als auch auf die sozioökonomische Struktur der Bevölkerung hat. Des Weiteren sind der Umgang und der Stellenwert des Ressourcenschutzes innerhalb des politischen und zivilgesellschaftlichen Systems zu berücksichtigen. Darüber hinaus ist es notwendig einen Überblick über die sudanesischen Landnutzungssysteme zu geben. Denn diese haben einen entscheidenden Einfluss sowohl auf die natürlichen Ressourcen und Schutzgebiete als auch auf die sozioökonomische Struktur des Landes (MOGHRABY 2003, 29-36; OSMAN 1990, 31-40; NOORDWIJK 1984, 170-206).

4.1 Naturräumliche Ausstattung

Entsprechend seiner großen Flächenausdehnung mit über 2,5 Millionen km² weist der Sudan eine große Vielfalt an naturräumlichen Einheiten auf. Dabei umfassen die ariden Gebiete 29 % und die semiariden Gebiete 20 % der Landesfläche. Die Trockensavannen nehmen 27 % der Fläche ein und 14 % des Sudans sind als Feuchtsavanne

Naturräumliche Ausstattung

klassifiziert. Etwa zehn Prozent sind Überschwemmungsgebiete, die sich hauptsächlich aus dem Sudd im Süden des Landes und den weiteren Überschwemmungsgebieten entlang des Nils zusammensetzen (siehe Tabelle 4-1, S. 94 und Karte 4-1, S. 95). Darüber hinaus gibt es noch einige wenige Gebiete, in denen montane Bedingungen, mit kühleren Temperaturen und höheren Niederschlägen vorherrschen (ABDALLA et al. 2001, 1; IBRAHIM 1984, 18).[9]

Die jeweiligen Gebiete bieten sehr unterschiedliche Voraussetzungen für die Landnutzung durch den Menschen. Dabei ist die Verfügbarkeit von Wasser in den meisten Gebieten der begrenzende Faktor. Die Niederschläge weisen eine hohe raumzeitliche Variabilität auf, was zu einer starken Unsicherheit bezüglich der Ernteerträge bei nicht bewässertem Landbau führt (UNEP 2007a, 59; GOS et al. 2006a, 13-14). Die Variabilität ist im trockenen Norden besonders ausgeprägt (SCHRENK 1991, 10-32). Generell nehmen die Niederschläge von Norden nach Süden hin zu. In den nördlichsten Gebieten liegen die jährlichen Niederschläge unter 50 mm und wachsen auf bis zu 1 400 mm im südlichen Sudan an (siehe Karte 4-2, S. 96). Dabei fällt der Niederschlag in nur wenigen Monaten des Jahres. Die Regenzeit fällt in nördlichen Regionen in die Zeit von Juli bis August und dauert im Süden von April bis Oktober. Die Niederschläge im Süden haben in der Regel einen kleinen Höhepunkt im April oder Mai und einen zweiten, stärker ausgeprägten Höhepunkt im August. Die Länge der Trockenzeit variiert damit zwischen drei und zehn Monaten (BERRY 2007, 224; UNEP 2007a, 39).

---

[9] Die Angaben zur Verteilung der naturräumlichen Einheiten schwanken in den verschiedenen Quellen, weichen jedoch nicht erheblich von einander ab. Die angegebenen Zahlen stellen eher Anhaltspunkte dar, als feste Werte. Für verschiedene Angaben siehe beispielsweise UNEP 2007a, 42; ZAROUG 2006, 7-9; ABDALLA et al. 2001, 1; NBI o.J., 3-5; IBRAHIM 1984, 18.

Rahmenbedingungen im Sudan

Naturräumliche Einheit	Fläche in 100 000 km²	Prozent der Gesamtfläche des Sudans	Niederschlag in mm/Jahr	Bodennutzungstypen
Wüste	7,25	29	0-50	Bewässerungsfeldbau Weidewirtschaft entlang von Wadis
Halbwüste	5	20	300	Bewässerungsfeldbau Feldbau mit „waterharvesting"-Methoden mobile Tierhaltung
Trockensavanne überwiegend auf Sand	3,25	13	300-400	Bewässerungsfeldbau traditioneller Regenfeldbau mechanisierter Feldbau mobile Tierhaltung Forstwirtschaft
Trockensavanne überwiegend auf Lehm	3,5	14	400-600	Bewässerungsfeldbau traditioneller Regenfeldbau mechanisierter Feldbau mobile Tierhaltung Forstwirtschaft
Feuchtsavanne	3,45	14	600-1500	traditioneller Regenfeldbau mechanisierter Feldbau mobile Tierhaltung Forstwirtschaft
Überschwemmungsgebiete	2,55	10	Variabel	traditioneller Feldbau mobile Tierhaltung Forstwirtschaft
Total	25	100		

Tabelle 4-1: Naturräumliche Einheiten des Sudans
Quelle: ZAROUG 2006, 8

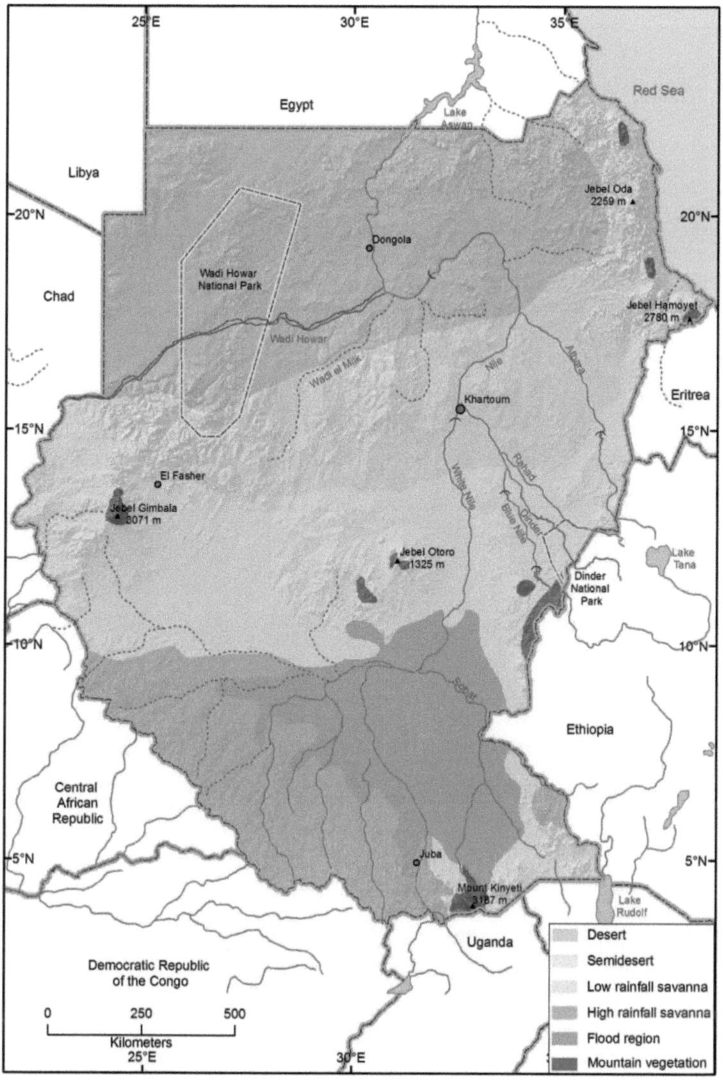

Naturräumliche Ausstattung

Karte 4-1: **Naturräumliche Einheiten des Sudans**
Kartographie: Oehm; Quelle: UNSUDANIG 2008

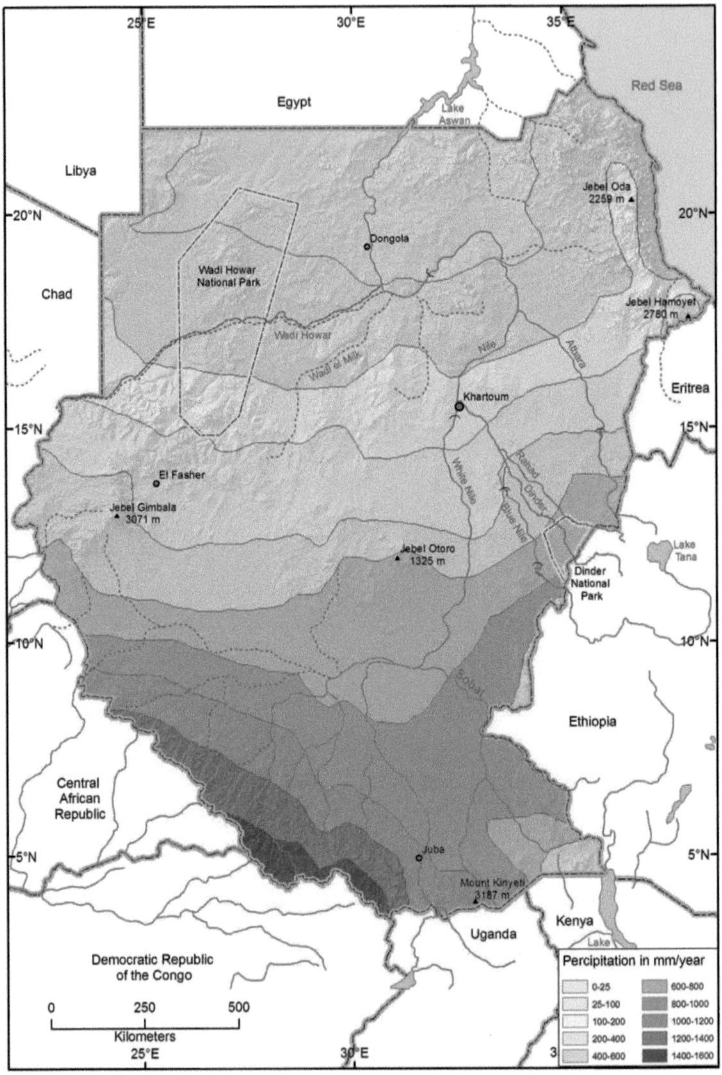

Rahmenbedingungen im Sudan

Karte 4-2: Niederschlagskarte des Sudans
Kartographie: Oehm; Quelle: UNSUDANIG 2008

Naturräumliche Ausstattung

Neben den Niederschlägen stellen Flusssysteme die wichtigste Wasserquelle dar. Es gibt drei Flusseinzugsgebiete im Sudan: das Nilsystem, das Rote-Meer-System und das Tschadseesystem. Dabei nimmt das Nilsystem einen Großteil der Landesfläche in Anspruch (2,3 Millionen km² oder 92,3%). Der Nil stellt damit die verlässlichste Wasserquelle dar und nimmt eine herausragende Stellung hinsichtlich der Wasserversorgung ein. Der weiße Nil liefert, neben wenigen anderen kleineren Nebenflüssen, die Wasserzufuhr für den Sudd, dem mit bis zu 80 000 km² größten Feuchtgebiet Afrikas (NBI 2001, 2).[10] Schätzungen gehen davon aus, dass die Hälfte des Wassers des weißen Nils dort verdunsten. Der Sudd wird hauptsächlich durch Weidewirtschaft und Fischerei genutzt (UNEP 2007a, 223; NBI o.J., 4). Verschiedene Staudämme entlang des Nils dienen der Bewässerung von großen landwirtschaftlichen Systemen (siehe Box 4-1, S. 104), der Flutkontrolle und der Stromerzeugung (UNEP 2007a, 224-229; ASKOURI 2004).

Weiterhin ausschlaggebend für die menschliche Nutzung sind die Böden. Besonders gut geeignet für den Feldbau sind die zentralen Tonebenen. Die großflächigen landwirtschaftlichen Projekte sind dort angesiedelt. Die Böden haben eine hohe Fruchtbarkeit, jedoch ungünstige Eigenschaften hinsichtlich der Konsistenz und des Wasserhaushaltes. Sie verfügen über eine schlechte Permeabilität und sind mechanisch schwer zu bearbeiten, da sie äußerst klebrig werden, wenn sie feucht sind. Bei Trockenheit sind sie kaum zu bearbeiten, weil sie hart und brüchig werden (CRAIG 1991, 17); der DNP befindet sich in dieser Zone.

Die Alluvialböden in den Überschwemmungsgebieten der Flüsse sind ebenfalls gut für den Ackerbau geeignet. Durch die regelmäßigen Überschwemmungen sind sie sehr nährstoffreich. Problematisch ist in dieser Hinsicht die Regulierung des Nils durch Staustufen. Durch die Kontrolle des Abflusses werden die Überschwem-

---

[10] Die Größe des Sudd ist großen jahreszeitlichen Schwankungen unterworfen. Untersuchungen des UNEP mit Hilfe vom multitemporalen Satellitenbildauswertungen haben ergeben, dass seine Fläche während der Regenzeit auf bis zu 80 000 km² anwächst und in der Trockenzeit auf bis zu 8 300 km² schrumpft (UNEP 2005).

mungen und darüber hinaus die Schwebfracht reduziert, da sich ein großer Teil hiervon an den Staustufen absetzt.[11] Diese zwei Faktoren führen zu einer Verschlechterung der Anbaubedingungen auf diesen Standorten (ASKOURI 2004; FAO 1995).

Foto 4-1: Ausgetrockneter Boden im DNP
Foto: Andrzejak

In den nördlichen Gebieten herrschen sandige Böden vor, auf denen nur extensive Bewirtschaftung durch traditionellen Ackerbau oder mobile Tierhaltung möglich ist. Am Südrand der Sahara, im Übergang zur Sahelzone finden sich sandige Böden (Arenosols). Diese sind am Wüstenrand nach den seltenen Regen mit einer dünnen Pflanzendecke (Gizzu-Vegetation) bewachsen. Diese Vegetation stellt für die Herden der mobilen Tierhalter wichtige Weidegründe während der Regenzeit dar (IBRAHIM 1984, 74-76). Südlich daran schließen die Qoz-Böden an; diese durch Vegetation befestigten Sanddünen bieten ebenfalls gute Weidegründe für die Herden der Region. Jedoch rückt der Ackerbau immer weiter auf diese ackerbaulichen Ungunststandorte vor, wodurch die Weidegründe verkleinert werden. Diese Entwicklung stellt einen elementaren Konfliktherd der Region dar (SHAZALI et al. 1999, 9-10; IBRAHIM 1984, 23-24). Die südlichen Gebiete des WHNP sind in dieser Zone angesiedelt.

Die Lateritböden im Süden des Sudans sind für die landwirtschaftliche Produktion nicht gut geeignet. Die Fruchtbarkeit nimmt bereits nach wenigen Jahren stark ab. Aufgrund der höheren Niederschläge in dieser Region bieten sie jedoch gute Bedingungen für die Beweidung (METZ 1991, 65).

Das Relief im Sudan ist generell gering ausgeprägt. Die größten Teile des Landes bestehen aus etwa 300 bis 600 Meter hoch gele-

---

[11] Auch für die Staudämme hat das Zurückhalten der Schwebstoffe negative Auswirkungen. Durch den stetigen Eintrag versilten sie und verlieren somit an Wasserspeicherkapazität (MAGEED 2007, 728-729; EL NAAYAL 2002, 6).

Gesellschaftliche Situation

genen Ebenen. Im Nordosten des Landes erheben sich die Red Sea Hills bis 2 259 Meter (Jebel Oda), im Westen sind die vulkanischen Marra Berge die bedeutendste Erhebung. Sie stellen das größte Massiv im Sudan dar und reichen bis auf 3 071 Meter (Jebel Gimbala). Im Zentralsudan finden sich die Nuba Berge mit einer maximalen Höhe von 1 325 Metern (Jebel Otoro). Der mit 3 187 Metern höchste Berg des Landes, der Mount Kinyeti, befindet sich im Imatong Gebirge an der Grenze zu Uganda (siehe Karte 4-2, S. 96).

4.2 Gesellschaftliche Situation

Die gesellschaftliche Situation wird von verschiedenen Faktoren bestimmt. Die physisch-geographische Beschaffenheit wurde bereits im vorhergehenden Kapitel dargestellt. In engem Zusammenhang damit stehen die Tragfähigkeit des Landes und die Bevölkerungsdichte. Stark geprägt wird die Gesellschaft von der Landwirtschaft, welche für die Mehrheit der Bevölkerung die Lebensgrundlage darstellt. Die verfügbaren Ressourcen, das politische System und die ethnische Vielfalt sind weitere Determinanten der gesamtgesellschaftlichen Entwicklung. Diese ist in der Fläche nicht homogen, sondern weist große, ortsabhängige Disparitäten auf.

Die Tragfähigkeit der Landschaftszonen variiert stark. Generell können im trockeneren Norden weniger Menschen pro Flächeneinheit ein Auskommen finden als im feuchteren Süden. Auch wenn der Sudan eine geringe absolute Bevölkerungsdichte aufweist, kommt es aufgrund der demographischen Entwicklung in einigen Teilen zu einer relativen Überbevölkerung. Die Tragfähigkeit gerade der (semi-) ariden Gebiete wird vielerorts überschritten (GOS et al. 2000b, 3-6). Dies hat neben den negativen Auswirkungen auf die ökologische Integrität der Gebiete auch Folgen, die zu Konflikten über den Zugang zu den Ressourcen Land und Wasser führen (UNEP 2007b; SULIMAN 1998, 1-2).

Die Verknappung der natürlichen Ressourcen bei gleichzeitigem Anstieg der Bevölkerung steigert das Konfliktpotential. Kombiniert mit

Rahmenbedingungen im Sudan

anderen Faktoren, wie den politischen und ethnischen Rahmenbedingungen, können diese Konflikte eskalieren. Am Beispiel der Entwicklung der Bevölkerungszahlen im Darfur wird die Problematik deutlich. In den Jahren 1973 bis 2006 stieg diese von gut zwei Millionen auf über sieben Millionen an (CBS 2007a/b). In Anbetracht der geringen Tragfähigkeit der Region sind diese Entwicklungen bedenklich und zeigen deutlich die Notwendigkeit einer angemessenen Landnutzungsplanung. Die demographische Entwicklung im Sudan weist insgesamt ein starkes Wachstum auf. Für die Jahre 2003 bis 2008 lag das Bevölkerungswachstum bei 2,53 %; die Stadtbevölkerung macht 37,56 % aus (CBS 2007b, 3).

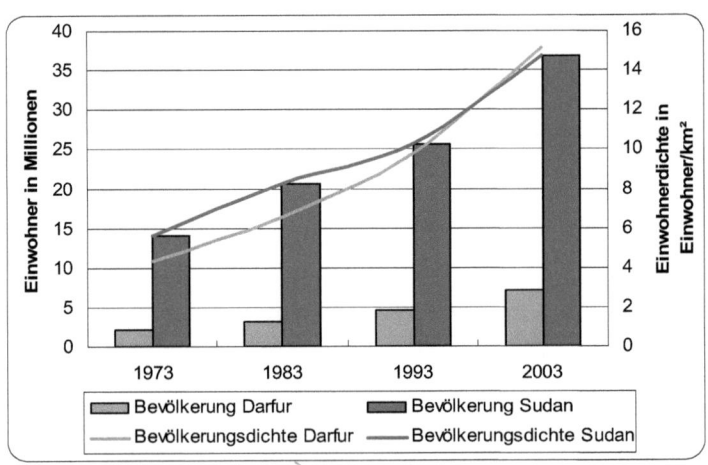

Abbildung 4-1: Bevölkerungszahlen und -dichte im Sudan
Quelle: eigene Darstellung nach CBS 2007a/b

Gesellschaftliche Situation

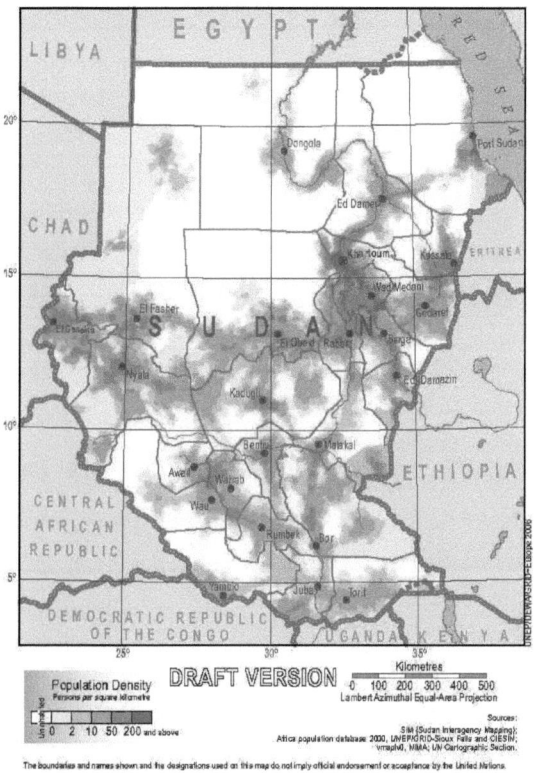

Karte 4-3: Bevölkerungsdichte im Sudan. Dieser Entwurf ist die aktuellste Karte zur Berechnung der Bevölkerungsdichte im Sudan. Trotzdem weist sie einige Ungenauigkeiten auf. Beispielsweise ist die Bevölkerungsdichte im Nordwesten des Sudans mit 10 – 50 Einwohnern/km² zu hoch dargestellt, da diese Gebiete aufgrund des Wassermangels keinerlei dauerhafte Bevölkerung aufweisen. Dennoch kann die Karte einen guten Überblick über die generelle Verteilung der Bevölkerungsdichte geben und wurde daher trotz der beschriebenen Mängel eingefügt.
Quelle: UNSUDANIG 2008

Im Folgenden wird auf die Besonderheiten der jeweiligen landwirtschaftlichen Subsysteme eingegangen. Dabei werden die (potentiellen) Konfliktlinien herausgearbeitet. Weitergehend werden die Implikationen der beschriebenen Entwicklungen für das sudanesische Schutzgebietsmanagement dargestellt.

Die Landwirtschaft bleibt für das Gros der Menschen (70%) die Basis ihres Lebensunterhalts (ABDALLA 2007, 745; IBRAHIM 2004,

1). Sie ist auch weiterhin der Sektor mit dem größten Einfluss auf landschaftsverändernde Prozesse. Die Schätzungen über die ackerbaulich nutzbare Fläche liegen zwischen 84 und 105 Millionen Hektar. Das kommt 34 bzw. 42% der Landesfläche gleich (ABDALLA 2007, 741). Davon waren in den Jahren 1980 bis 2002 lediglich zwischen 12,6 und 16,65 Millionen Hektar (15-16%) tatsächlich bewirtschaftet (FAO 2007, 148). Der Hauptgrund für die Schwankungen liegt in der raumzeitlichen Verteilung der Niederschläge (ELASHA 2007, 271-272). Eine weit größere Fläche dient als Weideland; die Schätzungen liegen hier bei 97 Millionen Hektar für 1980 und bei 117 Millionen Hektar für 2000 (39% bzw. 47% der Landesfläche) (FAO 2007, 148). Der Großteil dieser Flächen liegt in den semiariden Gebieten oder innerhalb der Savannenzonen mit geringem Niederschlag. Diese Flächen bieten die Nahrungsgrundlage für etwa 120 Millionen Tiere (1989: 60 Millionen; 2001: 120 Millionen), die überwiegend in nomadischen und semi-nomadischen Systemen gehalten werden (UNEP 2007a, 161; GOS 2002, 1). Der Bestand teilt sich nach den vier im Sudan gehaltenen Haupttierarten folgendermaßen auf: Rinder ca. 35 Millionen; Schafe ca. 42 Millionen; Ziegen ca. 37 Millionen und ca. 3 Millionen Kamele (GOS et al. 2000b, 2).

Beim Ackerbau lassen sich drei verschiedene Grundformen unterscheiden:

- traditioneller Regenfeldbau;
- mechanisierter Regenfeldbau;
- mechanisierter Bewässerungsfeldbau.

Diese Formen unterscheiden sich in verschiedener Hinsicht durch folgende Faktoren:

- angebaute Pflanzensorten;
- Besitz- und Bewirtschaftungsformen;
- Integration von pastoralen Systemen;
- ökonomische Ausrichtung;
- Ertrag;
- Ausdehnung in der Fläche.

(ABDALLA 2007, 742-743)

Die traditionellen Anbauweisen sind im Sudan oft besser an die

Gesellschaftliche Situation

Standortbedingungen angepasst als die modernen Formen der Landwirtschaft. Die verwendeten Pflanzensorten sind besser auf die klimatischen Faktoren eingestellt, liefern aber nicht so hohe Erträge. Die Subsistenzwirtschaft steht bei den traditionellen Bewirtschaftungsweisen in der Regel im Vordergrund. Bei den mechanisierten Bewässerungsflächen ist die Produktion auf den Markt ausgerichtet. Mit dem Ausbau und der Förderung der großen Bewässerungssysteme wurde auch die Landwirtschaftspolitik stärker auf den markt- und exportorientierten Sektor ausgerichtet. Bereits kurz nach der Unabhängigkeit im Jahr 1956 gab es eine starke Förderung des exportorientierten Anbaus von Marktfrüchten, im Besonderen Baumwolle in großen bewässerten Anbausystemen (ELMAHDI 2005, 44-46). Steigender Bedarf nach höheren Inputs und fallende Erträge aufgrund von Missmanagement und fehlender Infrastruktur ließen den Profit der Systeme wieder sinken und wirtschaftlich uninteressant werden (ABBADI et al. 2006, 4; DIXON et al. 2001, 59; CRAIG 1991, 265-278, 339-364).

Insgesamt gibt es elf große bewässerte Ackerbausysteme, die wichtigsten sind Gezira, New Halfa und Rahad (siehe Tabelle 4-2). Dort wird großflächiger, mechanisierter Ackerbau betrieben, der zu großen Teilen für den Export produziert. Die durch den Nil und seine Zuflüsse bewässerten Ackerflächen umfassen etwa 1,9 Millionen Hektar, wovon ca. 75 % durch die großen Systeme abgedeckt sind (UNEP 2007a, 161-164; ABDALLA et al. 2001, 2-3).

Rahmenbedingungen im Sudan

Mechanisierter Bewässerungsfeldbau im Sudan

Die Wurzeln des mechanisierten Bewässerungsfeldbaus im Sudan liegen in der Kolonialzeit. Im Jahr 1925 wurde der Sennar-Damm am Blauen Nil fertig gestellt und damit die Grundlage für das erste große Bewässerungssystem, das Gezira-Scheme geschaffen. Dieses diente als Beispiel für alle weiteren Projekte dieser Art, wie z.B. das Rahad-Scheme, welches 1977 in Betrieb genommen wurde. Nach der so genannten Managil-Erweiterung im Jahr 1958 umfasste das Gezira-Scheme über 800 000 Hektar (2,1 Millionen Feddan). Dies spiegelt die offizielle Ausrichtung der Landwirtschaftspolitik wieder, welche die horizontale Ausweitung der Bewässerungsflächen vorantrieb, um den Export von landwirtschaftlichen Produkten zu steigern. Der Anbau konzentriert sich daher auf wenige Güter, die hierfür geeignet sind: Baumwolle, Erdnüsse und Weizen. Dura *(Sorghum bicolor)*, eine Hirseart, wird ebenfalls angebaut; sein Korn dient in erster Linie als Grundnahrungsmittel für die Bauern, das Stroh als Futter für die Tiere.

1937 wurde der Jebel Aulia-Damm am Weißen Nil vollendet. Weiterhin existieren der El Roseires-Damm am Blauen Nil und der Khashm el Gibra-Damm am Atbara Fluss. Darüber hinaus wird momentan der Merowe-Damm am vierten Katarakt des Nils errichtet. Neben der großen Bedeutung für die Entwicklung des Landes ziehen die Dämme eine Reihe von Problemen sozialökologischer Art nach sich (UNEP 2007a, 224-229; ASKOURI 2004; BARNETT et al. 1991; CRAIG 1991, 265-274; EL MANGOURI 1983, 70-80).

Name	Fläche in Hektar
Gezira und Managil	870 750
New Halfa	152 280
Rahad	121 500
Gash Delta	101 250
Kenana Sugar	45 000
Suki	35 235
Tokar Delta	30 780
Khashm El-Gibra	18 225
Guneid Sugar	15 295
Assalaya Sugar	14 175
Sennar Sugar	12 960
Gesamt	1 417 450

Tabelle 4-2: Mechanisierte Bewässerungssysteme

Quelle: UNEP 2007a, 162

Box 4-1: Mechanisierter Bewässerungsfeldbau im Sudan

Gesellschaftliche Situation

Die **großflächigen, mechanisch bearbeiteten Ackerflächen** weiten sich zu Ungunsten sowohl des traditionellen Ackerbaus als auch der Weidewirtschaft aus. Neben den regulär geplanten und ausgewiesenen Flächen existieren große, illegal angelegte Felder auf Arealen, die ehemals als Weideland genutzt wurden. In vielen Fällen kommt es zu Konflikten um den Zugang zu diesen Flächen, da es auf Weideland keine formellen Landtitel gibt. Das versetzt die mobilen Tierhalter in eine rechtlich schwierige Situation (UNDP 2003, 4, 16; SHAZALI et al. 1999, 8-10; SULIMAN 1998, 2-3; CRAIG 1991, 260-264). Die Verdrängung von mobilen Tierhaltern und Kleinbauern geht auch zu Lasten von Schutzgebieten, wenn diese als einzige Ausweichflächen zur Verfügung stehen (UNEP 2007a, 167-168; HCENR et al. 2004, 156-157).[12]

Der **Regenfeldbau** hat einen beträchtlichen Anteil an der Wirtschaftsleistung des Sudans und bei der Ernährung der Bevölkerung.

Die Entwicklung auf diesem Sektor ist in der Vergangenheit dennoch vernachlässigt worden. Mittlerweile ist er auf Subventionen und internationale Hilfe angewiesen. Generell wird der Sektor von drei Faktoren beeinflusst: erstens von dem hohen Dürrerisiko, zweitens von der Landwirtschaftspolitik und drittens von den nationalen und internationalen Getreidemärkten (ABBADI et al. 2006, 5).

Auf die Ausdehnung der ackerbaulich genutzten Fläche im Norddarfur wies IBRAHIM schon in den 1980er Jahren hin (IBRAHIM 1984, 106-121). Besonders die Ausdehnung des Hirseanbaus birgt Gefahren für die sich verstärkenden Desertifikationsprozesse. Die agronomische Trockengrenze wird vermehrt überschritten und der Anbau immer weiter nördlich auf nicht angepassten Standorten betrieben. Neben den ökologischen Auswirkungen werden dabei auch lokale Landnutzungskonflikte verstärkt. Der Anbau von Getreide auf lokalen Gunststandorten nimmt den mobilen Tierhaltern die Reserve- und Trockenzeitweiden (SHAZALI 2003, 21-24).

---

[12] Weitere Informationen zu dieser Problematik werden in Kapitel 5.3 am Beispiel des DNP dargestellt.

Rahmenbedingungen im Sudan

Subsektor	Fläche in Millionen Hektar		Hauptarten
	1994/1995	2001/2002	
Bewässerte Flächen	1,63	3,78	Baumwolle, Weizen, Zuckerrohr, Hirse, Obst, Gemüse
Mechanisierter Feldbau	7,93	12,60	Hirse, Sesam, Sonnenblumen, Büschelbohne
Traditioneller Regenfeldbau	8,21	9,12	Hirse, Erdnüsse, Sesam, gum arabicum
Gesamt	17,77	25,50	

Tabelle 4-3: Angaben über die Anbaufläche und die hauptsächlich angebauten Arten, aufgegliedert nach ackerbaulichen Subsektoren
Quelle: Abdalla 2007, 743-744; Zaroug 2006, 3

Die **Tierhaltung** kann generell in fünf Arten unterteilt werden.

- transhumane und nomadisch-pastorale Systeme;
- sesshafte und halbsesshafte Tierhaltung;
- intensive Tierhaltungs- und landwirtschaftliche Produktionssysteme;
- kommerzielle Mast-, Milch- und Geflügelproduktion;
- urbane Hinterhofproduktionssysteme. (GoS 2000a, 27)

Die räumliche Verteilung dieser Systeme hängt stark von naturräumlichen und sozioökonomischen Faktoren ab. Sie unterliegen einem Wandel, welcher die Ausrichtung der nationalen Handelsstrategie widerspiegelt. Wie auch im Ackerbau wird die Konzentration auf den Export und auf intensive Produktionsformen gefördert. Der traditionelle Sektor der extensiven, mobilen Tierhaltung hingegen wird von staatlicher Seite relativ vernachlässigt. Dies spiegelt sich unter anderem in der Zahl der nomadisch lebenden Personen wieder. Lag ihr Anteil 1956 noch bei 13,5 % der Bevölkerung, sank er auf 3,4 % im Jahr 1993 (GoS 2000b, 22). Dies ist in den globalen Trend einzuordnen, demzufolge nationale Regierungen nomadische Bevölkerung als einerseits rückständig und andererseits administrativ schwer fassbare Gruppen einstufen. Dementsprechend gering ist die ihnen zuteil kommende Wertschätzung und Förderung. Diese Entwicklungen sind sozial und ökologisch bedenklich, da der Pastoralismus in Trockengebieten eine wichtige Form der

Gesellschaftliche Situation

Nutzung der natürlichen Ressourcen darstellt (SCHOLZ 1995).

Die Ausrichtung der mobilen Tierhaltung ist in den letzten Jahren durch eine starke Kommerzialisierung geprägt, was sie zum zweitgrößten Exportsektor nach der Ölwirtschaft gemacht hat (CBS 2007a). Die Transformation des pastoralen Sektors von einer sozioökonomischen Lebensweise hin zu einer kapitalistischen Anlageform birgt sowohl Gefahren als auch gute Investitions- und Verdienstmöglichkeiten. Dies führt zu komplexen Marginalisierungs- und Verarmungsprozessen für die Großzahl der kleinen Agropastoralisten. Mangelnde politische Unterstützung, ungünstige gesetzliche Bestimmungen hinsichtlich der Landnutzungsrechte, fehlende Infrastruktur (Wasserstellen, veterinärmedizinische Versorgung, etc.) und eine sich ändernde Marktsituation erschweren das wirtschaftliche Überleben dieser Gruppe (KANDAGOR 2005, 5-7). Nur wenige wohlhabende Herdenbesitzer können sich der Situation anpassen und sind damit die Nutznießer dieses Transformationsprozesses. Diese stammen oft aus städtischen Gebieten oder sind Großbauern oder Händler. Kennzeichen der neuen Form des Pastoralismus sind bezahlte Lohnarbeit für Hütetätigkeiten oder andere Dienstleistungen und zunehmend steigende externe Inputs wie Zuchttiere, Futtermittel und Wasser. Doch auch die Gruppen von kapitalintensiv wirtschaftenden Tierhaltern stehen vor dem Problem der zunehmenden Weideknappheit. Der Gewinn kommt daher zu großen Teilen aus dem günstigen Aufkauf von Herden kleiner Tierhalter, welche aufgrund der oben genannten Bedingungen die Tierhaltung aufgeben (MANGER 2005, 140-141; SHAZALI 2003, 4-5).

„The combined effect of vulnerability and insecurity has been the destabilization of large and increasing numbers of agropastoralists, who have become either displaced, particulary to Greater Khartoum and other big cities, or refugees in neighbouring countries." (SHAZALI 2003, 4)

Die größte Gefahr für den Pastoralismus ist die Unsicherheit bezüglich des Zugangs zu Weideland und anderen für ihren Lebensstil

Rahmenbedingungen im Sudan

notwendigen Ressourcen. Die Unsicherheit ist speziell in den Regengebieten des West- Ost- und Zentralsudan sehr hoch. Durch diese Situation werden die unabdingbaren saisonalen Wanderungsbewegungen, welche über Jahrhunderte an die Umweltbedingungen angepasst wurden, in vielen Fällen unmöglich. Die Störung der traditionellen Wanderungsbewegungen ist im Wesentlichen durch drei Faktoren verursacht:

- Dürren;
- Unsicherheiten im physischen und im rechtlichen Sinne;
- andauernde Ausweitung des Ackerbaus. (UNEP 2007a, 80-88)

Die ungehinderte Ausweitung der Ackerflächen besonders auf den zentralsudanesischen Lehmböden hat zu kleineren Weideflächen, zu gestörten Wanderrouten und zu verschlechtertem Zugang zu Wasserstellen geführt. Dieser Prozess wird durch immer wiederkehrende Trockenheiten im Norden und den langen Bürgerkrieg im Süden verstärkt (MANGER 2005, 138-139). Die Folgen waren und sind Konzentrationsprozesse auf immer kleiner werdende Flächen und damit einhergehende Konflikte, sowohl unter den pastoralen Gruppen als auch zwischen ihnen und Ackerbauern. Der Konflikt im Darfur beispielsweise wird immer wieder auf diese Kreisläufe zurückgeführt, auch wenn sich weitere politische Einflüsse mit in den komplexen Ablauf mischen (SHAZALI 2003, 4-5; UNDP 2003, 3-4; SULIMAN 1998, 2-3).

„The result is a situation in which pasture land is increasingly diminishing in area, nomadic corridors are disrupted; watering points becoming inaccessible; herds are forced to concentrate in small areas with consequent increased (forced) overgrazing and environmental degradation, and conflicts between farmers and pastoralist have continued to proliferate (to the detriment of the latter)." (SHAZALI 1996, 5)

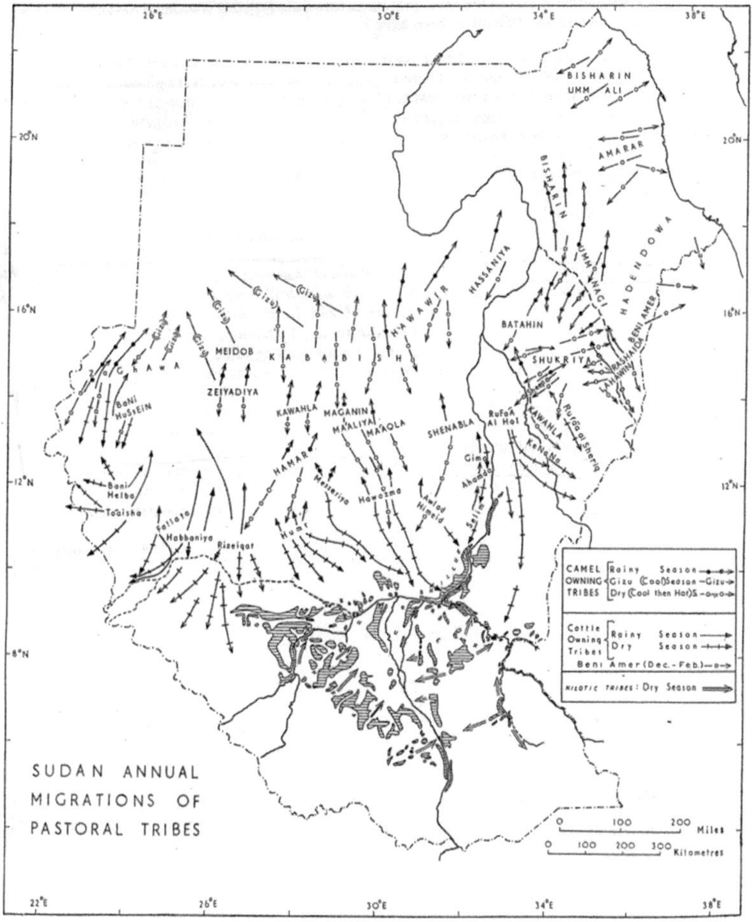

Gesellschaftliche Situation

FIG. 23
(Names of Tribes which own both camels and cattle have been lettered alternately in capitals and minuscule.)

Karte 4-4: Die traditionellen räumlichen Mobilitätsmuster sudanesischer Pastoralisten
Quelle: Lebon 1965, 112

Rahmenbedingungen im Sudan

Das Verhältnis von (traditionellem) Pastoralismus und Umwelt wird nicht immer in seiner Vollständigkeit erfasst. Von Politikern und der Verwaltung wird Tierhaltung oft als besonders schädlich für die Umwelt dargestellt und hauptverantwortlich für Landdegradierung gemacht. Der Pastoralismus wird als verschwenderische sozioökonomische Anpassung verstanden, welche das Entwicklungspotential des Landes vernachlässigt. Überweidung wird verantwortlich gemacht für die Störung des ökologischen Gleichgewichts; dabei wird außer Acht gelassen, dass es zu einer Überweidung meist erst durch den Wegfall traditioneller, weiter Weidegebiete kommt (KANDAGOR 2005, 7-8). In den letzten vier Jahrzehnten wurden die Ackerflächen stark ausgedehnt. Zusammen mit kommerzialisiertem Holzeinschlag ist das ein enormer Verlust an Weide, Wasser und Migrationsrouten. Die Pastoralisten sind sich in der Regel der Notwendigkeit einer langfristigen Bewirtschaftungsstrategie bewusst. Großgrundbesitzer hingegen stammen meist aus städtischem Milieu, wohnen nicht in der Region, in der sich ihre Felder befinden und sind eher von kurzfristigen Gewinnstrategien geleitet (SHAZALI 2003, 8).

Ackerland in 1 000 ha			Dauerkulturen in 1 000 ha			Weideland in 1 000 ha		
1980	1990	2000	1980	1990	2000	1980	1990	2000
12 360	13 000	16 233	100	235	420	98 000	110 000	117 180

Tabelle 4-4: Entwicklung der Landnutzung im Sudan 1980 – 2000. Trotz der nominellen Ausweitung der Weideflächen, sind viele traditionelle Weidegebiete und Wanderrouten weggefallen und die Herden wurden auf schlechtere Gebiete verdrängt.
Quelle: FAO 2007, 148

Getreideproduktion in 1 000 Tonnen			Fleischproduktion in 1 000 Tonnen		
1979-1981	1989-1991	1999-2001	1979-1981	1989-1991	1999-2001
2 931	2 771	3 888	445	419	668

Tabelle 4-5: Getreide- und Fleischproduktion im Sudan 1979 - 2001
Quelle: FAO 2007, 157

Gesellschaftliche Situation

Bewässerte Landwirtschaftsflächen in 1 000 ha		
1979-1981	1989-1991	1999-2001
1 700	1 817	1 865

Tabelle 4-6: Entwicklung der bewässerten Landwirtschaftsflächen im Sudan 1979 - 2001
Quelle: FAO 2007, 152

Der ursprüngliche Nomadismus kann trotz oder gerade wegen seiner weitläufigen Nutzung der Ressourcen nicht prinzipiell als destruktiv dargestellt werden. Die Wahl der Weideflächen erfolgt durch Kundschafter, die vor dem Zug der Herden nach guten Weidegründen suchen. Die Camps, die mit den Herden ziehen, waren traditionell relativ klein, sind jedoch aus Sicherheitsgründen stetig größer geworden. Extensive Wanderungen dienen hauptsächlich dem Auffinden von qualitativ und quantitativ hochwertigen Weidegebieten. Schlechte Gebiete werden daher gemieden und erhalten somit Zeit zur Regeneration. Nomaden sind aus reinem Eigeninteresse darauf erpicht, die Ressourcen nachhaltig zu nutzen, damit sie und ihre Nachkommen weiterhin die für sie in der Regel einzige Einkommensquelle dauerhaft nutzen können.

Die ursprünglichen Verhältnisse sind jedoch nicht mehr gegeben und die Pastoralisten werden durch Degradierung der Weiden und die Ausweitung der Ackerflächen auf immer marginalere Standorte gedrängt, die sie normalerweise nicht oder nur in Notsituationen beweiden würden (UNEP 2007a, 80-88; SCHOLZ 1995, 17-20).

Demgegenüber wird mechanisierte Landwirtschaft als modern eingestuft und ihr wird das Potential zugewiesen, einen erheblichen Anteil an Einkommen und Ernährungssicherheit für das Land beizutragen. Ihre negativen ökologischen Konsequenzen werden weitgehend übersehen, Überweidungserscheinungen oder das Beschneiden von Bäumen durch Pastoralisten hingegen hochgespielt, auch wenn dies im Vergleich zu den Folgen von Holzkohleproduktion und mechanisierter Landwirtschaft nur marginale Schäden anrichtet. Hier wird offensichtlich, dass nicht der nachhaltige Umgang mit den natürlichen Ressourcen, sondern die ökonomischen Interessen von einflussreichen städtischen Gruppen im Vordergrund stehen (CIJ 2006, 62-74).

Rahmenbedingungen im Sudan

Mittlerweile wird erkannt, dass die Tierhaltung (11%) einen größeren Teil zum Bruttosozialprodukt (BSP) beiträgt als die mechanisierte Landwirtschaft (1,5%) (CBS 2007a). Um diesem Wirtschaftszweig wieder seine angemessene Bedeutung zukommen zu lassen, müssten die Landnutzungsgesetzte entsprechend modifiziert werden. Eine solche Entwicklung ist jedoch aufgrund der starken Lobby der Farmer und anderer Interessengruppen sehr fraglich (SHAZALI 2003, 4-11).

Die Ausführungen sollen kein unausgewogenes Bild von Pastoralisten und Ackerbauern als Gegenpole einer auf die Umwelt wirkenden Landwirtschaft zeichnen. Die Intention ist vielmehr, darauf hinzuweisen, dass es unabdingbar ist, den jeweiligen Gruppen angemessene Rechte zuzuteilen. Nur eine Integration der verschiedenen Systeme kann in der Lage sein, die Ressourcen nachhaltig zu nutzen und somit eine dauerhafte Existenz der gesamten Bevölkerung zu sichern.

Die heutige Marginalisierung der Pastoralisten durch die aktuelle Politik steht in deutlichem Kontrast zu ihrer starken gesellschaftlichen und politischen Rolle in vorkolonialer Zeit. Sie verloren einerseits die Macht über die sesshaften Bevölkerungsteile und andererseits wurden ihre traditionellen Organisationsformen durch vermeintlich demokratische ersetzt. 1971 wurde die „native administration" abgeschafft, was die Verlagerung der Macht hin zu städtischen Eliten regulatiorisch untermauerte (NIBLOCK 1991, 34-38).

In der Administration gibt es oftmals falsche Vorstellungen über das Konzept des Pastoralismus als Lebens- und Wirtschaftsweise. Dies zeigt sich in einer unangepassten Gesetzgebung, insbesondere hinsichtlich der Zuteilung von Landnutzungsrechten. Administrative Unterschiede entspringen der Zeit der Turko-Ägyptischen Herrschaft (1821-1884). Die Kolonialverwaltung war zuständig für die sesshafte Bevölkerung. Für die mobile Bevölkerung wurden Verwalter eingesetzt, die als „pastoralist tribal leaders" angesehen wurden (BABIKER o.J., 2). Vernachlässigt wurde die Tatsache, dass Herden die eigentliche ökonomische

Gesellschaftliche Situation

Anlageform waren und wesentlich höhere Einnahmen und Gewinne erzielten, als der Ertrag aus der Feldwirtschaft. Die mobile Tierhaltung war aufgrund ihrer Angepasstheit an die ökologischen Gegebenheiten (vor allem raumzeitlich hohe Variabilität der Niederschläge) wesentlich flexibler in der Reaktion auf Ereignisse wie Trockenheit, die Verwundbarkeit der Ackerbauern war im Vergleich hierzu wesentlich höher. Erst durch neue Investitionsbereiche wie Handel und großflächige, mechanisierte Feldwirtschaft kam es zu einer Verschiebung des ökonomischen Reichtums und des gesellschaftlichen Einflusses zugunsten von städtischen Eliten (METZ 1991, 31-35).

Die Trennung der Verwaltungszuständigkeit konnte die gesellschaftliche Mobilität zwischen Bauern und Pastoralisten nicht stoppen. Bauern investierten Überschüsse weiterhin oft in Tiere, was ab einem gewissen Umfang der Herden unweigerlich zu Mobilität führte. Verarmte Hirten versuchten mit Hilfe von Ackerbau ihre Herden wieder aufzubauen. Erst in den letzten Jahrzehnten stiegen die Tierpreise so stark an, dass diese Investitionsmuster weitestgehend zurückgedrängt wurden. Der Pastoralismus existierte im Sudan nie als abgeschlossenes, eigenständiges Wirtschaftssystem. Vielmehr stellte er immer eine Form der Anpassung dar, die im Austausch mit bzw. als Ergänzung der sesshaften Wirtschaftsweisen stand. Zumeist ist eine Mischform zwischen Tierhaltung und Ackerbau anzutreffen, der Agropastoralismus (KAPTEIJNS et al. 1991, 86-88). Dabei kann man grob einteilen, dass die Wohlhabenderen mehr Tiere und weniger Ackerflächen haben und die Ärmeren mehr Ackerflächen und weniger Tiere besitzen. Gemeinsam stellen Kleinbauern und Pastoralisten eine Einheit dar, die es in extrem angepasster Form verstehen, die kargen natürlichen Ressourcen bestmöglich zu nutzen. Erst durch die zentralen Formen der Verwaltung wurden die heutigen, neuen Formen der Koexistenz geschaffen. Maßgebliche Triebkraft der Veränderungen waren neue Formen der Landnutzung. Hier sind insbesondere die großflächigen Bewässerungs- und Regenfeldbausysteme zu nennen

(SHAZALI 2003, 6-7; CRAIG 1991, 84-100).

Auch hinsichtlich der Stammeszusammensetzungen im Sudan gibt es einige Annahmen, die in der Realität nicht so strikt getrennt werden können. Die scheinbar so fest gefügten Stammesstrukturen sind eine relativ neue Form, die etwa im siebten Jahrhundert unter der Herrschaft der muslimischen Königreiche entstand. Stabilisiert durch die turko-ägyptische Kolonialzeit wurden sie unter der britischen Herrschaft in ihre „moderne" Form gebracht. Dieser historische Hintergrund ist wichtig, um die so genannte „traditionelle Ressourcennutzung" zu verstehen (SHAZALI et al. 1999, 3-4; Interview ELDEEN).

Durch die muslimischen Königreiche wurden bestimmte Land(nutzungs)rechte etabliert. In verschiedenen lokalen Machtzentren, welche den Kern der „tribes" bildeten, wurden die Rechte zur Landnutzung mit Zustimmung der jeweiligen Sultane/Könige vergeben. Die Zugehörigkeit zu einem Stamm sicherte Personen/Familien somit den Zugang zu den lebens- notwendigen Ressourcen Wasser und Land. Da die Machthaber arabisch-muslimische Gruppen waren, kam es unter der Bevölkerung zu einer Islamisierung. Die Nutzungsrechte wurden in der Regel an lokale Verwalter oder religiöse Führer vergeben. Die ersteren erhielten lediglich ein Nutzungsrecht, die letzteren hingegen privaten Landbesitzanspruch. Somit wurde eine Klasse von Grundbesitzern geschaffen. Jedoch wurde Land erst im 18. Jahrhundert zu einer Ware, die gegen Geld gehandelt wurde. Die Landvergabe brachte den Begünstigten die Macht über sesshafte und mobile Gesellschaftsgruppen. Die Einnahmen aus dem Land wurden zum Teil an die zentralen Machthaber abgeführt. Der größte Teil wurde jedoch lokal eingesetzt. Einerseits wurde der im Islam übliche Spendenanteil an arme Bevölkerungsteile weitergeleitet, andererseits wurde in Nahrungsmittelreserven für schlechte Erntejahre investiert (SHAZALI 2003, 8).

Die so genannten „tribal homelands" und „customary resource tenure systems" wurden somit während der verschiedenen vorko-

Gesellschaftliche Situation

lonialen Königreiche etabliert. Durch die turko-ägyptische Ägide wurden diese Strukturen gefestigt, hauptsächlich durch die administrative Trennung von sesshafter Stadtbevölkerung und pastoralen Bevölkerungsteilen. Während der Mahdi Zeit (1881-1898) wurde dieses System weitgehend gestört, unter britischer Herrschaft jedoch wieder aufgebaut (1899-1955). Dabei wurden die räumlichen Ansprüche und Stammeszugehörigkeiten in festere Grenzen gebracht als zuvor. Dies birgt vor dem Hintergrund der oben beschriebenen Entwicklungen ein großes Konfliktpotential (SHAZALI 2003, 6-8; Interview MAHMUT). Problematisch sind diese Entwicklungen, da sie einen unmittelbaren Einfluss auf den Zustand der Ökosysteme haben und die Grenzen ihrer Belastbarkeit oftmals überschreiten, was Degradierungs- und Desertifikationsprozessen Vorschub leistet.

Prägend für die gesellschaftliche Situation des Sudans sind auch die Sicherheitslage und die kriegerischen Aktivitäten die in den letzten zwei Jahrzehnten sämtliche Entwicklungen stark geprägt haben. Zwar ist der Bürgerkrieg zwischen dem Nordsudan und dem Südsudan offiziell seit Januar 2005 durch das Comprehensive Peace Agreement (CPA) beendet (GOS et al. 2005), jedoch schwelen die Folgen weiter und die weitgehend friedliche Situation ist zumindest als fragil zu beschreiben. Verschiedene Gruppen im Süden des Landes versuchen ihre Machtpositionen zu sichern oder auszubauen. So erhoffen sie sich, eine strategisch günstige Position zu erreichen, um im Jahr 2011, wenn das geplante Referendum über die Eigenständigkeit des Südsudan als eigenen Staat stattfindet, einflussreiche Positionen zu besetzen. In anderen Teilen des Landes gibt es offene Kämpfe zwischen staatlichen oder parastaatlichen Truppen und Rebellengruppen. Der bekannteste Fall ist der Darfur, wo es seit 2003 zu gewaltsamen Auseinandersetzungen kommt. Zwar lässt sich über die Ursachen und das Ausmaß der Gewalt trefflich streiten (GRILL 2007; KRÖPELIN 2006a/b; O'FAHEY 1983), unbestritten ist jedoch, dass die Entwicklungen das staatliche Gefüge, die sozioökonomische Situation und die Sicherheit der Bevölkerung empfindlich stören. Neben diesen fundamentalen Problemen führen die gewaltsamen Auseinandersetzungen auch zu einer Vernachlässigung der Schutzgebiete (siehe Kapitel 4.4.2). Bisher ist es nicht abzusehen, wie, wann und ob die Regierung und die internationale Gemeinschaft in der Lage sind, die Situation unter Kontrolle zu bringen und einen dauerhaften Frieden in den Regionen des Landes herzustellen. Aber auch wenn die eigentlichen Auseinandersetzungen offiziell beendet sind, bleiben große Herausforderungen bestehen. Die Rückführung der Kriegs- und Binnenflüchtlinge ist eine schwierige Aufgabe und birgt große Gefahren für die Rückführungsgebiete in ökologischer und sozialer Hinsicht (UNEP 2007a, 112-113). Auch im Jahr 2007 wurden große Anstrengungen unternommen, viele Menschen wieder in den Südsudan zu bringen. Der Mangel an Infrastruktur und viele weitere praktische Probleme ließen die Heimkehrer ebenso wie die Hilfskräfte immer wieder an ihre Grenzen stoßen. Eine Verbesserung der Situation ist bisher nicht erkennbar (Interview ÖZE, sowie verschiedene informelle Gespräche).

4.3 Ökonomische Situation

Die wirtschaftliche Struktur des Sudans war bis 1999 vom landwirtschaftlichen Sektor dominiert, was sich unter anderem an den Exportzahlen deutlich erkennen lässt. Bis einschließlich 1998 betrug der Anteil der landwirtschaftlichen Exportgüter am Gesamtexport gut zwei Drittel. Seit 1999 kam es zu einer starken Umstrukturierung durch die Förderung und den Export von Erdöl und Erdölprodukten. Bereits im Jahr 2000 erreichte der Erdölexport zwei Drittel an der Gesamtexportmenge und erreichte im Jahr 2005 86,6%. Binnen weniger Jahre wurde die ökonomische Gesamtsituation auf eine neue Basis gestellt (MUSTAFA 2006, 8-14; SIDAHMED et al. 2005, 82-86, 111-115). Die gesteigerten Einnahmen könnten die sozioökonomische Entwicklung des gesamten Landes voranbringen, jedoch ist die Entwicklung auf wenige Gebiete und Personenkreise beschränkt.

Ökonomische Situation

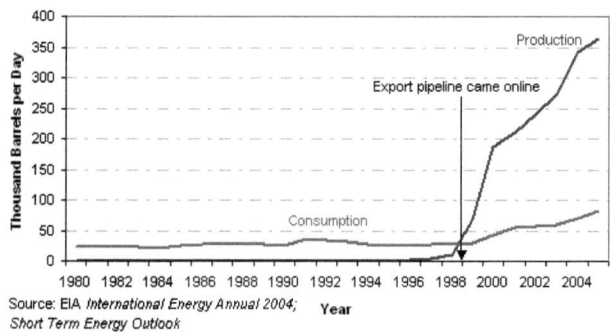

Abbildung 4-2: Ölproduktion und -verbrauch im Sudan 1980 bis 2005
Quelle: EIA 2007, 3

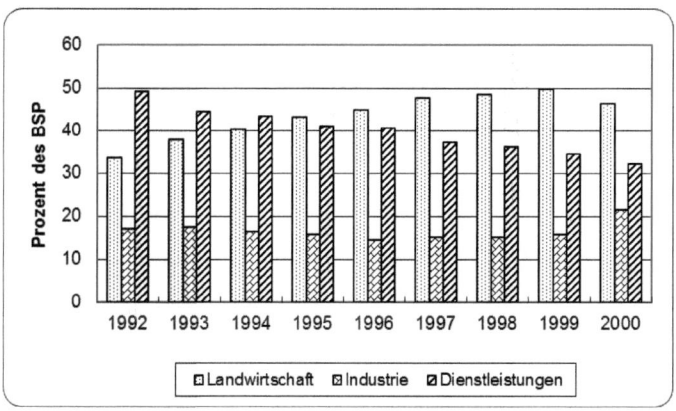

Abbildung 4-3: Anteil der drei Wirtschaftssektoren Landwirtschaft, Industrie und Dienstleistungen am Bruttosozialprodukte in Prozent
Quelle: eigene Darstellung, nach MUSTAFA 2006, 17

Rahmenbedingungen im Sudan

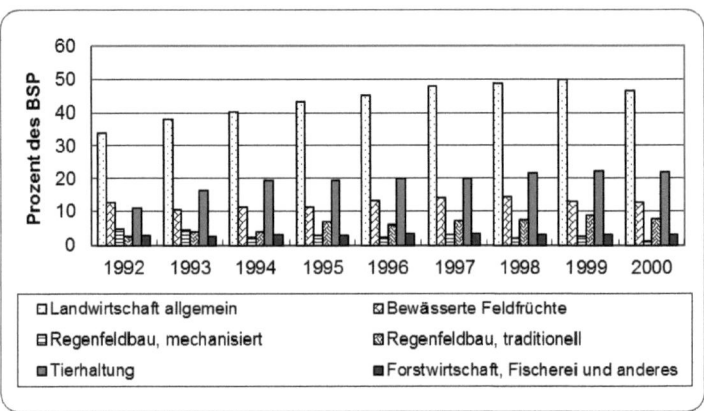

Abbildung 4-4: Anteil der Landwirtschaft am Bruttosozialprodukt in Prozent, nach Subsektoren
Quelle: eigene Darstellung, nach MUSTAFA 2006, 17

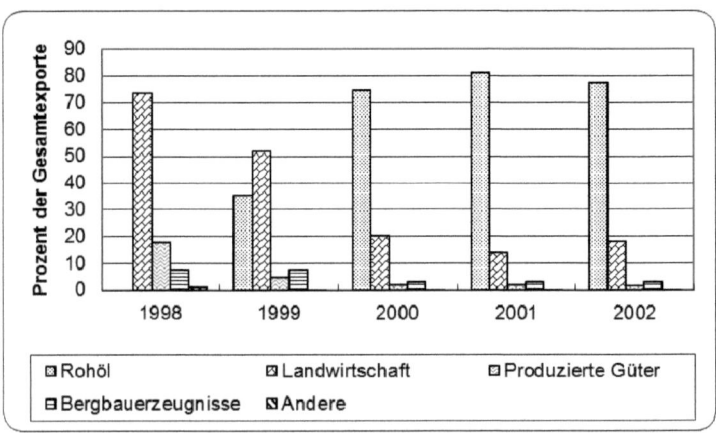

Abbildung 4-5: Sudanesische Exporte in Prozent der Gesamtexporte nach Sektoren
Quelle: eigene Darstellung, nach MUSTAFA 2006, 17

Ökonomische Situation

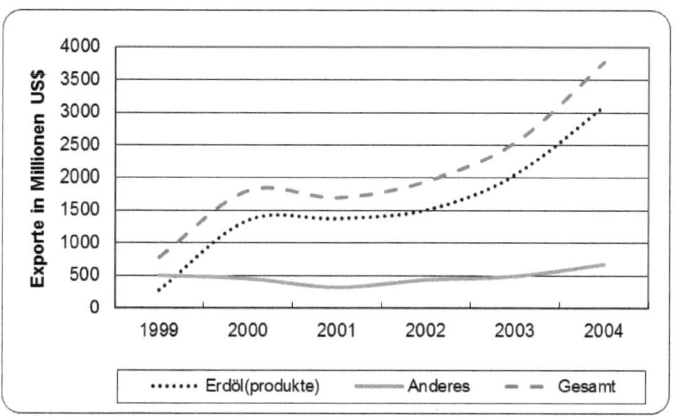

Abbildung 4-6: Sudanesische Exporte in Millionen US$. Erdöl und Erdölprodukte machen seit dem Jahr 2000 den größten Anteil der Exporte aus. Die Ölförderung hat im Jahr 1999 in nennenswertem Umfang begonnen.
Quelle: eigene Darstellung, nach MUSTAFA 2006, 17

Die bestehende Industrie ist auf wenige Städte konzentriert: Khartum Nord, El Bagair, Wad Medani und Port Sudan. Sie ist weitgehend auf die Verarbeitung von landwirtschaftlichen Rohstoffen und Leichtindustrie ausgerichtet. Bei den meisten Produktionsstandorten fehlt jegliche Art von Umweltstandards. So werden weder die Abgase noch die Abwässer gefiltert beziehungsweise geklärt (NBI o.J., 11-12). Der Nil wird somit sowohl von industriellen als auch von landwirtschaftlichen Einleitungen (Pestizide und Düngemittel) stark belastet, obwohl er die wichtigste Wasserquelle des Landes darstellt.

Die Landwirtschaft ist trotz der Entwicklungen im Öl- und Industriesektor weiterhin essentiell für die Ökonomie des Sudans und für den Erhalt des Lebensunterhaltes eines Großteils der Bevölkerung. Ihr Anteil am BSP beträgt etwa 46 %, und beschäftigt geschätzte 75 % der arbeitenden Bevölkerung. Der Beitrag zum BSP verteilt sich dabei zu etwa gleichen Teilen auf Ackerbau (24,9 %) und Tierhaltung (20,7 %) (CIA 2007; GoS 2006, 22).

In den ersten Jahrzehnten nach der Unabhängigkeit im Jahr 1956 standen wirtschaftliche Aspekte im Vordergrund der Entwicklungsstrategien (ALI 2007, 565-568).

Rahmenbedingungen im Sudan

Die verschiedenen Mehrjahrespläne[13] beachteten Umweltaspekte in keiner Weise. Besonders der Zehnjahresplan (1961 – 1971) stellte den Agrarsektor in den Mittelpunkt der ökonomischen Entwicklung. Dabei wurde die Expansion von großflächigen Anbausystemen stark gefördert, welche vielen traditionell wirtschaftenden Bauern die Lebensgrundlagen nahm. Viele von ihnen mussten sich als Lohnarbeiter auf den großen Farmen verdingen. Darüber hinaus kam es zu schweren Schädigungen der Ökosysteme, vor allem der Böden, welche an Fruchtbarkeit verloren und starken Erosionsprozessen ausgesetzt waren (NBI o.J.; SHAZALI et al. 1999, 8-9)

Mit der National Comprehensive Strategy (1992 – 2002) wurden Überlegungen für eine nachhaltige Entwicklungsstrategie angestellt und festgehalten. Dort ist auch die umweltpolitische Strategie enthalten, die eine Integration von Umweltbelangen als Querschnittsaufgabe in allen Sektoren verlangt. Gleichzeitig wurde eine stark wirtschaftsliberale Politik gefördert

---

[13] Zehnjahresplan (1961 – 1971), Fünfjahresplan (1970 – 1675), Sechsjahresplan (1977 – 1983).

(ALI 2007, 569-571; SCHOLTE 2005, 9). In verschiedenen Sektoren wurden politische Vorgaben und Richtlinien erlassen, die im Zusammenhang mit Umweltauswirkungen stehen:

- National Economic Salvation Programme (1992 – 1993);
- National Biodiversity Strategy (1999);
- National Action Plan to Combat Desertification (NAP);
- Water policy (1999);
- Forest Outlook;
- Dokumente über Sudans Engagement hinsichtlich sozialer Entwicklung;
- Bevölkerungspolitik;
- Hauptelemente der Poverty Eradication Strategy.

Der aktuelle Fünfjahresplan 2004 - 2008 sieht vor, die Landwirtschaft stärker zu fördern und ihr eine zentrale Rolle zur Entwicklung des ländlichen Raums und zur Verringerung der Armut zu geben. Dieser prinzipiell zu begrüßende Ansatz darf jedoch das Spannungsfeld zwischen Landwirtschaft und mo-

Ressourcenschutz im Sudan

biler Tierhaltung nicht außer Acht lassen. Wenn besonders die nach Methoden des traditionellen Regenfeldbaus wirtschaftenden Bauern in die Förderung einbezogen werden, ist dies ein wichtiger Schritt, um die sozioökonomische Entwicklung in weiten Teilen des Sudans zu fördern. Mit weniger Mitteln können somit mehr Menschen gefördert werden und der Land- und Ressourcenverbrauch ist meist geringer als bei großen Bewässerungsflächen. Trotzdem dürfen die Belange der Tierhalter nicht vergessen werden und es ist von äußerster Wichtigkeit, ihre Probleme einzubeziehen.

Die aktuelle ökonomische Entwicklung bringt enorme Veränderungen und Fortschritte für verschiedene Regionen mit sich. Dabei ist die Teilhabe an diesen Prozessen sehr unterschiedlich ausgeprägt. Die Regionen entlang einer Entwicklungsachse entlang des Nils profitiert besonders. Andere Regionen bleiben weiterhin marginalisiert. Auch hier kann der Darfur als Beispiel dienen. Deutlich werden diese regionalen Disparitäten unter anderem an der infrastrukturellen Ausstattung. Um nach El Fasher, der Hauptstadt Norddarfurs zu gelangen, benötigt man in geländegängigen Fahrzeugen etwa drei Tage. In der Regenzeit sind die Pisten oft für Wochen nahezu unpassierbar. Auch die Ausstattung und Versorgung im Gesundheits- und Bildungssektor sind als gering zu bewerten (BARNETT et al. 1991, 99; Interview WIAHL).

4.4 Ressourcenschutz im Sudan

Der Sudan beherbergt aufgrund seiner Größe und der über 18 Breitengrade hinweg reichenden Nord-Süd-Ausdehnung vielfältige Landschaftszonen und eine reichhaltige Biodiversität. Diese setzt sich aus folgenden Floren- und Faunenelementen zusammen: 3 132 Blütenpflanzen (flowering plants), von denen 409 endemisch sind, 265 verschiedene wilde Säugetierarten, von denen sieben endemisch sind, 938 Vogelarten, 106 Süßwasserfischarten, geschätzte 80 Reptilienarten, von denen sechs endemisch sind und drei endemische amphibische Arten (GoS 2006, 1). Um dem Schutz dieser Arten gerecht zu werden, hat der Sudan verschiedene internationale Verträge ratifiziert und Schritte eingeleitet, diese umzusetzen (siehe Tabelle 4-7, S. 123). Von besonderer Bedeutung ist die CBD, welche der Sudan am 9. Juni 1992 unterzeichnet und im Oktober 1995 ratifiziert hat. Im Zuge dessen wurden verschiede Maßnahmen unternommen, um den Anforderungen an die Unterzeichnerstaaten nachzukommen. Dabei unterstützten die GEF und das UNDP die zuständigen Stellen finanziell und inhaltlich in großem Umfang. Nach der Entwicklung des National Biodiversity Strategy and Action Plans (NBSAP) (GoS et al. 2000a) wurden in einem zweiten Schritt die notwendigen Maßnahmen erörtert, um diesen NBSAP umzusetzen. Das Ergebnis war der First National Report on the Implementation of the Convention on Biological Diversity (GoS et al. 2000b). Diesem ersten Report folgten bis heute zwei weitere (GoS et al. 2006a; ders. 2003a), in denen der Zustand der Biodiversität und der Umgang mit dieser beschrieben werden. Dabei werden auch Schwachpunkte innerhalb der institutionellen Struktur, sowie fehlende Fachkenntnis und mangelnde Integration der verschiedenen Forschungsarbeiten benannt. Diese Dokumente sind ein wichtiger Schritt auf dem Weg zu einer nachhaltigen Nutzung der natürlichen Ressourcen, trotz der deutlichen Mängel, die im besten Fall mittelfristig angegangen werden können.

All diese Bemühungen können nicht darüber hinwegtäuschen, dass der Ressourcenschutz im Sudan kein vorrangiges Politikziel ist und auch nicht angemessen als Querschnittsaufgabe in den verschiedenen politischen Ebenen und Sektoren vertreten ist. Ein Indikator hierfür ist die schlechte Platzierung, die der Sudan in zwei Klassifizierungen des Yale Center for Environmental Law and Policy einnimmt. Innerhalb des Environmental Sustainability Index belegte der Sudan Platz 140 von 146 untersuchten Ländern (ESTY et al. 2005, 5) und innerhalb des Environmental Performance Index belegte der Sudan Platz 124 von 133 Ländern (ESTY et al. 2006, 13).

Auch im Umweltrecht spiegelt sich der geringe Stellenwert des Um-

Ressourcenschutz im Sudan

weltschutzes im Sudan wider. Das bestehende Wildlife Law aus dem Jahr 1986 baut zu großen Teilen auf der Wildlife Ordinance aus dem Jahr 1935 auf.

„The existing Wildlife law of 1986, which is a continuation of the subsequent amendments of the 1935 Wildlife Ordinance and which serves as the main legal code for the conservation of wildlife resources does not contain the modern concepts of Biosphere Reserves which consider Parks as places for man and nature, bearing in mind that Dinder National Park has been a Biosphere Reserve since 1979." (HCENR et al. 2004, 62)

Internationaler Vertrag/Konvention	Beitrittsdatum
African Convention on the Conservation of Nature and Natural Resources	1980
Agreement on the Conservation of African-Eurasian Migratory Waterbirds	1996
CBD	1992
Convention on the Ban of the Import into Africa and the Control of Transboundary Movement and Management of Hazardous Wastes within Africa	1991
CITES	1983
Kyoto Protokoll	
Montreal Protokoll	1993
Ramsar Konvention	
UNCCD	1994
UN Convention on the Law of the Sea	1985
UNESCO Welterbe	1974
UN Framework Convention on Climate Change	1994
Vienna Convention for the Protection of the Ozone Layer	1993

Tabelle 4-7: Vom Sudan ratifizierte internationale Verträge im Umweltschutzbereich
Quelle: UNESCO 2008a; ders. 2007; CIA 2007

Moderne Managementansätze, wie sie in Kapitel 3 diskutiert wurden, sind bisher lediglich in dem Managementplan des DNP zu finden. Eine nationale Strategie für das Schutzgebietsmanagement existiert nicht. Bisher fehlen die finanziel-

Rahmenbedingungen im Sudan

len und personellen Ressourcen, um dieses aufzubauen. Jedoch wächst das Bewusstsein bei Entscheidungsträgern und vor allem im universitären Bereich durch die Aktivitäten der letzten Jahre kontinuierlich an. Auch die anhaltenden gewaltsamen Konflikte in verschiedenen Teilen des Landes tragen hierzu bei. Denn der Zusammenhang zwischen Ressourcennutzung und Konflikten wird von immer mehr Seiten beschrieben (UNEP 2007a, 77-87; YOUNG et al. 2005, 1-2; SHAZALI 2003, 2-7). Dabei stehen, wie so oft auf dem afrikanischen Kontinent, die sich überschneidenden Nutzungsansprüche von (mobilen) Tierhaltern und sesshaften Ackerbauern im Mittelpunkt. Geschuldet sind diese Konflikte meist einer unzureichenden oder nur mangelhaft umgesetzten Landnutzungsplanung, wie in Kapitel 4.5 näher erläutert wird.

Auf den marginalen Standorten ist eine angepasste Nutzung besonders wichtig, da ansonsten nur schwer umkehrbare Degradierungserscheinungen eintreten. Die natürlichen Widrigkeiten müssen bei der menschlichen Nutzung mit einbezogen werden. Besonders die geringen und darüber hinaus räumlich und zeitlich unregelmäßigen Niederschläge sind zu berücksichtigen. Dürren sind keineswegs neue Erscheinungen. Es gab bereits während des letzten Jahrhunderts einige gravierende Trockenphasen, die das ganze Land betrafen (1886, 1910 - 1920, 1940 - 1945, 1970 - 1973, 1984 - 1985). Darüber hinaus kommt es, bedingt durch die hohe Niederschlagsvariabilität, immer wieder zu auf bestimmte Regionen beschränkten Dürren. (ZAROUG 2006, 7; IBRAHIM 1984, 18).

Erste Ansätze, den Ressourcenschutz in die nationale Politik zu integrieren, gehen mehrere Jahrzehnte zurück. Der Fokus lag stets auf landwirtschaftlichen Nutzpflanzen und -tieren. Verschiedene institutionelle Regelungen wurden etabliert. Zu nennen sind das Plant Genetic Resources Unit der Agricultural Research Corporation, welches im Jahr 1985 gegründet wurde und seitdem versucht, die genetischen Ressourcen der Nutzpflanzen zu sammeln, um sie in einer Gen- und Samenbank zu sichern. Im Jahr 2003 wurde diese Einrichtung regional verknüpft,

Ressourcenschutz im Sudan

indem das Eastern African Plant Genetic Resources Network unter Mitarbeit des Sudans gegründet wurde. Auch medizinische Nutzpflanzen werden bewahrt und unter dem Medical and Aromatic Plants Research Institute des National Centres for Research klassifiziert und erforscht. Schon 1956 wurden erste Versuche unternommen die sudanesischen Nutztierrassen zu studieren, zu erhalten und weiter zu züchten. Unter Leitung der Animal Resource Research Corporation gibt es heute fünf über das Land verteilte Stationen, welche diese Arbeiten ausführen (GoS et al. 2006a, 36).

Ein wichtiger Schritt in den Naturschutzbemühungen war die Gründung des HCENR im Jahr 1990. Es soll als Koordinierungsstelle für Umweltfragen dienen. Gleichzeitig ist es der Fokuspunkt für die Umsetzung internationaler Konventionen mit Umweltbezug, die vom Sudan ratifiziert wurden. Das HCENR dient auch als Berater für verschiedene Ministerien und bereitet Gesetzesentwürfe vor. Neben der Koordination der staatlichen Stellen soll es auch als Mittler zwischen NGOs, Universitäten und anderen Forschungseinrichtungen dienen. So soll Einfluss genommen werden auf die Politikausrichtung, damit diese die Belange der Umwelt zentraler mit einbezieht (GoS et al. 2003a, 17-18).

So wurde die Umweltgesetzgebung aus dem Jahr 2001 maßgeblich vom HCENR mit gestaltet. Diese sieht vor, dass Umweltschutz als Querschnittsaufgabe in allen umweltrelevanten Planungen berücksichtigt wird. Es wurde die Pflicht für eine begleitende Umweltverträglichkeitsprüfung eingeführt, welche vom HCENR durchgeführt wird. Dafür bestellt es (in der Regel sudanesische) Experten, die von verschiedenen Institutionen (beispielsweise von Universitäten oder Umweltverbänden) kommen. Diese arbeiten mit dem festen Mitarbeiterstab des HCENR, bestehend aus etwa 15 Personen, zusammen. Somit ist die Einbeziehung von Fachleuten gesichert und die Netzwerkbildung zwischen den beteiligten Institutionen wird gefördert. Des Weiteren wird das Umweltbewusstsein bei den Beteiligten und ihren Institutionen gestärkt. Daneben bietet das HCENR auch explizites Training zum Aufbau von Kernkompetenzen im Umweltschutz für verschiedene staatliche Institutionen an (Interview NIMIR).

Die Arbeit und die Aufgabenzuteilung für das HCENR ist wichtig und zu begrüßen, jedoch nimmt es eine relativ schwache Position in der Hierarchie der Ministerien ein. Da es seit 1996 als technischer Arm des Umweltministeriums geführt wird, ist die Anerkennung bei vielen politischen Entscheidungsträgern gesunken. Bis 1996 war es direkt dem Ministry of the Council of Ministers unterstellt und hatte damit eine wesentlich stärkere Position. Eine Stärkung der institutionellen Stellung des HCENR, würde dazu beitragen, dem sudanesischen Ressourcenschutz im Allgemeinen eine stärkere Position zu verschaffen (Interview ELASHA).

4.4.1 Bedeutung für die sozioökonomische und ökologische Entwicklung

Die Desertifikation wird als größtes Umweltproblem des Sudans beschrieben und spielt bei vielen Konflikten eine grundlegende Rolle (IBRAHIM 1984, 17). Das Problem ist nicht neu und wurde bereits in den 1970er und 1980er Jahren in verschiedenen Arbeiten erkannt (SALIH 1987; ZAHLAN et al. 1986; NOORDWIJK 1984; EL MANGOURI 1983; HEINRITZ 1982; WILSON 1978; DASMANN 1972). Das Ausmaß der Desertifikation ist schwer in Zahlen zu fassen, dennoch kann gesagt werden, dass besonders die Sahelzone betroffen ist und damit ein großer Teil der landwirtschaftlichen Produktionsflächen (UNEP 2007a, 8-9, 57-65). Sie kann als bedrohender Faktor für die sudanesische Landwirtschaft im Allgemeinen angesehen werden (IBRAHIM 1984, 19-30). Die Hauptgründe für die voranschreitende Verwüstung vieler Gebiete in der Sahelzone sind Übernutzung durch Ackerbau, Überweidung und Abholzung (OSMAN 1990, 40-46). Daher sind der Ressourcenschutz und die Einführung von nachhaltigen Wirtschaftsweisen im Sudan, gerade in der Landwirtschaft, unabdingbar.

Trotz der Dringlichkeit wurden bisher keine Strategien entwickelt, um den Prozessen dauerhaft Einhalt zu gebieten. Bis heute wird

Ressourcenschutz im Sudan

der Bevölkerung in ländlichen Gebieten durch Landschaftsdegradierung und Desertifikation die Lebensgrundlage genommen. Als Ausweg bleibt dieser nur die Abwanderung in städtische Zentren oder in andere Gebiete, die noch nicht von derartigen Problemen betroffen sind. Diese Möglichkeiten bergen oft ein großes Konfliktpotential und nur wenig Aussicht auf einen gesicherten Lebensunterhalt. Kombiniert mit anderen Push-Faktoren wie Gewalt und natürlichem Bevölkerungswachstum steigt der Nutzungsdruck in den Zuwanderungsgebieten erheblich. Trotz der geringen relativen Bevölkerungsdichte im Sudan (ca. 10-15 Einwohner/km^2) ist die Tragfähigkeit in vielen Gebieten erreicht oder überschritten (siehe Kapitel 4.2). Die meisten Gebiete sind unter den lokalen Bevölkerungsgruppen aufgeteilt und es bleibt wenig Platz für Neuankömmlinge. Tribale Konflikte können über die konkurrierenden Landnutzungsansprüche schnell eine gefährliche Eigendynamik entwickeln, was bereits in vielen Teilen des Sudans in unterschiedlicher Ausprägung zu beobachten ist

(Darfur, Kordofan, Ostsudan, etc.) (UNDP 2003). Darüber hinaus bieten die Zuwanderungsgebiete oftmals andere ökologische Voraussetzungen als die Herkunftsgebiete, sodass sich die gewohnten Nutzungsformen als unangepasst erweisen.

Auch die Abwanderung in urbane Zentren ist sowohl für die Zuwanderer als auch für die Städte selbst problembehaftet. Für die Zuwanderer stellt sich die Frage nach dem Verdienst des Lebensunterhalts. Oftmals besteht nur eine geringe formale Bildung, und die Fähigkeiten die Ansprüche eines städtischen Arbeitsmarktes zu erfüllen, sind gering. Die Lebenshaltungskosten hingegen sind relativ hoch und die Versorgung mit Nahrungsmitteln und anderen Dingen des täglichen Bedarfs daher nicht immer möglich. Die Einbindung in soziale Netzwerke, welche auf ethnischer oder familiärer Zugehörigkeit oder Tauschbeziehungen basieren, ist oft die beste bestehende Möglichkeit sich zu etablieren. Diesen auf individueller Basis angesiedelten Problemen stehen die Schwierigkeiten der Städte gegenüber, insbesondere der Stadtpla-

Rahmenbedingungen im Sudan

nung und der Bereitstellung der nötigen Infrastruktur. Besonders zu nennen sind Wasser- und Stromversorgung, sanitäre Einrichtungen, Müllentsorgung, Versorgung mit medizinischen Diensten, Schulen, Verkehrsmittel, etc. Dies führt zu sozialen Problemen und Spannungen und zu ökologischen Problemen im Stadtgebiet und – umland. Bisher sind diese Probleme in Khartum und anderen sudanesischen Städten noch nicht so stark ausgeprägt wie in anderen Städten Afrikas und anderer Kontinente. Die Entwicklungen sollten jedoch jetzt ernsthaft an der Wurzel der Ursachen angegangen werden, um so die Chance zu nutzen, die negativen Entwicklungen in anderen Ländern nicht zu wiederholen. (NUSCHELER 2005, 295-298; PARNREITER 1999; MERTINS 1994)

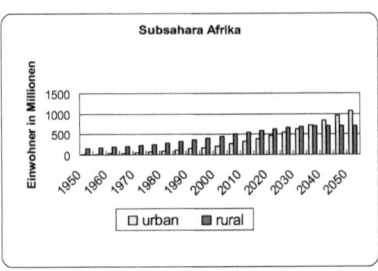

Abbildung 4-8: (Projizierte) Entwicklung der städtischen und ländlichen Bevölkerungszahlen im subsaharischen Afrika 1950 – 2050
Quelle: UNPD 2008

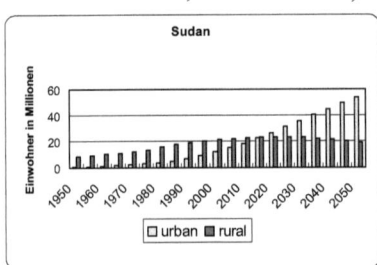

Abbildung 4-7: (Projizierte) Entwicklung der städtischen und ländlichen Bevölkerungszahlen im Sudan 1950 – 2050
Quelle: UNPD 2008

In diesem Kontext wird die Bedeutung einer Landnutzungsplanung und deren effektiver Umsetzung deutlich.

1. können ökologische Degradationserscheinungen vermieden werden und somit ein Beitrag zur Erhaltung des ländlichen Raumes als sozialem und ökologischem Raum geleistet werden;

2. können interne Migrationsströme gestoppt werden;

3. werden Konflikte entschärft oder kommen erst gar nicht zum Ausbruch. In diesem Zusammenhang ist zu erkennen, dass Schutzgebietsmanagement nicht als Luxus zum Schutz der Umwelt abgetan werden kann, sondern viel-

Ressourcenschutz im Sudan

mehr an den Grundursachen vieler Probleme ansetzt. Schutzgebiete können als Beispiele dienen, in denen nachhaltige Formen der Landnutzungsplanung exemplarisch umgesetzt werden.

4.4.2 Situation der existierenden Schutzgebiete

Im Sudan existieren 30 Schutzgebiete, die jedoch zum größten Teile reine „paper parks" sind; weitere 21 Schutzgebiete sind in Planung. Lediglich für den DNP existiert ein Managementplan, der in weiten Teilen umgesetzt wird. Im Radom National Park, im Südwesten des Sudans sind einige wenige Ranger im Einsatz, die versuchen, Wilderei und andere den Zielen des Schutzgebietes entgegen laufende Aktivitäten im Park einzudämmen. Im Hassania Schutzgebiet, welches etwa 200 km nördlich von Khartum am westlichen Nilufer zwischen Atbara und Shendi liegt, sind momentan ein Offizier und zwölf Ranger im Einsatz. Im März 2007 liefen gerade die Vorbereitungen für die Demarkation des Gebietes. Dafür soll alle drei Kilometer ein großer Zementblock die Grenze markieren. Die Finanzierung des Vorhabens, 17 Millionen sudanesische Pfund (~6500 €), ist gesichert. Jedoch ist das notwendige Kartenmaterial noch nicht zugänglich. Das für die Karten zuständige Survey Department unter dem Ministry of Roads and Bridges gibt diese auch für staatliche Stellen nur gegen eine Zahlung von 1,2 Millionen sudanesischen Pfund (~500 €) heraus. Für die restlichen Schutzgebiete stehen weder Personal vor Ort noch irgendwelche Pläne zur Verfügung (Interviews ANUR; SERAG).

Die Mehrzahl der Schutzgebiete liegt im Süden des Landes und leidet daher stark unter den Auswirkungen des langen Bürgerkrieges. Die Regierungs- und Verwaltungsstrukturen befinden sich noch nicht gefestigt. Der Schutz von Biodiversität, die Einbindung der lokalen Bevölkerung sowie eine gezielte Ausrichtung der Schutzgebiete sind bisher in beinahe allen Schutzgebieten bestenfalls im Planungsstadium. Naturschutz steht in der politischen Agenda auf einem nachgeordneten Rang (HCENR et al. 2004, 4-23). Die politischen

Prioritäten liegen zunächst auf Gebieten wie dem Aufbau von Infrastruktur und der Sicherung von Einflussbereichen zwischen der nord- und der südsudanesischen Regierung, besonders im Bereich des Ölsektors (CIJ 2006).

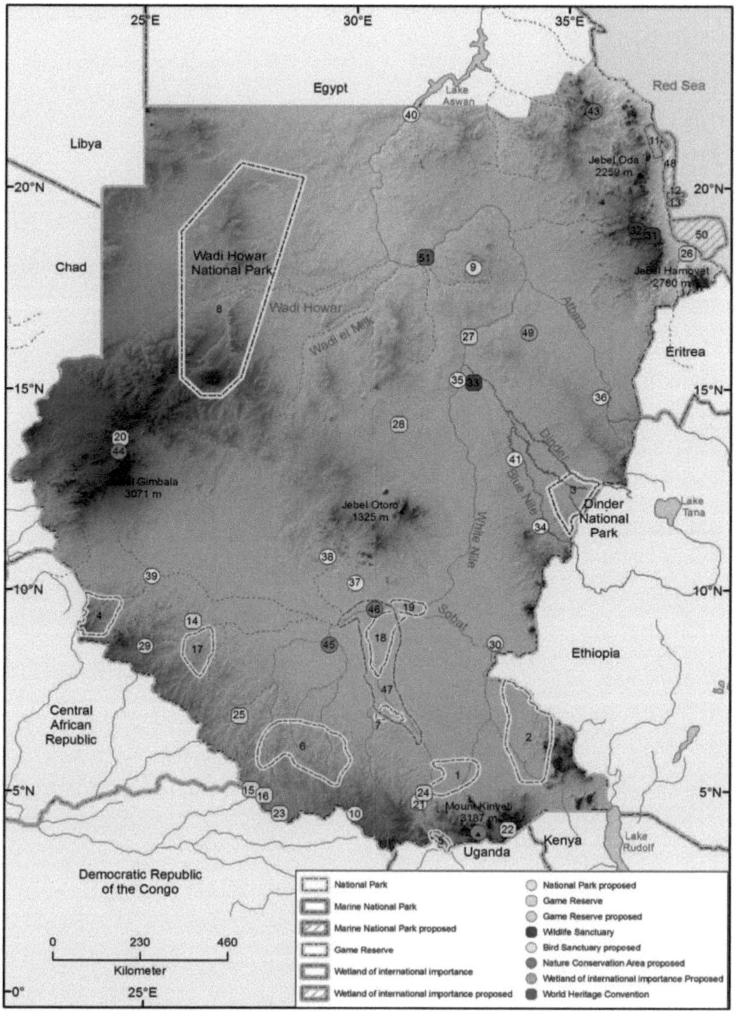

Ressourcenschutz im Sudan

Karte 4-5: Karte der sudanesischen Schutzgebiete. Gut zu erkennen ist die ungleiche Verteilung der Schutzgebiete zwischen dem Norden und dem Süden des Sudans. Für die Schutzgebiete, welche lediglich als Punktsignaturen verzeichnet sind, existieren auch im Sudan keine verlässlichen Informationen über den genauen Grenzverlauf. Dies wurde von verschiedenen Seiten beklagt (Interviews ABDELHAMEED; ADIL; AMNA; ANUR; AWAD). Die Namen der Schutzgebiete sind auf der folgenden Seite in einer Tabelle aufgeführt.
Kartographie: Oehm; Quelle: UNSUDANIG 2008

Rahmenbedingungen im Sudan

	National Park		25	Numatina
1	Badinglo		26	Red Sea Hills
2	Boma		27	Sabaloka
3	Dinder		28	Tokor
4	Radom			**Game Reserve proposed**
5	Nimule		29	Boro
6	Southern		30	Mashra
7	Shambe			
8	Wadi Howar			**Wildlife Sanctuary**
			31	Erkawit
	National Park proposed		32	Erkawit Sinkat
9	Jebel Hassania		33	Khartoum
10	Lantoto			
				Bird Sanctuary proposed
	Marine National Park		34	El Roseires-Damm
11	Dongonab Bay		35	Jebel Aulia-Damm
12	Sanganeb		36	Khashm el Girba-Damm
			37	Lake Abbiad
	Marine National Park proposed		38	Lake Keilak
13	Port Sudan		39	Lake Kundi
			40	Lake Nubia
	Game Reserve		41	Sennar-Damm
14	Ashana			
15	Bengangai			**Nature Conservation Area proposed**
16	Bire Kpatuos		42	Imatong Mountains
17	Chelkou		43	Jebel Elba
18	Ez Zeraf		44	Jebel Marra Massif
19	Fanikang		45	Lake Ambadi
20	Jebel Gurgei Massif		46	Lake No
21	Juba			
22	Kidepo			**Wetland of international importance**
23	Mbarizunga		47	Sudd
24	Mongalla			

Ressourcenschutz im Sudan

	Wetland of international importance proposed		World Heritage Convention
48	Dongonab Bay - Marsa Waiai	51	Jebel Barkal and the sites of the Napatan Region
49	Jebel Bawzer Forest (Sunut Forest)		
50	Suakin-Gulf of Agig		

Tabelle 4-8: Namen und Kategorien der sudanesischen Schutzgebiete. Bisher existieren drei Kategorien von Schutzgebieten: National Park, Game Reserve und Wildlife Sanctuary. Eine vierte Kategorie, die Nature Conservation Area, wurde entworfen und einige Schutzgebiete wurden zur Etablierung eingereicht (Interview ANUR).

Obwohl im Nordsudan das Schutzgebietsmanagement schon seit den 1930er Jahren im politischen System verankert ist, konnten sich bisher keine stabilen politischen Ordnungssysteme herausbilden. Die Zuständigkeiten wechseln zwischen verschiedenen Ministerien und innerhalb der Ministerien zwischen Unterabteilungen. Dies verhindert die Etablierung von effektiven und effizienten Strukturen (Interview NIMIR). Ein Problem liegt darin, dass die Ranger dem Innenministerium unterstehen. Dieses ist zwar ein hierarchisch hoch angesiedeltes Ministerium und hat daher eine relativ gute finanzielle Ausstattung und starke politische Stellung. Jedoch ist die WCGA innerhalb des Ministeriums politisch schwach. Darüber hinaus ist das Personal inhaltlich auf sicherheits- und ordnungspolitische Aufgaben ausgerichtet. Daher mangelt es an Personal, welches sich mit den relevanten Themengebieten Wildtiermanagement, Partizipation, etc. auskennt. Besserung erhoffen sich die beteiligten Institutionen dadurch, dass das WCGA mittlerweile technisch dem 2006 neu geschaffenen Ministry for Wildlife and Tourism zugesprochen wurde. Die administrative Zuständigkeit liegt jedoch zunächst weiterhin bei dem Ministry of Interior, was zu interministeriellen Kompetenzstreitigkeiten führt (Interviews ANUR, SERAG).

Rahmenbedingungen im Sudan

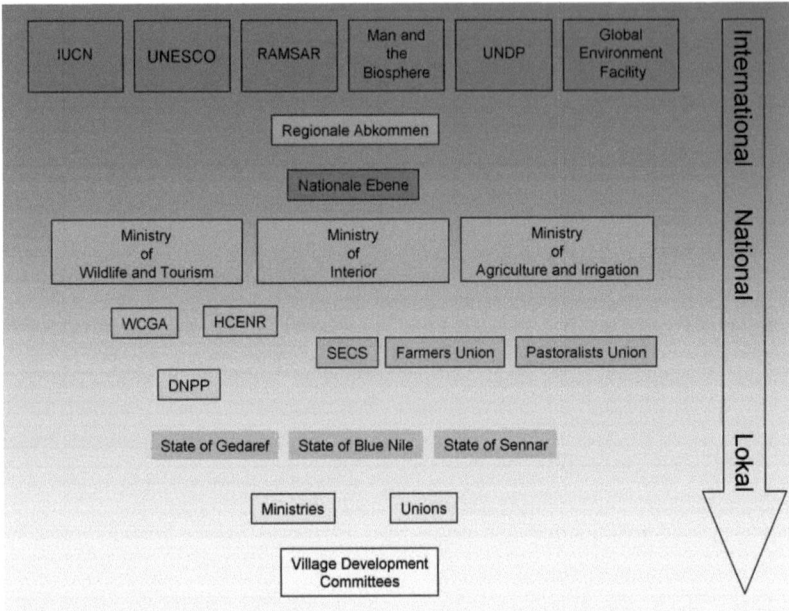

Abbildung 4-9: Schematisierte Zusammenstellung der für das Schutzgebietsmanagement im Sudan relevanten Institutionen
Quelle: eigener Entwurf

Um ein effektives Schutzgebietsmanagement zu planen und durchzuführen, müssen zunächst die bestehenden Bedrohungen für die Schutzgebiete im Allgemeinen und die jeweiligen Einzelfälle identifiziert werden. Erst auf dieser Basis kann versucht werden, nach Lösungsansätzen zu suchen. Dafür muss das Potential der Schutzgebiete unter Berücksichtigung zukünftiger Chancen und Risiken eingeschätzt werden. Um diesen Bemühungen einen festen institutionellen und inhaltlichen Rahmen zu geben ist es notwendig, ein nationales Schutzgebietssystem aufzubauen. Dort müssen die generellen Leitlinien und Strukturen festgelegt werden. Bisher sind keine Ansätze in dieser Richtung vorhanden, auch wenn der Bedarf erkannt wird (Interview ELASHA). Die Erfahrungen, die in den letzten Jahren im DNP gesammelt wurden, stellen eine gute Basis dar, um Fehler bei zukünftigen Planungen zu mindern.

Ressourcenschutz im Sudan

Ohne den Aufbau eines nationalen Schutzgebietssystems werden die bestehenden Probleme nur schwer zu lösen sein:

- die administrativen Strukturen, die personelle Ausstattung und die Finanzierung der sudanesischen Schutzgebiete sind unzureichend;

- die Abstimmung zwischen den verschiedenen Akteuren auf lokaler, nationaler und internationaler Ebene funktioniert nur bedingt;

- die Kompetenzen sind nicht klar definiert und auch die ministerielle Zuordnung der behördlichen Abteilungen ist nicht klar;

- die Einbindung der lokalen Bevölkerung bei der Umsetzung von Schutzgebieten wird bisher nur im DNP und dort nur unzureichend umgesetzt.

In Anbetracht der beschriebenen Gegebenheiten sind die sudanesischen Schutzgebiete momentan nicht in der Lage, die Biodiversität wirksam zu schützen. Für die Zukunft sind Änderungen notwendig, welche die Effektivität der Schutzgebiete steigern. Detaillierte Ausführungen hierzu werden in Kapitel 7 geliefert.

Rahmenbedingungen im Sudan

Administrativer Ablauf zur Etablierung eines Schutzgebietes im Sudan:

1. Durchführung eines Surveys des Gebietes;
2. WCGA schlägt die Etablierung eines neuen Schutzgebietes vor;
3. Diskussion mit Vertretern auf lokaler Ebene (Mahalia);
4. der überarbeitete Vorschlag geht auf Bundesland Ebene (Wilaya) an das Parlament, das gesetzgebende Gremium und muss dort förmlich angenommen werden;
5. der Vorschlag des WCGA geht zusammen mit der Annahmebestätigung durch das Wilayaparlament als Anfrage zur Etablierung des Schutzgebietes an das Ministerium of Wildlife and Tourism (bis 2005 an das Ministry of the Interior);
6. das Ministerium leitet die Anfrage an den Präsidenten weiter, der diese unterschreiben muss;
7. das Justizministerium muss die Ausrufung des Schutzgebietes ratifizieren;
8. das Department of Survey, dem Ministry of Roads and Bridges unterstellt, muss die Demarkation auf Karten und im Gelände veranlassen;
9. das WCGA ist für die Durchführung aller Aktivitäten im Schutzgebiet zuständig (Act of Wildlife and Protected Areas 1986 → soll im Rahmen des CPA geändert werden).

Wenn ein Schutzgebiet etabliert ist, müssen Reglementierung zur Umsetzung des Schutzgebietes erlassen werden. Der formelle Ablauf zur Erstellung und Annahme eines Schutzgebietsmanagementplans umfasst folgende Schritte:

10. Treffen zwischen dem Komitee zur Erstellung des Plans und dem Leiter der WCGA;
11. Ratifizierung durch den Leiter der WCGA ;
12. Annahme durch den Leiter des Schutzgebietes.

Box 4-2: Administrativer Ablauf zur Etablierung eines Schutzgebietes im Sudan
Quelle: Interviews ANUR; SERAG

4.5 Sudanesische Landnutzungssysteme unter veränderten Ansprüchen

Die sudanesischen Landnutzungssysteme stehen vor der Herausforderung sich den wandelnden demographischen und ökonomischen Strukturen anzupassen. Die Landnutzungssysteme sind maßgeblich dafür verantwortlich, dass ausreichend Nahrungsmittel produziert werden können. Gleichzeitig haben sie einen entscheidenden Einfluss auf die Auswirkungen der Landwirtschaft auf die natürlichen Ressourcen.

Die Bevölkerung im Sudan hat sich seit 1960 von etwa 11 Millionen auf geschätzte 37 Millionen mehr als verdreifacht (UNPD 2008). Die Tierzahlen haben sich in den vergangenen zwanzig Jahren gut verdoppelt (1989: 60 Millionen; 2001: 120 Millionen) (UNEP 2007a, 161; GoS 2002, 1) und die Ausdehnung der ackerbaulich genutzten Flächen stieg ebenfalls stark an (ABDALLA 2007, 743-744; ZAROUG 2006, 3).

Die Einbindung in globale Wirtschaftsstrukturen und ökonomische Zwänge durch den Internationalen Währungsfond bestimmen zunehmend die nationale Landnutzungspolitik (ELMAHDI 2005; SIDAHMED et al. 2005; IBRAHIM 2004; ABDEL KARIM 2002; BARNETT et al. 1991). Diese Entwicklungen bringen starke Veränderungen der Landnutzungssysteme mit sich. Der Focus der nationalen Landwirtschaftsstrategie auf große Bewässerungsflächen mit intensivem Ackerbau ist die bisherige Antwort auf diese veränderten Rahmenbedingungen (SHAZALI et al. 1999, 1). Auch wenn der Großteil der Bevölkerung weiterhin auf Subsistenzbasis Landwirtschaft betreibt, ist eine weitere Ausbreitung der großen mechanisierten landwirtschaftlichen Systeme zu verzeichnen (UNEP 2007a; SIDAHMED et al. 2005, 83-85; CRAIG 1991, 265-274; EL MANGOURI 1983, 70-80)

Der gum arabicum-Sektor ist ein gutes Beispiel für den starken Einfluss der nationalen Landwirtschaftspolitik auf die Entwicklungen im Agrarsektor. Seit den ausgehenden 1950er Jahren wurde die großflächige, mechanisierte Landwirtschaft stark gefördert. In den 1970er Jahren sollte der Sudan als „bread basket" für die arabische

Welt dienen, was von den Öl exportierenden Ländern finanziell großzügig unterstützt wurde (GoS et al. 2003b, 13; BARNETT et al. 1991, 100-101). Der enormen Ausdehnung der landwirtschaftlichen Fläche fielen große Waldbestände und Weideflächen zum Opfer. Ein starker, von der Zentralregierung initiierter Anstieg der gum arabicum-Preise in der Mitte der 1970er Jahre führte einerseits zu einem verstärkten Anpflanzen von *Acacia senegal,* andererseits aber auch zu einer Übernutzung der Bäume, so dass diese abstarben. Da der Sudan mit etwa 80 % Anteil am gum arabicum-Weltmarkt nahezu eine Monopolstellung genoss, reagierte der Markt auf die starken Preiserhöhungen. Die Industrie suchte nach Ersatzstoffen, um die Abhängigkeit der unzuverlässigen und teuren Lieferungen aus dem Sudan zu mindern. Durch die gefundenen Ersatzstoffe brach der Markt für gum arabicum zusammen und ein wichtiger Exportzweig der sudanesischen Wirtschaft verkümmerte. Ohne dauerhaften ökonomischen Nutzen für die Bevölkerung wurden die Akazien für andere Zwecke, wie Feuerholz, Holzkohleherstellung, etc. verstärkt genutzt. Die Bestände wurden stark dezimiert und weite Landstriche waren ökologischer Degradierung ausgesetzt (LARSON et al. 1991).

Trotz der großen Bedeutung der Landwirtschaft existiert im Sudan bis heute kein umfassender Plan zur Landnutzung. Die Erstellung eines solchen Plans ist für die nachhaltige Nutzung der natürlichen Ressourcen und den Erhalt der Biodiversität jedoch unabdingbar. Dabei ist der explizite Einbezug von Schutzgebieten und Schutzgebietsmanagement entscheidend für deren Effektivität.

Rahmenbedingungen des DNP

5. Dinder National Park (DNP)

Vor dem Hintergrund der vorangegangen Kapitel bezüglich genereller Überlegungen zu Schutzgebieten, werden im Folgenden anhand von Untersuchungen zum DNP Stärken und Schwächen des Managements des DNP sowie des Schutzgebietssystems im Sudan dargestellt. Strukturelle Defizite auf administrativ-organisatorischer Ebene werden ebenso untersucht wie positive Ansätze und Probleme bei der praktischen Umsetzung. Weitergehend werden Lösungsansätze aufgezeigt, welche die Entwicklungen der internationalen Ansätze im Schutzgebietsmanagement einbeziehen (IUCN 2005; BORRINI-FEYERABEND et al. 2004a; GORIUP 2003; PHILLIPS 2003) und auf die sudanesischen Gegebenheiten übertragen werden. Daraus werden konkrete strategische Empfehlungen für das Management des DNP abgeleitet. Diese sind eng verbunden mit generellen Empfehlungen für das Schutzgebietsmanagement im Sudan. In diesem Kapitel werden vorerst nur die für den DNP relevanten Vorschläge angebracht. Übergeordnete Empfehlungen auf nationaler Ebene werden in Kapitel sieben aufgegriffen.

5.1 Rahmenbedingungen des DNP

Die Rahmenbedingungen des DNP bilden schwierige Voraussetzungen für ein erfolgreiches Schutzgebietsmanagement. Viele Faktoren, die nicht unmittelbar mit dem Management des Parks zusammenhängen, beeinflussen und bedrohen seine Integrität. Um die Situation zu verstehen, muss man die wirtschaftlichen, sozialen, politischen und ökologischen Verhältnisse in der Umgebung in die Untersuchungen mit einbeziehen. Der Bezugsrahmen definiert sich dabei durch den Einfluss der menschlichen Aktivitäten auf den Park. Im Fall des DNP haben die landwirtschaftlichen Aktivitäten nördlich des Parks den größten Einfluss und werden bei den Untersuchungen daher gesondert mit einbezogen (HCENR 2001, 1-4). Die Landwirtschaft im Allgemeinen und der mechanisierte Ackerbau im Speziellen sind besonders verantwortlich für diese Bedrohung. In direkter Weise (horizontale Ausdehnung von Ackerflächen) und indirekter Weise (Verdrängung von Kleinbauern und Agropastoralisten) steigern sie den Konkurrenzdruck um Landnutzung (HCENR et al. 2004, 156-157). Die politischen Rahmenbedingungen stehen in enger Korrelation zu dieser Problematik. Viele Politiker auf Wilayaebene (Bundeslandebene) sind gleichzeitig Großbauern. Die Regionalpolitik ist daher stark an den Interessen dieser Bevölkerungsgruppe ausgerichtet und befindet sich damit auch in Einklang mit der nationalen Landnutzungs- und Agrarpolitik (CIJ 2006, 62-74; UNDP 2003, 4, 16; SHAZALI et al. 1999, 8-10; SULIMAN 1998, 2-3; CRAIG 1991, 260-264). Die institutionelle Kommunikation und Kooperation zwischen den verschiedenen Akteuren gestaltet sich dadurch schwierig. Die sozioökonomischen Rahmenbedingungen sind ländlich geprägt und stehen im Spannungsfeld der Interessen zwischen den erwähnten Großbauern, den Kleinbauern und den Pastoralisten. Ein Großteil der Bevölkerung ist arm und die infrastrukturelle Versorgung ist schwach ausgeprägt. Darüber hinaus werden die Rahmenbedingungen durch die instabile Finanzierung, die unzureichende personelle Ausstattung und die ungenügende Einbindung der lokalen Bevölkerung in die Planungsprozesse bestimmt.

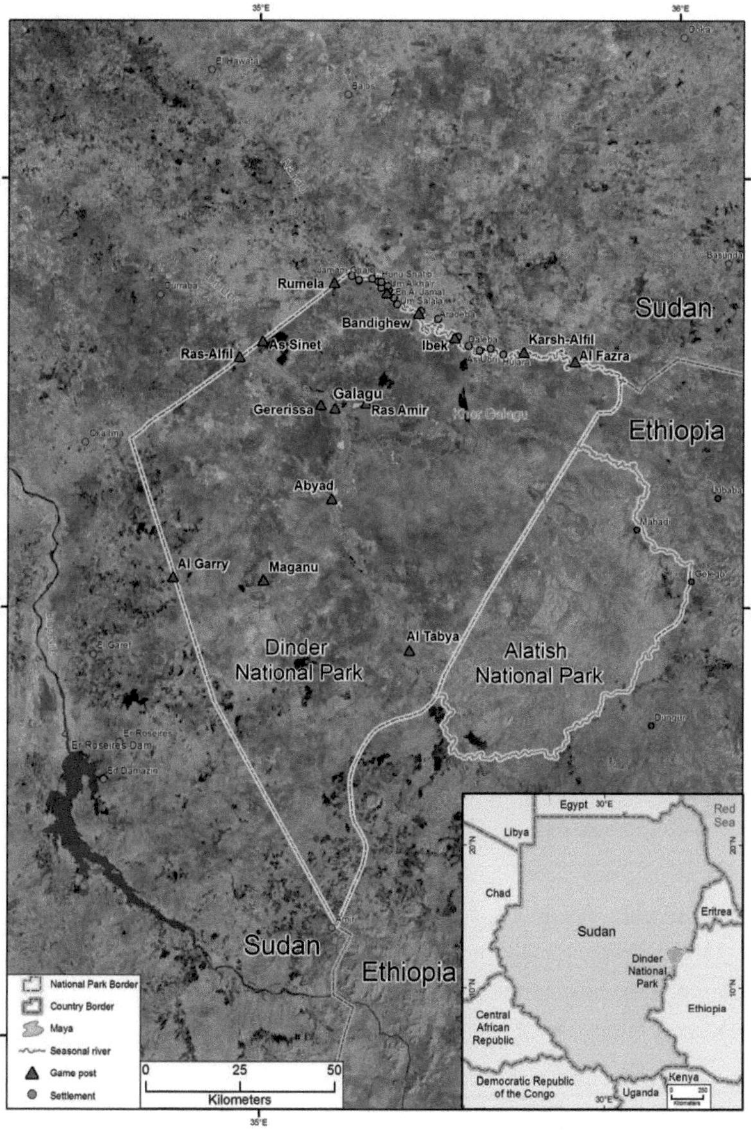

Rahmenbedingungen des DNP

Karte 5-1: Lagekarte des DNP mit dem auf äthiopischer Seite angrenzenden Alatish Nationalpark. Eingezeichnet sind die Rangercamps und die größten Dörfer entlang des Rahad am Nordrand des DNP
Kartographie: OEHM; Quelle: GLCF 2008; Informationen des WCGA; eigene Erhebungen

Dinder National Park (DNP)

5.1.1 Geographische Lage und naturräumliche Merkmale

Die folgenden Ausführungen basieren, soweit nicht anders angegeben, auf Informationen, die dem Managementplan des DNP (HCENR et al. 2004) sowie dem Ecological Baseline Survey (HCENR et al. 2001) entnommen wurden.

Der DNP liegt im Ostsudan unmittelbar an der Grenze zu Äthiopien, die gleichzeitig seine östliche Begrenzung darstellt. Seine Fläche von ca. 10 000 km² verteilt sich über drei Wilayas: Sennar, Gedarif, Blue Nile. Seine nördliche Begrenzung stellt der Rahad Fluss dar. Im Westen verläuft die Grenze ausgehend vom Rahad Fluss bei 12° 42′ Nord und 34° 48′ Ost zunächst in südwestlicher und dann in südöstlicher Richtung, bis sie bei 11° 55′Nord und 34° 44′ Ost an ihrem südlichsten Punkt auf die äthiopische Grenze trifft.

Topographisch lässt sich der Park als leicht gekippte Ebene beschreiben, die nach Nordwesten hin abfällt. Lediglich im südlichen Bereich kommen vereinzelte Inselberge vor. Die Ebene wird von zwei saisonalen Flüssen durchzogen. Der Dinder und der Rahad werden während der Regenzeit aus dem äthiopischen Hochland gespeist. In den Monaten Juni bis November führen sie Wasser und stellen wichtige Zuflüsse des Blauen Nils dar. In diese beiden großen Flüsse münden die kleineren saisonalen Flüsse des Gebiets. Während der Regenzeit werden auch die etwa 50 Mayas aufgefüllt. Diese Senken oder abgeschnittene, ehemalige Flussmäander halten ihr Wasser und damit auch frische Vegetation teilweise über die gesamte Trockenzeit hinweg.

Auch wenn es im DNP erst seit 2001 systematische Klimaaufzeichnungen gibt, lassen sich einige generelle Aussagen treffen. Sie beruhen auf Schätzungen und Hochrechnungen des HCENR, das diese auf der Basis von Daten der nächstgelegenen Klimastationen in Damazin, Singa und Gedarif durchgeführt hat. Der DNP ist klimatisch durch eine trockene und kühlere und eine feuchte und heißere Jahreszeit geprägt. Die Trockenzeit währt in der Regel von Dezember bis April. Die kühlsten

Rahmenbedingungen des DNP

Monate sind von Dezember bis Februar zu verzeichnen. Die Regenzeit dauert von Mai bis November und hat ihre stärkste Ausprägung im August. Die Niederschläge verteilen sich ungleichmäßig in den verschiedenen Zonen des Parks. Der Norden weist eine jährliche Niederschlagsmenge von etwa 600 - 800 mm auf und der Süden etwa 800 – 1 000 mm.

Diese räumliche Niederschlagsvarianz ist für die Vegetationszonierung des Parks verantwortlich. Weiterhin wird die Vegetation durch die Böden und die Entwässerungssysteme bestimmt. Im Parkgebiet lassen sich drei Hauptklassen von Ökosystemen unterscheiden; das Acacia seyal – Balanites Ökosystem, das Flussökosystem und die Mayas. Der Großteil der Böden im DNP sind schwere, dunkle Lehmböden. Auf diesen Böden herrscht das nach den zwei dominierenden Baumarten benannte **Acacia seyal – Balanites Ökosystem** vor. Es ist eine Baumsavanne mit unterschiedlich dichtem Baumbestand, lokal werden diese Gebiete Dahara genannt. Es können drei großräumige Untereinheiten dieses Ökosystems unterschieden werden:

Dinder National Park (DNP)

das Gebiet, welches östlich des Dinder Flusses und nördlich des Galagu Khors liegt. Hier herrschen die mesoklimatisch besten Bedingungen für die Hauptbaumarten vor (grünliche Tönung in Karte 5-2, S. 145);

Foto 5-1: Typische Vegetation in der Nähe der nördlichen Parkgrenze, mit Akazienarten, Balanites egyptiaca und verschiedenen Gräsern (Zone der grünlichen Tönung in der Karte)
Foto: OEHM

das Gebiet südlich des Khor Galagu und östlich des Dinder Flusses ist etwas feuchter und weist daher eine leicht höhere Bestandsdichte auf (rötliche Tönung in der Karte);

Foto 5-2: Typische Vegetation östlich des Dinder mit Acacia seyal, Combretum Arten und verschiedenen Gräsern (Zone der rötlichen Tönung in der Karte)
Foto: OEHM

im Gebiet südwestlich des Dinder Flusses ist der Baumbestand am lichtesten (bräunliche Tönung in der Karte).

Foto 5-3: Typische Akazien – und Grasvegetation des Gebietes südwestlich des Dinder (Zone der bräunlichen Tönung in der Karte)
Foto: OEHM

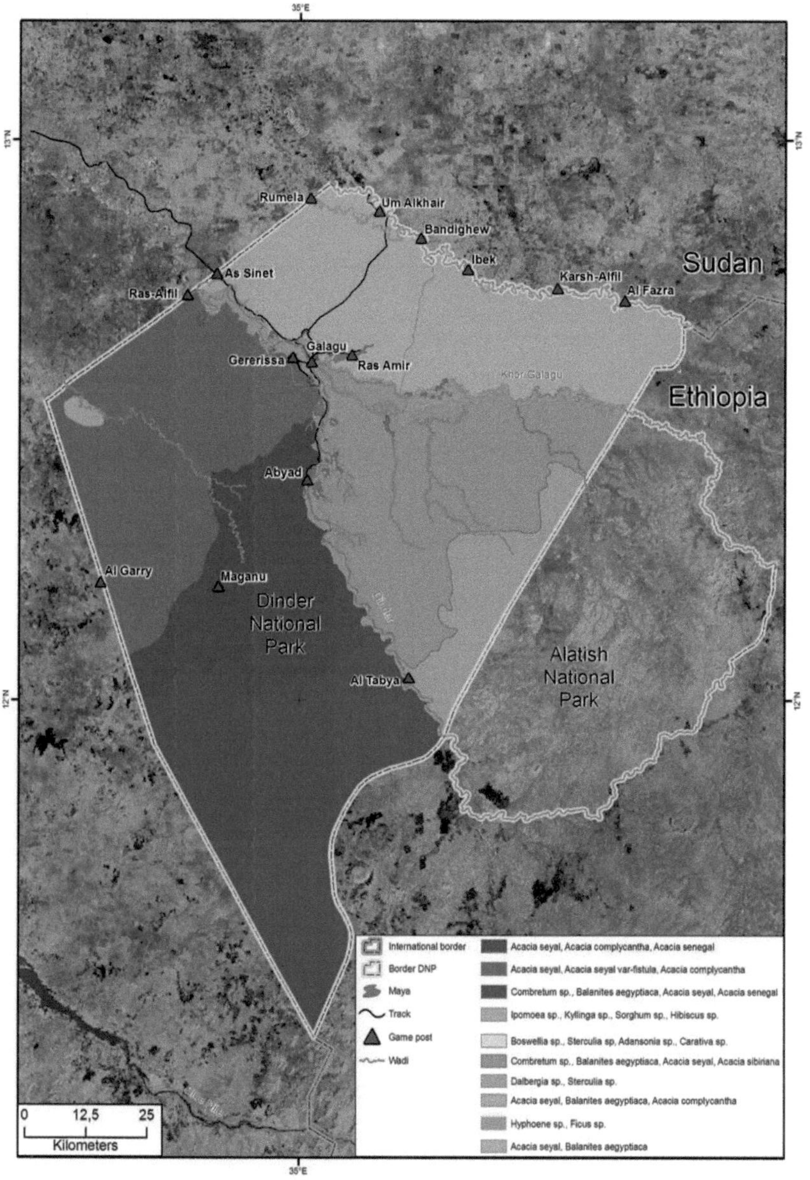

Rahmenbedingungen des DNP

Karte 5-2: Oköznale Gliederung des DNP
Kartographie: OEHM; Quelle: GLCF 2008; Karte der Remote Sensing Authority (RSA)

Dinder National Park (DNP)

Auch innerhalb dieser Einheiten gibt es leichte Unterschiede in Abhängigkeit von Geländeausrichtung und Relief. Diese Aufgliederung ist im vorliegenden Kontext jedoch irrelevant und wird daher nicht weiter ausgeführt. In der Ökosystemkarte des DNP sind die drei Zonen jeweils nochmals unterteilt. Die von der Remote Sensing Authority in Zusammenarbeit mit dem Wildlife Research Centre vorgenommene Klassifizierung wurde beibehalten. Sie wurde durch Farben so klassifiziert, dass sie den drei oben beschriebenen Klassen entsprechen. Die Zusammensetzung der Gräser in diesem Savannengebiet wird durch die immer wieder auftretenden Feuer verändert. Die mehrjährigen Spezies werden dabei zunehmend durch einjährige verdrängt. Durch die relativ gute Feuerresistenz der Acacia seyal und der Balanites aegyptiaca wird ihre natürliche Dominanz gegenüber anderen Baumarten verstärkt.

Entlang der Wassersysteme erstreckt sich das **Flussökosystem (riverine ecosystem)**. Auf den sandigen Böden entlang der Flussläufe hat sich eine stockwerkartige Vegetation, bestehend aus Gräsern, Sträuchern und Bäumen, ausgebildet. Es sind Pflanzenarten zu finden, die feuchtere Standorte benötigen.[14] Entsprechend der nach Südosten zunehmenden Niederschlagsmenge verändert sich die Artenzusammensetzung. Die Ausdehnung dieses Ökosystems variiert stark. An einigen Stellen ist es bis zu 500 m breit (hauptsächlich in den südöstlichen Gebieten), an anderen lediglich 50 m (in den nördlichen Gebieten).

Foto 5-4: Vegetation am Rand eines Wadis, mit typischer Vegetation der Zone der Flussökosysteme
Foto: OEHM

---

[14] Die Hauptarten sind: Ficus sycomorus, Hyphaene thebaica, Acacia siberiana, Stereospermum kunthianum, Tamarindus indica, C. hartmannianum, Ziziphus spina-christi, Gardinia lutea und Pilostigma retculatum.

Rahmenbedingungen des DNP

Foto 5-5: Ausgetrocknetes Khor Galagu am Rand des Galagu Camps
Foto: OEHM

Foto 5-6a/b: Arbeiten am Maya Beit al Wahash. Das Maya wird künstlich vertieft, um dem natürlichen Verlandungsprozess entgegenzuwirken. Auf diese Weise soll mehr Wasser gespeichert werden und damit über einen längeren Zeitpunkt für die Tiere zur Verfügung stehen.
Fotos: OEHM

Das dritte auszugliedernde Ökosystem sind die **Mayas**. Aufgrund ihrer Funktion als Wasserspeicher stellen sie eine wichtige Quelle zur Versorgung der Tiere mit Wasser und Nahrung dar. Jedoch unterliegen die Mayas einem stetigen Wandel, da die durch die jährlich wiederkehrenden Überschwemmungen verursachten Sedimentationsprozesse zu einer sukzessiven Verlandung und Veränderung der Pflanzengesellschaften führen. Generell sind die jüngeren Mayas hinsichtlich ihrer Produktivität und Tragfähigkeit als Weiden für Wildtiere besser gestellt als die älteren Mayas. Allerdings wird dieser natürlichen Entwicklung an einigen der großen Mayas durch künstliche Vertiefung entgegengewirkt.

Foto 5-7: Typisches Maya mit offenem Wasser und frischer Vegetation. Die Mayas bieten den Wasser- und Zugvögeln das ganze Jahr über das benötigte Habitat.
Foto: OEHM

Dinder National Park (DNP)

Foto 5-8: Ausgetrocknetes Maya ohne offene Wasserstellen. Aufgrund der trotzdem noch vorhandenen frischen Vegetation bieten die Mayas, wie auf diesem Foto abgebildet, bis zum Ende der Trockenzeit noch frisches Futter für die Wildtiere.
Foto: OEHM

Die Großfauna des DNP setzt sich aus etwa 30 Spezies zusammen. Darüber hinaus gibt es 115 Vogelarten, von denen etwa 20 migrierende Arten und etwa 40 Wasservögel sind. Danben existiert eine große Bandbreite an Mikrofauna. Eine detaillierte Auflistung der letzten Wildtierzählung findet sich in Tabelle 5-1, S. 149.

Vor etwa 20 Jahren wurden die letzten Giraffen (*Giraffa cameleopardalis*) im Park gesichtet. Heute geht man davon aus, dass sie im Park nicht mehr vorkommen. Auch Elefanten (*Loxodonta africana*) waren im Park ausgerottet; jedoch wurden in den letzten Jahren immer wieder kleine Herden gesichtet, die aus dem benachbarten Äthiopien für kurze Zeit in den Park kamen (Interviews HAMAD; NIMIR). Auch von anderen Spezies wie Nilpferd (*Hippopotamus Amphibious*), Krokodil (*Crocodilus niloticus*), Soemmering Gazelle (*Gazella soemmerringii*) und Nashorn (*Diceros bicornis*) wird angenommen, dass sie hier ausgestorben sind (HOVEN et al. 2004, 30). Löwen sind in Tabelle 5-1 nicht aufgeführt, obwohl sie in kleinen Rudeln im Park existieren. Genaue Zahlen liegen jedoch aufgrund mangelnder Möglichkeiten für fundierte Zählungen nicht vor. Insgesamt nimmt die Zahl der großen Säugetiere im Park ab. Für die meisten Tierarten ist für den Zeitraum 1972 - 2001 eine starke Dezimierung festgestellt worden. Die Hauptgründe sind Wilderei und der Verlust der Regenzeithabitate, welche außerhalb des Parks liegen und zu großen Teilen in Ackerland umgewandelt wurden (ABDELHAMEED 2003, 2).

Rahmenbedingungen des DNP

Animals	Road count	Animals	Mayas count
Baboons	54064	Baboons	493
Reedbuck	33401	Reedbuck	436
Warthog	12954	Ostrich	347
Oribi	7366	Patas monkey	206
Ostrich	6477	Warthog	201
Grivet monkey	4499	Marabou storck	160
Patas monkey	4081	Buffalo	84
Bushbuck	2038	Waterbuck	36
Waterbuck	1524	Oribi	32
Greater Kudu	1524	Roan antelope	14
Roan antelope	762	Monitor lizard	3
Red-fronted gazalle	635	Bushbuck	2
Bustard	508	Grivet monkey	2
Mongoose	254	Mongoose	1
Civet cat	127	Bustard	1

Tabelle 5-1: **Die Tierzahlen der Zählungen zur Erstellung des Ecological Baseline Surveys im DNP**
Quelle: HCENR et al. 2001, 31

Dinder National Park (DNP)

Foto 5-9: Eine Herde von Warzenschweinen, einer häufig angetroffenen Tierart. Sie werden nicht gejagt, da die muslimische Bevölkerung kein Schweinefleisch verzehrt. Im benachbarten Äthiopien hingegen werden sie gejagt, was ihren Bestand dort stark dezimiert hat (Interview HECKEL).
Foto: OEHM

Foto 5-11: Eine Straußenherde am Rande eines Mayas
Foto: OEHM

Foto 5-12: Nester von Webervögeln am Rand der Piste kurz vor der nördlichen Grenze innerhalb des DNP
Foto: OEHM

Foto 5-10: Die verschiedenen Gazellenarten im Park sind gut an die Umgebung angepasst und nur schwer zu erkennen. Aufgrund des hohen Jagddrucks, der scheinbar selbst innerhalb des DNP herrscht, sind sie sehr scheu und flüchten, sobald sie die Witterung eines Menschen aufgenommen haben.
Foto: OEHM

Foto 5-13: Zwei Studenten der Juba University bei der Bestimmung von Vogelarten am Maya Gererissa
Foto: OEHM

Rahmenbedingungen des DNP

5.1.2 Sozioökonomische Situation

Bei der Einschätzung der sozioökonomischen Situation wird hauptsächlich auf zwei Informationsquellen zurückgegriffen: erstens auf den Managementplan des DNP (HCENR et al. 2004) und zweitens auf den Socio-Economic Baseline Survey (HCENR 2001). Wenn andere Informationen, beispielsweise aus Interviews, mit einfließen, wird dies kenntlich gemacht.

Innerhalb des Parks lebt nur eine sehr kleine Gruppe von Menschen. Dies ist zum einen die Bevölkerung von Maganu, einem kleinen Dorf, welches seit der Erweiterung des Parks im Jahr 1983 innerhalb der Grenzen des Parks (Kernzone) liegt (siehe Karte 5-3, S. 160). Die Maganu-Bevölkerung umfasst etwa 30 Haushalte und lebt von Agropastoralismus. Ihre Geschichte lässt sich bis in das Jahr 1912 zurückverfolgen (AWAD et al. 1992). Des Weiteren gibt es entlang des Rahad Flusses zehn Dörfer, die südlich des Flusslaufes und damit unmittelbar innerhalb des Parks liegen. Die 38 Dörfer nördlich des Rahad Flusses liegen streng genommen auch innerhalb des Parks, da die Übergangszone offiziell 5 km auf beiden Seiten des Flusses umfasst. Im Managementplan werden jedoch nur die zehn südlich gelegenen Dörfer als im Park befindlich eingeordnet.

Die sozioökonomische Situation rund um den DNP ist von agrarischen Strukturen geprägt. Der Großteil der Bevölkerung in der näheren Umgebung des DNP hat sich in drei Wellen innerhalb des letzten Jahrhunderts dort angesiedelt. Diese wurden durch verschiedene Pull- und Pushfaktoren ausgelöst. Die erste Welle kam als Folge des Land Registration Act von 1905. Die generelle Einstufung von Land als „public land" veranlasste lokale Machthaber dazu, Land zu verteilen und möglichst viele Haushalte in ihrem Herrschaftsgebiet anzusiedeln, um ihre Macht zu festigen.

Die zweite Welle kam während der 1950er Jahre im Zuge des intensiven Ausbaus der mechanisierten Feldwirtschaft in großflächigen Systemen. Hierzu wurde eine Vielzahl an Arbeitskräften benötigt, die sich im Laufe der Zeit dauerhaft in der Umgebung des Parks ansiedelten.

Die dritte Welle von Zuwanderern wurde in den 1980er Jahren von Hungersnöten und Bürgerkrieg in anderen Teilen des Sudans ausgelöst. Diese Besiedlungsgeschichte hat einen hohen Vermischungsgrad an ethnischer Zugehörigkeit zur Folge.

Die Landwirtschaft ist der bedeutendste wirtschaftliche Sektor und teilt sich in Tierhaltung und Ackerbau. Die Tierhaltung umfasst einerseits nomadische Wirtschaftsweisen und andererseits eher sesshafte Formen in der Ausprägung des Agropastoralismus. Tierhaltung wird dabei als Ergänzung zu ackerbaulichen Aktivitäten betrieben. Die Weideflächen wurden in den letzten Jahrzehnten fortschreitend verringert. Die meisten und besten Weidegründe sind heute in Ackerflächen umgewandelt.

Der Ackerbau gliedert sich in drei Teile. Großflächige Systeme mit mechanisierter Bearbeitung, kleinteilige, traditionell bearbeitete Flächen und die Gerif-Flächen (fruchtbare Überflutungsbereiche der Flüsse oder Wadis). Der großflächige Ackerbau wird in einer Entfernung von einigen Kilometern vom Park betrieben. Meist sind die Besitzer dieser Flächen nicht in den Dörfern in der Umgebung, sondern in kleineren urbanen Siedlungen wohnhaft. Viele ehemalige Politiker oder Armeeangehörige haben in Land investiert. Aufgrund ihrer gesellschaftlichen Positionen ist ihr Einfluss hoch (Interview NIMIR). Angebaut werden hauptsächlich Produkte zur Vermarktung (hauptsächlich Sesam, Hirse und Erdnüsse), die Selbstversorgung spielt keine Rolle. Zur Hauptarbeitszeit während der Ernte und der Aussaat wird auf den Feldern eine große Anzahl an saisonalen Arbeitskräften benötigt.

Die kleinteiligen Felder werden von der lokalen Bevölkerung bearbeitet und zu großen Teilen auch besessen. Die Zahl der Landlosen in den Dörfern entlang des Rahad Flusses liegt bei 24%. Dieser Personenkreis muss gepachtetes Land bestellen und dafür Abgaben abführen. Die Produktion konzentriert sich auf Dura zur Selbstversorgung und Sesam zur Ver-

Rahmenbedingungen des DNP

marktung. Daneben werden verschiedene andere Getreide und Hülsenfrüchte angebaut.

Auf den Gerif-Flächen werden anspruchsvolle Obst- und Gemüsesorten, hauptsächlich Mango, Guave, Papaya und Bohnen angebaut. Die Verteilung dieser wertvollen Nutzfläche zwischen den Dörfern entlang des Rahad Flusses ist sehr unterschiedlich.

Neben den landwirtschaftlichen Aktivitäten stellt die Herstellung von Holzkohle eine für die finanzielle Versorgung der Haushalte relevante Tätigkeit dar.

Foto 5-15: Rinderherde außerhalb des DNP. Im Hintergrund (Blickrichtung Süden, auf den Park) ist die Rauchwolke eines Feuers zu erkennen
Foto: OEHM

Foto 5-14: Gemüsefelder am Nordufer des Rahad auf den so genannten Gerif-Flächen. Im Hintergrund sind Mangobäume, die als Marktfrüchte angebaut werden, zu erkennen.
Foto: OEHM

5.1.3 Der Managementplan

Der Managementplan des DNP wurde 2004 als erster Managementplan eines sudanesischen Schutzgebietes veröffentlicht (HCENR et al. 2004). An der Erstellung waren Personen unterschiedlicher sudanesischer und internationaler Institutionen beteiligt. Es wurde die Expertise sowohl von Universitäten, NGOs als auch von staatlichen Stellen und internationalen Organisationen mit einbezogen. Folgende Institutionen waren an der Erstellung des Managementplans beteiligt: HCENR, SECS, WCGA, Wildlife Research Centre (WRC), University of Khartum, University of Juba,

Dinder National Park (DNP)

UNDP und das Center for Wildlife Management at the University of Pretoria. Inhaltlich und thematisch basiert er auf verschiedenen Quellen. Inhaltlich baut er auf empirischen Untersuchungen auf, die bereits in den Jahren vor der Erstellung des Managementplans durchgeführt wurden. Besondere Bedeutung kommt dem Ecological Baseline Survey (HCENR et al. 2001) und dem Socio-Economic Baseline Survey (HCENR 2001) zu. Andererseits dienen theoretische Konzepte des Schutzgebietsmanagements, wie sie auf internationaler Ebene diskutiert werden, als Basis. Explizit genannt werden das Konzept des Man and the Biosphere Programme (UNESCO 1996a/b) und des Ökosystemansatzes (CBD 2005, 354-358, 585-592). Damit wird betont, dass die Menschen in und um den Park integraler Bestandteil des Ökosystems sind und mit in das Management einbezogen werden müssen.

Die Autoren waren sich bewusst, dass ein Managementplan ein flexibles Instrument darstellt, welches bei Bedarf angepasst werden muss. Sie hegen große Hoffnungen, dass dieser erste sudanesische Managementplan für ein Schutzgebiet einen „qualitative leap in the economic, social and cultural role that these reserves have to play at the local, regional and international levels" darstellt (HCENR et al. 2004, ii). Der Managementplan dient bisher als einzige Vorlage für alle weiteren sudanesischen Schutzgebiete und bietet für das Schutzgebietsmanagement erstmals die Möglichkeit, festgelegte Regeln zu verfolgen und durchzusetzen. Er stellt die logische Konsequenz der Unterzeichung von verschiedenen relevanten internationalen Verträgen durch die Zentralregierung dar (siehe Tabelle 4-7, S. 123).

Neben der Beschreibung der konkreten, geplanten Managementaktivitäten enthält der Plan weitergehende Informationen bezüglich des DNP sowie der nationalen Situation hinsichtlich des Umgangs mit natürlichen Ressourcen und Schutzgebieten. Insofern ist er nicht nur für den DNP, sondern weit darüber hinaus, ein wichtiges Dokument mit nationaler Relevanz. Viele Informationen, die bisher nur schwer zugänglich und

Rahmenbedingungen des DNP

verstreut vorhanden waren, wurden zusammengestellt.

Inhaltlich gliedert sich der Managementplan wie folgt:

- grober Abriss über die natürlichen Gegebenheiten des Sudans;
- genereller Umgang mit Schutzgebieten und deren Status;
- Beschreibung der physisch-geographischen und sozialen Situation des DNP und der angrenzenden Regionen;
- Identifikation der Problemfelder und Bedrohungen des Parks;
- Grundstatuten des Managementplans;
- Fünfjahres-Arbeitsplan zur Umsetzung der Statuten;
- Bibliographie;
- Anhänge (Pflanzenarten, Tierarten, Ergebnisse von Tierzählungen, Entwurf des Dinder Nationalpark Projektes (DNPP), sozioökonomischer Bericht über die Region).

Nach dem grundsätzlichen Ansatz der Managementstrategie soll die lokale Bevölkerung aktiv in die Planungsprozesse mit eingebunden werden. Weitergehend wird betont, dass finanzielle und soziale Anreizsysteme notwendig sind, um die Akzeptanz und Beteiligung der Bevölkerung sicherzustellen. Auf diesen Aspekt wird der kurzfristige Arbeitsschwerpunkt des DNPP als ausführende Instanz gelegt. Denn es ist notwendig, erste Versprechen umzusetzen, um das Vertrauen der Bevölkerung zu gewinnen und zu erhalten. Dies ist als elementare Neuerung im Management von Schutzgebieten im Sudan zu werten. Denn die Verhinderung von Wilderei und illegalem Weiden soll nicht mehr hauptsächlich mit polizeilichen Mitteln, sondern durch die Kooperation mit der Bevölkerung erreicht werden (Interview NIMIR). Dies entspricht den Entwicklungen auf dem Gebiet der Theorieentwicklung des Schutzgebietsmanagements, weg von dem „fines and fences"-Ansatz hin zu partizipativen Ansätzen (SCHERL et al. 2004, 23; GORIUP 2003, 1; PHILLIPS 2003, 19).

Dinder National Park (DNP)

Darüber hinaus lehnt sich die Managementstrategie an zwei Ansätze der internationalen Schutzgebietsmanagement-Konzepte an, die stark aufeinander ausgerichtet sind: den Ökosystemansatz und den Ansatz der Biosphärenreservate (HCENR et al. 2004, 69). Damit wird den Zielen der CBD Rechnung getragen.

„"...Thus, the application of the ecosystem approach will help us to reach a balance of the three objectives of the Convention on Biodiversity; conservation, sustainable use and the fair and equitable sharing of the benefits arising of the utilization of genetic resources." (HCENR et al. 2004, 70)

Die für den DNP gesetzten Ziele unterteilen sich, wie in folgender Box dargestellt, in ein Oberziel und drei Unterziele:

Overall development objective: The conservation of biodiversity in the park by encouraging species conservation and the sustainable use of resources through the integration of local communities in the utilization and management of the natural resources of the park.

Objective 1: Conservation of biodiversity of the park through development and implementation of the management plan for Dinder National Park.

Objective 2: Long-term sustainable conservation of biodiversity in the park by encouraging species and habitat conservation and maintenance of the park as a coherent system.

Objective 3: Long-term sustainable management of the Transition Zone through the integration of the local communities living inside and along the borders in the sustainable utilization and management of the natural resources of the park.

Box 5-1: Ziele des Managementplans des DNP
Quelle: HCENR et al. 2004, 69

Rahmenbedingungen des DNP

In Anlehnung an den Ansatz der Biosphärenreservate wurde in dem Managementplan die Zonierung des DNP in vier Zonen festgelegt (siehe Karte 5-3, S. 160):

- die Kernzone (A);
- die Pufferzone (B);
- die Übergangszone (C);
- die grenzüberschreitende oder Peace Park Zone (D).

Zone A, die Kernzone, orientiert sich an naturräumlichen Einheiten und umfasst das Entwässerungsnetz und die Mayas. Hier gelten die strengsten Nutzungsbeschränkungen. Die erlaubten Tätigkeiten in dieser Zone beschränken sich auf Maßnahmen zur Wiederherstellung oder Verbesserung von natürlichen Ökosystemen, wissenschaftliche Untersuchungen, Pistenerhalt für Patrouillenfahrten, eingeschränkte touristische Nutzung und das Fischen in ausgewählten Mayas, die in der Trockenzeit ohnehin austrocknen, wodurch die Fische keine Überlebenschance haben.

Zone B umfasst bis auf wenige Ausnahmen die Dahara genannten Flächen, die trockene Baumsavanne (Acacia seyal - Balanites Ökosystem). Hier sind limitierte Aktivitäten der Bevölkerung unter Aufsicht der Nationalparkverwaltung gestattet. In verschiedenen Testgebieten dürfen Waldprodukte wie Honig, Beeren oder Totholz gesammelt werden. Die dort gemachten Erfahrungen dienen als Grundlage zur eventuellen Ausweitung der auf diese Weise genutzten Flächen. Die Aktivitäten sollen der lokalen Bevölkerung direkten Nutzen bringen und ihnen damit den Wert der geschützten Ressourcen bewusst machen. Auf diese Weise sollen sie ein Eigeninteresse daran entwickeln, sich aktiv am Parkmanagement zu beteiligen.

Zone C umfasst die Gebiete entlang der Schutzgebietsgrenzen, bis auf das Gebiet Daleib Mugdi, welches sich an der westlichen Spitze des DNP befindet und in Zone A fällt. Die Breite der Zone ist unterschiedlich ausgeprägt. Im Norden entlang des Rahad Flusses umfasst sie 5 Kilometer auf beiden Seiten des Flussbettes. Im Süden ist sie breiter und umfasst die gesamte Südspitze des Parks. Die Auflagen zur Nutzung dieser Zone sind weniger streng. Landwirtschaftliche

Dinder National Park (DNP)

Aktivitäten dürfen in beschränktem Maß ausgeführt werden, wenn sie sich an traditionelle Methoden halten. Von Seiten des DNPP wird versucht, durch Maßnahmen des Waldfeldbaus ökologisch angepasstere Formen des Ackerbaus zu fördern. In den verbleibenden Waldgebieten dürfen bestimmte Nichtholzprodukte genutzt werden.

Foto 5-16: Schaf- und Ziegenherde südlich des Rahad, innerhalb der Übergangszone des DNP
Foto: OEHM

Zone D ist für das Grenzgebiet mit Äthiopien vorgesehen, wo im Sinne von Peace Parks das Schutzgebiet und das Schutzgebietsmanagement über die Landesgrenzen hinweg greifen sollen und in Einklang mit der African Convention on the Conservation of Nature and Natural Resources[15] (AU 2003) ein grenzüberschreitendes Schutzgebietsmanagement etabliert werden soll. Die Konvention verpflichtet die Unterzeichner in Artikel XXII (2e) dazu, dass „...whenever a natural resource or an ecosystem is transboundary, the Parties concerned shall undertake to cooperate in the conservation, development and management of such resource or ecosystem and if the need arises, set up interstate commissions for their conservation and sustainable use;..." (AU 2003, 15). 2005 wurde auf der äthiopischen Seite der Alatish National Park offiziell eingerichtet. Bisher kann dieser Park hauptsächlich als „paper park" bezeichnet werden. Regelungen zur grenzüberschreitenden Kooperation konnten deshalb bislang nicht vereinbart werden. Dies wäre jedoch besonders für Elefanten und andere migrierende Arten von Bedeutung, da ihr natürliches Habitat von der Landesgrenze zerschnitten wird (HECKEL el al. 2007, 3). Immerhin fanden bereits

---

[15] Die Konvention wurde am 15. September 1968 in Algier, Algerien, erstmals von 53 afrikanischen Staaten angenommen. Am 11. Juli 2003 wurde eine modifizierte Version von 53 Mitgliedsstaaten der Afrikanischen Union in Maputo, Mosambik formell angenommen, von 34 Staaten unterzeichnet und bisher von 7 Staaten ratifiziert und eingereicht (Stand November 2007). In Kraft treten wird die neue Fassung der Konvention, wenn sie von 15 Staaten ratifiziert und eingereicht wurde.

Rahmenbedingungen des DNP

gegenseitige Konsultationen statt, die bisher aber kein konkretes gemeinsames Vorgehen verabreden konnten. Das Nile Transboundary Environmental Action Project (NTEAP) versucht, die länderübergreifende Kooperation zu fördern (NBI et al. 2005).

Foto 5-17: Tiere beim Tränken im Rahad, der nördlichen Begrenzung des DNP. Auf den Gerif-Flächen werden auf kleinen Parzellen Obst und Gemüse angebaut. Das Bild zeigt die intensive landwirtschaftliche Nutzung bis an die Parkgrenzen.
Foto: OEHM

Das DNPP wurde im Jahr 2000 gemeinsam von dem UNDP, der GEF, dem HCENR und der WCGA gegründet. Der offizielle Titel lautet: „Conservation and Management of Habitats and Species and Sustainable Land Use in the Dinder National Park (Dinder National Park Project (DNPP)". Der erste Projektabschnitts hatte eine Laufzeit von Juni 2000 bis Dezember 2003. Für diese Zeit wurde eine Summe von 1,34 Millionen US$ durch die GEF (750 000 US$) und das UNDP (590 000 US$) bereitgestellt. Für die Zeit von 2004 bis 2006 war eine Konsolidierungsphase angesetzt. Durch die mangelnde Kooperationsbereitschaft der Lokalregierungen und einer Schwerpunktverlagerung der Partnerorganisationen in den Südsudan wurde das Projekt jedoch bereits Ende 2005 gestoppt. Bis Ende 2007 war noch nicht geklärt, ob ein Nachfolgeprojekt durch die NBI durchgeführt werden wird.

Die durchführenden Organisationen waren das HCENR und die WCGA. Das generelle Ziel des Projektes war es, die Biodiversität im DNP durch nachhaltige Nutzung durch die lokale Bevölkerung zu erhalten. Die Einbindung und Aufklärung der Bevölkerung war ein zentrales Element des DNPP. In den Dörfern an der Nordgrenze des DNP wurden verschiedene Maßnahmen zur Verbesserung der Lebensverhältnisse durchgeführt. Ein besonderer Verdienst des Projekts war auch die Erstellung des Managementplans für den DNP (ALI et al. 2006, 2-6; HCENR et al. 2004, 106-112; HOVEN et al. 2004, 30-32).

Box 5-2: Beschreibung des Dinder National Park Projects

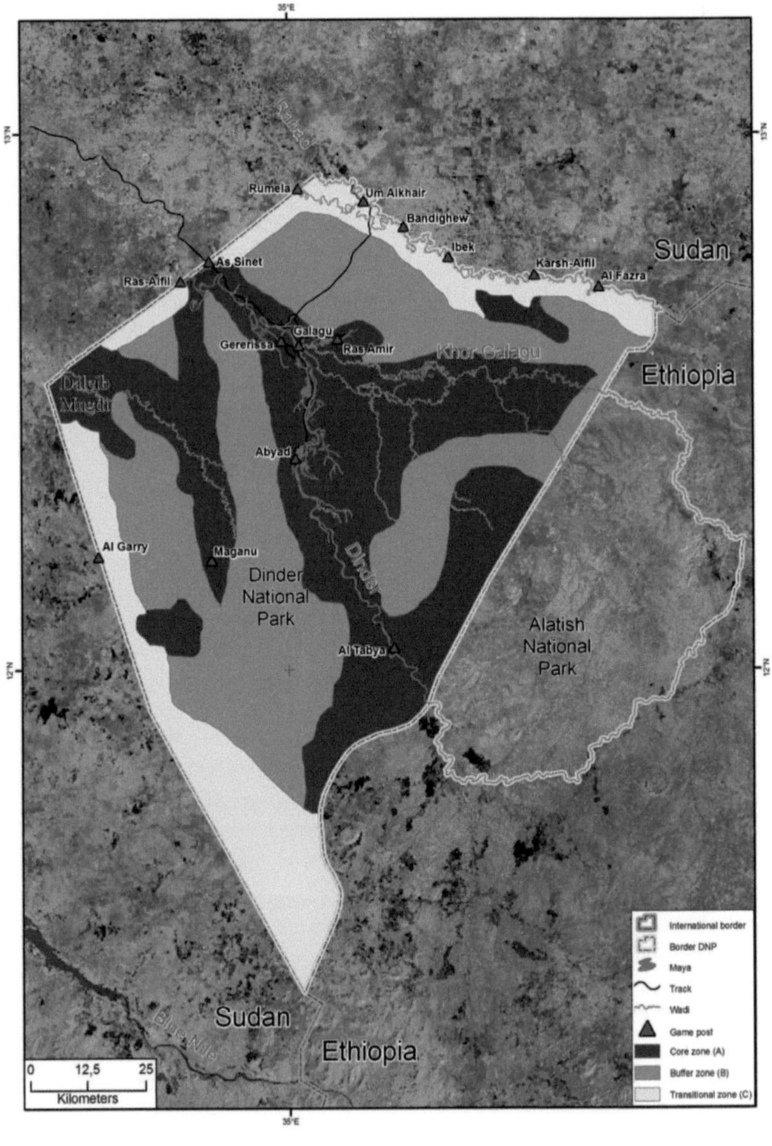

Dinder National Park (DNP)

Karte 5-3: Zonierung des DNP. Mit dem auf äthiopischem Gebiet gelegenen Alatish Nationalpark soll eine grenzüberschreitende Kooperation etabliert werden.
Kartographie: OEHM; Quelle: GLCF 2008; HCENR 2004, 73

Rahmenbedingungen des DNP

Die praktische Umsetzung der Zonierung gestaltet sich schwierig, die geplante und teilweise bereits gesetzte Demarkierung wurde in Teilen beschädigt, versetzt oder ganz entfernt (Interview Hamad). Die Einhaltung der erlaubten Aktivitäten innerhalb der Zonen ist jedoch nicht möglich, wenn die Menschen nicht wissen, wo die Grenzen verlaufen.

Außerdem sind die im Managementplan enthaltenen Karten mangelhaft. Sie sind weder zeitgemäß noch sachdienlich aufgearbeitet, obwohl die personellen und technischen Möglichkeiten im Sudan vorhanden sind. Das Problem liegt in der undurchsichtigen Kooperations- und Kompetenzstruktur der beteiligten Institutionen. Klare Regelungen diesbezüglich würden hier Abhilfe schaffen. Für das Management des Parks wäre es hilfreich, wenn die Karten mit korrektem Maßstab und Koordinaten versehen wären. Weiterhin wären eine verbesserte Detailgenauigkeit und größere Maßstäbe angebracht.

Darüber hinaus fehlt eine Strategie zur Umsetzung der verschiedenen Aspekte des Managementplans. Dafür hätten die existierenden und den Autoren des Managementplans bekannten Probleme explizit benannt und Lösungsvorschläge erarbeitet werden müssen. Dies hätte jedoch politische Kritik an verschiedenen Strukturen und Personen beinhaltet. In der momentanen politischen Situation wäre dies in einer offiziellen Publikation dieses Ranges den Zielen des DNP wahrscheinlich eher abträglich gewesen. Denn die beteiligten Institutionen sind entweder noch jung oder politisch nur wenig gefestigt. Die Erstellung und Veröffentlichung des Managementplans ist trotz der Mängel als wichtiger Schritt für das sudanesische Schutzgebietsmanagement zu bewerten und weist in eine richtige Richtung (Interviews Elasha; Mutwakil; Nimir).

Vorbereitende Arbeiten zur Erstellung und Umsetzung des Managementplans waren Teil des DNPP, das von 2000 bis 2005 für die praktische Umsetzung des DNP zuständig war. Das DNPP wurde hauptsächlich mit Geldern von UNDP und GEF finanziert (siehe Box 5-2, S. 159). Im Jahr 2001 wurden generelle Informationen

Dinder National Park (DNP)

über die Situation des Parks zusammengetragen. Unter anderem wurde der Socio-Economic Baseline Survey (HCENR 2001) erstellt, der Informationen über die Dörfer entlang des Rahad Flusses, welcher die nördliche Grenze des Parks bildet, enthält und der Ecological Baseline Survey (HCENR et al. 2001), der grundlegende Informationen über die floristischen und faunistischen Zustände im Park umfasst. In den Jahren 2002 und 2003 wurde der Schwerpunkt der Aktivitäten auf strukturelle Entwicklungen gelegt. Die village development committees wurden ins Leben gerufen, Lehrgänge für die Wildlife Forces wurden organisiert und die Erstellung des Managementplans durch das HCENR wurde vorangetrieben. Im Jahr 2004 wurden die infrastrukturellen Einrichtungen im Galagu Camp grundlegend erneuert und stark erweitert. Neben Gebäuden, Wasserversorgung etc. für die Parkangestellten wurden auch touristische Einrichtungen erbaut, die Bungalows, einen Speisesaal und ein kleines Museum umfassen. Die grundlegenden Arbeiten für den Betrieb des Parks, seiner wissenschaftlichen Betreuung und der touristischen Erschließung waren damit abgeschlossen. Im Jahr 2005 folgten Anschlusssurveys und Aktivitäten zur Steigerung der Akzeptanz des Parks in der Region. Diese wurden unter dem Namen Revolving Funds geführt und umfassten folgende Maßnahmen:

- Verteilung von Gaskochern, zur Minderung des Bedarfs an Brennholz;
- bewusstseinsbildende Maßnahmen;
- Wiederaufforstung entlang des Rahad Flusses;
- Fischzucht;
- Verbesserung der Infrastruktur für Pastoralisten;
- Auslotung der Möglichkeiten zur Wildtierzucht;
- Verbesserung der Versorgung mit Trinkwasser. (ALI et al. 2006, 3-4; HCENR et al. 2004, 111-117)

Rahmenbedingungen des DNP

Foto 5-18: Touristenbungalow im Galagucamp. Mit einer Photovoltaikanlage zur Stromerzeugung und einer Parabolantenne für den Fernsehempfang
Foto: OEHM

Foto 5-21: Der Direktor des Museums im Galagucamp zwischen den von ihm präparierten Tieren
Foto: OEHM

Foto 5-19: Zelte mit Sonnenschutzdach als Erweiterung der touristischen Übernachtungsmöglichkeiten
Foto: OEHM

Foto 5-22: Der Direktor des Museums an seinem Schreibtisch, der gleichzeitig als Informationszentrum für Wissenschaftler und Touristen dient
Foto: OEHM

Foto 5-20: Wegweiser in einem Dorf, 46 km vor dem Touristencamp im DNP
Foto: OEHM

Foto 5-23: Der Speisesaal für Touristen
Foto: OEHM

Dinder National Park (DNP)

5.1.4 Schützenswertes im DNP

Der DNP bildet aufgrund seiner Lage den Übergang zwischen zwei biogeographischen Regionen: dem äthiopischen Hochland und den sudanesischen Savannengebieten. Die beiden Gebiete weisen ein sehr unterschiedliches floristisches und faunistisches Arteninventar auf. Das Gebiet des DNP stellt somit ein Ökoton dar. Ökotone sind aufgrund der Durchdringung von Ausbreitungsgebieten der Pflanzen- und Tierwelt besonders Artenreich. Sie repräsentieren daher viele der weltweiten Biodiversitätshotspots (BEIERKUHNLEIN 2007, 190). Auch im DNP findet sich eine große Artenvielfalt. Diesen besonderen Naturraum zu schützen, ist daher für den Erhalt der Biodiversität auf regionaler und auch auf globaler Ebene wichtig. Er bildet den Rückzugsraum für viele Tier- und Pflanzenarten in einer immer stärker durch Landwirtschaft geprägten Region. Seine Feuchtgebiete stellen für viele Zugvögel Rastplätze auf ihren interkontinentalen Wanderungen dar (HCENR et al. 2004, 41).

Neben diesen natürlichen Faktoren gibt es auch aus archäologischer Sicht schützenswerte Merkmale. Bisher sind nur übersichtsartige Untersuchungen in der Region durchgeführt worden. Diese lieferten Erkenntnisse, die vermuten lassen, dass hier wichtige Informationen bezüglich der ostafrikanischen Besiedlungs- und Kulturgeschichte verborgen sind. Weitergehende Untersuchungen sind sowohl für das geschichtliche Verständnis, als auch für die touristische Entwicklung des Park wünschenswert (HCENR et al. 2004, 28-29).

5.2 Forschungsergebnisse

Das Schutzgebietsmanagement im DNP steht vor großen Herausforderungen. Der Druck auf den Park ist von verschiedenen Seiten hoch. Um darauf angemessen reagieren zu können, müssten die Arbeitsbedingungen entsprechend gut angelegt sein. Legt man die vier in Kapitel 3.2 identifizierten Parameter für erfolgreiches Schutzgebietsmanagement (Institutionen, Personal, Finanzen, Partizipation) zugrunde, kann man verschiedene Chancen und Risiken identifizieren, welche den zukünftigen Erfolg des

Forschungsergebnisse

Schutzgebietesmanagements im DNP maßgeblich bestimmen.

5.2.1 Chancen

Die Chancen, die sich aus dem Schutzgebietsmanagement für den DNP ergeben, sind vor allem darin zu sehen, dass durch das Engagement von sudanesischen Einzelpersonen Strukturen geschaffen wurden, die den Aufbau eines nationalen Netzwerkes von Schutzgebieten in institutionalisierter Form ermöglichen. Die politische Verankerung des Themenkomplexes wurde damit auf ein bisher ungekanntes Niveau gehoben. Der DNP konnte als erstes Projekt in verschiedenen internationalen Abkommen positioniert werden (RAMSAR, MAB). Bisher ist der Sudan in der politischen Weltöffentlichkeit meist durch negative Schlagzeilen präsent. Der Regierung ist aber daran gelegen, die Wahrnehmung des Landes in der Öffentlichkeit zu verändern. Weiche Themen wie Schutzgebiete sind dabei eine gute Möglichkeit (Interview NIMIR).

Die Einbindung von großen internationalen Organisationen wie der UNDP und der GEF in das Management des DNP ist ein Erfolg. Auch wenn die Kooperation momentan pausiert, gab es in den Jahren der bisherigen Kooperation Zeit zur Etablierung von wichtigen Strukturen. Nationale Büros der Partnerorganisationen wurden eröffnet, und im Park selbst wurden wichtige Schritte zum Aufbau der Parkinfrastruktur geleistet (Interview MUTWAKIL).

An den sudanesischen Universitäten besteht reges Interesse, die Forschung im DNP weiterzuführen. Viele Studenten sind durch Studienfahrten in das Gebiet sehr motiviert, ihr Wissen für das Management des Parks einzubringen. Auch das Engagement von Dozentenseite ist vorhanden. Es werden Exkursionen durchgeführt, um den theoretischen Lehrinhalt durch praktische Anschauung zu ergänzen (Interview GAAFAR).

Die Tatsache, dass zum ersten Mal in der Geschichte des Sudans ein Managementplan für ein Schutzgebiet ausgearbeitet wurde, ist ein positives Zeichen für ein wachsendes Engagement zum Schutz der Biodiversität. Die Verankerung der Einbeziehung der Bedürfnisse der

Dinder National Park (DNP)

lokalen Bevölkerung ist ebenfalls ein Novum im Management von Schutzgebieten im Sudan (Interview NIMIR).

Foto 5-24: Eine Gruppe Biologiestudenten der Juba University während einer Exkursion im DNP
Foto: OEHM

Der Aufbau einer inhaltlichen und fachlichen Kooperation zwischen dem DNP und dem Alatish Nationalpark in Äthiopien stellt eine Chance für die ökologische Integrität des Gebietes dar. Verschiedene positive Effekt wären denkbar. Erstens wären die Grenzen des entstehenden Schutzgebietes nicht mehr an aus ökologischer Sicht willkürlich gezogenen Staatsgrenzen gebunden, sondern könnten die Lebensräume der zu schützenden Fauna berücksichtigen und andere ökologische Systeme, wie z.B. Wassereinzugsgebiete, beachten. Zweitens könnte eine Kooperation zwischen dem Sudan und Äthiopien im Sinne des Peace Park Konzeptes die partnerschaftliche Zusammenarbeit der beiden Länder fördern (SANDWITH et al. 2001).

Der DNP kann somit als Beispiel für die Organisation anderer Schutzgebiete im Sudan herangezogen werden. Er bietet damit die Chance, zu zeigen, dass selbst unter schwierigen Bedingungen die Möglichkeit besteht, Schutzgebietsmanagement erfolgreich zu betreiben. Die gesammelten Erfahrungen in praktischer und struktureller Hinsicht können genutzt werden, um zukünftige Managementpläne zu erstellen und erfolgreich umzusetzen.

5.2.2 Risiken

Diesen Chancen stehen einige Risiken gegenüber, welche das erfolgreiche Management des DNP dauerhaft stören können. Diese lassen sich generell in folgende Felder einordnen:

- mangelnde Kommunikation zwischen den beteiligten Interessengruppen;
- Finanzierung;
- Motivation der Bevölkerung;

Forschungsergebnisse

- Motivation der Parkangestellten;
- ökologische Integrität des Parks;
- Ausweitung der landwirtschaftlichen Aktivitäten.

Ein markantes Beispiel für die bisher mangelnde Kommunikation und Kooperation ist, dass die drei Wilayas ihre Anteile an der Finanzierung des DNPP nicht bezahlten und dadurch die finanzielle Unterstützung durch UNDP/GEF gestoppt wurde. Die drei Wilayas hätten in den Jahren 2006 - 2008 jährlich eine Summe von 25 000 US$ in einen Fond zur Entwicklung der Dorfstrukturen einbringen müssen. Dies wäre die Voraussetzung dafür gewesen, dass UNDP und GEF ihren Anteil von knapp 1,4 Millionen US$ zum Management des DNP ausgezahlt hätten. Ein Teil dieser Summe, die eigentlich auf die Jahre 2002 bis 2008 verteilt hätte werden sollen, ist bereits geflossen und wurde für verschiedene Aktivitäten im Park und den umliegenden Dörfern verwendet (Interviews MUTWAKIL; NIMIR).

Die Kooperation mit den drei Wilayaregierungen scheint ein grundlegendes Problem zu sein. Bisherige Versuche zur Einbeziehung, wie verschiedene Symposien und Workshops, wurden nur mit geringem Erfolg absolviert. Aus verschiedenen Gesprächen ging hervor (Interviews HAMAD; ISHAG), dass der Park den eigentlichen Interessen der Lokalregierungen entgegenläuft. Die einflussreichen und in großer Zahl im Wilayaparlament vertretenen Abgeordneten der Bauernlobby forcieren die Ausweitung von bewässerter und mechanisierter Landwirtschaft. Sie haben weder ein Interesse an der Förderung der weniger einflussreichen Viehhalter und Kleinbauern, für die der größte Teil der Finanzmittel aus dem Fonds des DNPP gedacht waren, noch an dem Erhalt des DNP, den sie als unangebrachte konkurrierende Landnutzung zu ihren landwirtschaftlichen Aktivitäten sehen. Dieser Kooperations- und Kommunikationsmangel stellt ein Risiko für die erfolgreiche Umsetzung des Managementplans dar, da es auf dieser Basis schwer ist, dauerhafte Strukturen zu etablieren, die

Dinder National Park (DNP)

Motivation der Beteiligten zu erhalten und eine dauerhafte Finanzierung zu sichern.

Die Finanzierung des DNPP ist aufgrund der beschriebenen administrativen Probleme bisher nicht gesichert. Dies gefährdet die Umsetzung der Managementstrategie. Durch den Wegfall der Finanzierung durch UNDP und GEF können die begonnenen Projekte nicht weitergeführt werden. Der Aufbau eines Vertrauensverhältnisses zwischen der Parkverwaltung und der Bevölkerung wird durch die Unstetigkeit gestört. Anfang 2008 liefen Verhandlungen mit der NBI und der Weltbank, um eine Folgefinanzierung zu ermöglichen (Interview ABDELSALAM).

Die Motivation sowohl der Bevölkerung als auch der Parkmitarbeiter ist essentiell, um das Parkmanagement erfolgreich umzusetzen. Jedoch gibt es im DNP einige Entwicklungen, die dem entgegenwirken. So kommt es, sowohl bei der Bevölkerung als auch bei engagierten Parkmitarbeitern, zu Frustrationen, wenn durch mangelnden politischen Willen Initiativen unterbrochen oder gestoppt werden müssen. Dies bezieht sich explizit auf den oben erwähnten Stopp der Finanzierung durch UNDP und GEF. Die Verlierer sind hierbei vor allem die village development committees, die ihre Arbeit kaum fortsetzen können und auch ihren Rückhalt in der Bevölkerung verlieren, wenn sie ihre Versprechungen nicht einhalten können. Die Bevölkerung entlang des Rahad ist enttäuscht, da die Versprechen bei ihnen bisher nicht angekommen sind. Dies bezieht sich vor allem auf die Verbesserung der Wasserversorgung und die Verteilung von einer größeren Anzahl an Gaskochern (Interviews in En Aj Jamal).

Foto 5-25: Versammlung im En Aj Jamal. Gespräch über das Verhältnis der Dorfbewohner mit dem DNP. Zwei der Teilnehmer gehören dem village development committee an, die übrigen Teilnehmer sind Ackerbauern und Tierhalter.
Foto: OEHM

Forschungsergebnisse

Insgesamt sind die mangelhafte Ausstattung, die geringe Bezahlung und die unzureichenden Ausbildung der Ranger, sowie die daraus resultierenden Demotivierung, ein weiteres Problem bei der Umsetzung der Schutzziele. Insgesamt gibt es 12 Camps, die mit insgesamt etwa 170 Angestellten besetzt sind. Die Infrastruktur in den Camps ist äußerst bescheiden; beispielsweise verfügen die Zelte nicht über Moskitonetze, obwohl die Region ein Malariagebiet ist. Die ehemals eingeführten Funkgeräte zur Verständigung sind fast ausnahmslos defekt, wodurch die Kommunikation zwischen den

Foto 5-27: Auch im Gererissacamp sind die Unterkünfte einfach und nicht mit Moskitonetzen ausgestattet. Der Traktor ist in diesem Camp das einzige Transportmittel. Die Wasserversorgung ist über die am rechten Bildrand zu erkennende Handpumpe gesichert.
Foto: OEHM

Foto 5-28: Im Maya gefangener und zum trocknen aufgehängter Fisch im Camp Al Abyad. Die Versorgung der Ranger mit frischen Nahrungsmitteln ist schlecht, daher müssen sie oft auf die Nahrungsquellen des Parks zurückgreifen.
Foto: OEHM

Foto 5-26: Das Rangercamp Al Abyad. Die dürftige Ausstattung und die damit verbundenen harten Lebensbedingungen machen die Arbeit für die Ranger nicht attraktiv. Die Zelte bieten nur Schutz gegen die Sonne, jedoch nicht gegen Wildtiere wie Löwen oder gegen die Stechmücken, die unter anderem Malaria übertragen.
Foto: OEHM

Dinder National Park (DNP)

Foto 5-29: Einer der fahrtüchtigen Geländewagen der WCGA
Foto: OEHM

Foto 5-30: Dieses „Quad" steht aufgrund mangelnder Wartung und fehlender Ersatzteile nach nur einem Jahr im Einsatz ungenutzt im Galagucamp
Foto: OEHM

Foto 5-31: Auch dieser Traktor ist nicht mehr einsatzbereit, zur Reparatur fehlen die Mittel
Foto: OEHM

Camps kaum mehr möglich ist. Zur Fortbewegung steht den meisten Camps weder ein Fahrzeug noch ein Kamel oder ähnliches zur Verfügung. Wenn es ein Fahrzeug gibt, mangelt es oft an Kraftstoff, um Patrouillenfahrten zu unternehmen. Auch die Wartung der Ausstattung ist mangelhaft, was zu einem häufigen Ausfall von Arbeitsmaterialien führt. Die wenigsten Ranger verfügen über eine Ausbildung, die sie auf das Managen von Wildtieren und eines Schutzgebietes vorbereitet hat (Interview HAMAD).

Die trotz aller Bemühungen geringe Akzeptanz des DNP bei großen Teilen der Bevölkerung resultiert aus vielen der oben genannten Probleme. Sie bringt bisweilen aktive Maßnahmen gegen die Funktionsfähigkeit des Parks mit sich. Im Jahr 2002 wurde die Westgrenze durch Grenzsteine markiert (die Nordgrenze ist durch den Rahad River auf natürliche Weise markiert). Jedoch wurden die meisten dieser Grenzsteine von Unbekannten zerstört, in den Park hinein versetzt oder ganz entfernt. Eine klare Markierung ist jedoch wichtig, um die Einhaltung von und die Verstöße gegen die rechtlichen Regelungen ahnden zu können.

Forschungsergebnisse

Ohne diese Grenzen kann beispielsweise nicht eingeordnet werden, ob sich ein Feld außerhalb oder innerhalb des Parks befindet und der entsprechende Bauer kann sich immer darauf berufen, nicht bewusst innerhalb des Park gewirtschaftet zu haben.

Der DNP ist in seiner ökologischen Integrität durch verschiedene Faktoren bedroht. Ein Faktor ist, wenn auch nicht in erster Linie, die unmittelbar an den Parkgrenzen lebende Bevölkerung. Größere wirtschaftliche und politische Zusammenhänge und Interessen lösen Prozesse aus, welche ungünstige Strukturen hinsichtlich des Schutzgebietsmanagements fördern. Hierbei sind lokale, regionale und überregionale Zusammenhänge miteinander verwoben. Im Folgenden werden die identifizierten mittelbaren und unmittelbaren Strukturen und Prozesse dargestellt.

Die grundlegendste Bedrohung für den Erhalt des DNP ist die fehlende Landnutzungsplanung und die damit einhergehende Ausweitung der großflächigen, mechanisierten Landwirtschaftsstrukturen (ALI et al. 2006, 2). Wie in Kapitel 4 für den Sudan im Allgemeinen beschrieben, existiert das Phänomen der inoffiziellen bzw. illegalen Ausweitung dieser Flächen auch in der Umgebung des DNP. Besonders im Norden, wo das Rahad-Scheme liegt werden immer weitere Flächen zu Ackerland umgewandelt. Dies hat in verschiedener Hinsicht negative Auswirkungen auf den DNP.

Erstens steigt der Anspruch auf weitere Flächen durch die horizontale Ausweitung an sich. Die Felder sind schon auf wenige Kilometer an die Parkgrenzen herangewachsen und das wirtschaftliche Interesse an einer weiteren Expansion besteht fort. Auch wenn diese Ausweitungen oftmals nicht genehmigt sind, schreiten die zuständigen Behörden in der Regel nicht ein. Dem liegen zwei Erklärungen zu Grunde: erstens die politischen Aktivitäten der Farmer-Lobby und zweitens die auf Wachstum ausgerichtete nationale Agrarpolitik (ABDALLA 2007, 739; CIJ 2006, 52-61). Vor allem die Besetzung wichtiger politischer Positionen in den Wilayas durch Vertreter der Großbauern macht einen Rich-

Dinder National Park (DNP)

tungswechsel in der Landnutzungspolitik schwierig (SCHOLTE et al. 2005, 40-41).

Darüber hinaus hat die Flächenausdehnung gravierende Folgen für die anderen Landnutzer, Kleinbauern, Agropastoralisten und Pastoralisten. Die Kleinbauern sind mit ihren Feldern zwischen den großen Ackerflächen und den Parkgrenzen eingeschlossen. Benötigen sie aufgrund von Bevölkerungswachstum oder abnehmenden Flächenerträgen weitere Flächen zur Bewirtschaftung, bleibt ihnen in der Regel nur das Ausweichen in Richtung DNP, da andere Ausweitungsrichtungen nicht möglich sind. Bisher sind keine großen Flächen innerhalb des Parks unter Bewirtschaftung. Jedoch sind die Entwicklungen abzusehen, da der Flächenbedarf steigt und in den letzten Jahren immer wieder kleine, neue Flächen innerhalb des DNP zu Ackerland gemacht wurden.

Genaue Angaben über das Ausmaß existieren jedoch nicht. Eine Kartierung mit Hilfe von Satellitenbildauswertung und vor Ort Begehungen durch die Ranger oder anderes Schutzgebietspersonal wäre wünschenswert, um die Entwicklungen räumlich und quantitativ fassbar zu machen. Bisher sind die Funde von illegalen Feldern zufällig und nicht systematisch. Diese Entwicklungen vor Ort einzuschätzen, wird erschwert dadurch, dass innerhalb des Parks keine erkennbaren Demarkationen der verschiedenen Parkzonen vorhanden sind. Somit ist weder für das Personal noch für die Bevölkerung klar erkennbar, wo die Übergangszone endet, innerhalb derer die landwirtschaftliche Nutzung mit traditionellen Methoden gestattet ist.

Foto 5-32: Abgeerntetes Feld südlich des Rahad, innerhalb der transitional zone des DNP, wo traditionelle Formen des Ackerbaus erlaubt sind
Foto: OEHM

Forschungsergebnisse

Foto 5-33: Ein Ranger hat ein illegales Sesamfeld innerhalb der buffer zone entdeckt
Foto: OEHM

Foto 5-34: Der Sesam ist bereits geerntet und für den Abtransport gebündelt
Foto: OEHM

Die meisten der in dieser Region lebenden Pastoralisten haben ihre Weiden während der Trockenzeit in der Umgebung des DNP. Denn dort gibt es auch in dieser Saison noch ausreichende Wasserstellen und frische Pflanzen für die Tiere. Das Problem liegt darin, dass ihnen aufgrund der Ausweitung der Ackerflächen ihre dortigen Weidegründe verloren gehen. Daher sind sie oftmals gezwungen, ihre Tiere innerhalb des Parks weiden zu lassen. Dabei können auch die harten Strafen nicht ausreichend abschrecken, da es ihnen an Handlungsalternativen fehlt. Von Herden, die innerhalb des Parks angetroffen werden, wird die Hälfte der Tiere konfisziert (Interview ANUR). In der Regenzeit wandern sie weiter nach Norden in die Butana oder nach Westen. Momentan sind die traditionellen Wanderrouten jedoch weitgehend unterbrochen, da auf ihnen Felder angelegt wurden. Da die Pastoralisten zum Überleben ihrer Herden jedoch zwangsweise wandern müssen, kommt es oft zu Konflikten, wenn es zu Schäden auf den Feldern kommt (AHMED et al. 1999, 20-22). Kommen solche Streitigkeiten vor Gericht, wird in der Regel zu Gunsten der Ackerbauern entschieden, da die Pastoralisten einen generell schwächeren Stand haben. Um diesem Problem zu begegnen, wurden bereits erste Wanderkorridore zwischen den verschiedenen Weidegebieten errichtet (siehe Box 5-3, S. 176).

Dinder National Park (DNP)

nächst in das nächstgelegene Camp getrieben und später außerhalb des Parks verkauft. Wenn dies nicht möglich ist, werden die Tiere erschossen. Das Bild zeigt einen provisorischen Tierpferch in einem Rangercamp, um die konfiszierten Herden unterzubringen
Foto: OEHM

Foto 5-35: Abgeschälte Baumrinde im DNP. Nach Informationen eines Rangers markieren die illegal in den Park eindringenden Tierhalter auf diese Weise ihre Wanderwege.
Foto: OEHM

Foto 5-36: Vegetationsfreie Brachen in der Umgebung des DNP. Hier können weder domestizierte noch Wildtiere Futter finden.
Foto: OEHM

Foto 5-37: Wenn die Ranger Hirten beim illegalen Weiden im Park stellen, wird die Hälfte der Tiere konfisziert. Wenn die Möglichkeiten es zulassen, werden die Tiere zu-

Forschungsergebnisse

> Zwischen den südlichen und den nördlichen Weidegebieten werden Weidekorridore eingerichtet, die den Pastoralisten die notwendigen Wanderungen wieder leichter ermöglichen. Insgesamt sind seit dem Jahr 2000 acht Korridore zwischen Süd- und Nordgedaref eröffnet worden. Sie verbinden das Gebiet nördlich des DNP, dem Trockenzeitweidegebiet, mit der Butana, dem Regenweidegebiet der Pastoralisten. Sie sollen eine ungefähre Breite von 200 m haben und in bestimmten Abständen auch Rastplätze beinhalten. Dort sollen Bäume als Schattenspender und Wasserstellen zum Tränken der Tiere zur Verfügung stehen. Schwierigkeiten können bei der Ausweisung und Markierung der Korridore entstehen. Denn die Flächen müssen bestehenden Feldern entzogen werden und auch die Wasserentnahme geht zu Lasten der Verfügbarkeit zur Bewässerung. Da die offizielle Umsetzungsbehörde das Landwirtschaftsministerium von Gedaref Wilaya ist, besteht die Möglichkeit, dass die Maßnahmen auch umgesetzt werden können. Im Endeffekt werden auch die Ackerbauern davon profitieren, da die Zerstörungen auf ihren Feldern durch die Herden beendet werden.
>
> (Interview ESHAT)

Box 5-3: Weidekorridore zwischen Süd- und Nordgedaref

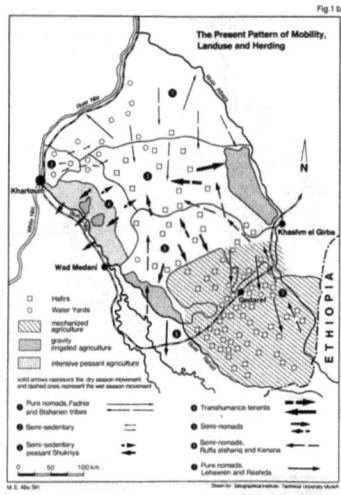

Karte 5-4: Mobilitäts- und Landnutzungsmuster in Gedaref während der 1980er Jahre. Die schraffierte Fläche zeigt die mechanisierte Landwirtschaft, die bis an den Rahad, und damit bis an die Parkgrenze betrieben wird.
Quelle: HEINRITZ 1982

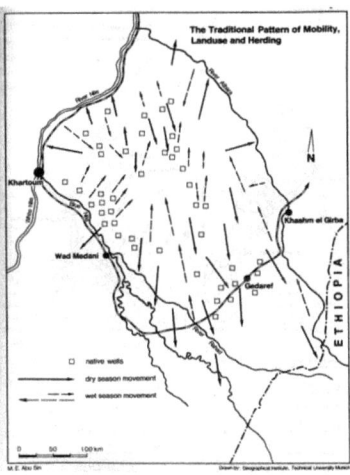

Karte 5-5: Traditionelle Mobilitäts- und Landnutzungsmuster in Gedaref. Die durchgehend schwarzen Pfeile zeigen, dass die traditionellen Wanderbewegungen während der Trockenzeit über den Rahad, und damit in das Gebiet des heutigen DNP, führen.
Quelle: HEINRITZ 1982

Dinder National Park (DNP)

Die illegale Beweidung im DNP hat drei negative Folgeerscheinungen. Erstens treten die Herden mit den Wildtieren in Konkurrenz um das Futter. Das Angebot ist in der Trockenzeit ohnehin schon beschränkt, da es sich hauptsächlich in den Mayas halten kann. Zweitens tragen die Herden über ihre Ausscheidungen Samen von invasiven Pflanzenarten ein. Diese können die Pflanzengesellschaften im Park und das ökologische Gleichgewicht stören. Einige der eingebrachten Pflanzen sind für die Wildtiere nicht genießbar und breiten sich daher stark aus. Teilweise versperren sie aufgrund ihres dichten Wuchses den Zugang zu den Mayas für Gazellen und Antilopen. Drittens werden durch nicht gelöschte Koch- und Feuerstellen der Hirten immer wieder Feuer ausgelöst. Diese zerstören einen großen Teil der Mikro- und Mesofauna und haben auch negative Auswirkungen auf die Flora (Interviews ABUREIDA; MOGHRABY).

Die Wilderei bedroht ebenfalls das ökologische Gleichgewicht im Park. Dabei kann man die Wilderei in zwei Gruppen einteilen. Erstens gibt es die Wilderei zur Eigenversorgung mit Fleisch. Zweitens müssen die Besitzer der großflächigen Farmen in arbeitsintensiven Zeiten Hilfskräfte einstellen. Um die Versorgung dieser Hilfskräfte möglichst kostengünstig zu gestalten, wird vermehrt auf Wildfleisch zurückgegriffen. Dies scheint nach offiziellen Schätzungen die weitaus größere Quantität und damit die größere Bedrohung darzustellen (Interviews ANUR; ELAMIN; NIMIR).

Der illegale Holzeinschlag ist ein weiteres Problem für den DNP. Dieser findet aus mehreren Gründen statt. Erstens versorgen sich viele Bewohner aus der unmittelbaren Umgebung des Parks mit Nutzholz zum Bau von Hütten oder als Energiequelle zum Kochen etc. Zweitens wird aus dem geschlagenen Holz Holzkohle hergestellt, die entweder selbst verbraucht oder weiterverkauft wird. Dieser Holzkohlehandel findet auf zwei Ebenen statt. Einerseits wird in geringem Umfang Holzkohle an lokale Abnehmer verkauft. Andererseits wird in größerem Umfang Holzkohle für den regionalen und überregionalen Bedarf verkauft. Die Kohle wird besonders in den

Forschungsergebnisse

nördlichern urbanen Gebieten benötigt. Dort gibt es aufgrund der geringeren Niederschläge erstens weniger Vegetation und zweitens ist der Verbrauch traditionell hoch. Ein Beispiel sind die allgegenwärtigen Tee- und Kaffeestände in den Straßen der Siedlungen. Diese werden stets mit Holzkohle befeuert; auch wenn der Verbrauch im Einzelnen gering ist, summiert sich dieser aufgrund der hohen Anzahl der Stände. Auch in vielen Haushalten wird weiterhin mit Holzkohle gekocht, was ebenfalls erheblich zum Verbrauch beiträgt. Es existieren weder genaue Zahlen noch grobe Schätzungen über die Menge an produzierter und gehandelter Holzkohle. Jedoch sind die mit Holzkohle beladenen LKW in großer Anzahl auf den Landstraßen zu sehen. Die Holzkohleproduktion bietet ökonomische Anreize, denen nur schwer entgegenzutreten ist, da alternative Einkommensquellen rar sind. Solange die Nachfrage nicht gemindert wird, ist es schwierig, die Produktion zu unterbinden. Ein solcher Nachfragerückgang ist aber kurzfristig nicht abzusehen. Eine Erfassung des Umfangs der Holzkohleproduktion für den Markt sollte durchgeführt werden, um auf dieser Basis Reglementierungen zu entwerfen. Es scheint zumindest sinnvoll, den Umfang des Problems zu erfassen, um Handlungsalternativen anzudenken (HCENR et al. 2004, 161; Interviews HAMAD; NIMIR).

Foto 5-38: **Abtransport von Holz in Richtung Khartum**
Foto: OEHM

Foto 5-39: **Lastwagen mit Holzkohle beladen, auf der Hauptverkehrsachse in Richtung Khartum**
Foto: OEHM

Dinder National Park (DNP)

Foto 5-40: Holzkohle in dem Rangercamp Alkhair am Rahad Fluss
FOTO: OEHM

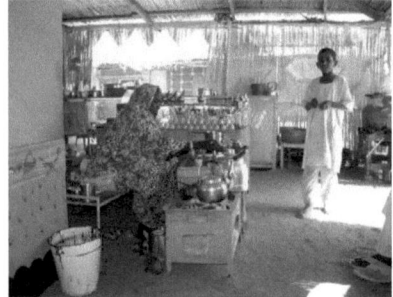

Foto 5-41: In den meisten Gebieten des Sudans dient Holzkohle als Energiequelle zum Kochen. Auch die allgegenwärtigen Teestände sind große Abnehmer der Kohle.
FOTO: OEHM

Darüber hinaus wird das Problem der Holzkohleproduktion erschwert, da die Armee in die Produktion und den Handel involviert ist. Besonders im Süden des Parks wird Holz zur Herstellung von Holzkohle mit LKW der Armee aus dem Schutzgebiet abtransportiert. Dem Schutzgebietspersonal sind die Hände gebunden, da sie gegenüber der Armee in einer untergeordneten hierarchischen Position stehen (Interview NIMIR).

Ein weiterer bedrohender Faktor für den DNP sind die Buschbrände. Diese sind in der Regel auf anthropogene Ursachen zurückzuführen. Hauptverursacher sind die Honigsammler. Um den wilden Honig ernten zu können, werden die Bienennester ausgeräuchert. Die hierzu nötigen Feuer werden oft nicht ausreichend gelöscht und breiten sich in dem trockenen Unterholz schnell aus. Begünstigt wird dies durch den Umstand, dass der Honig hauptsächlich in der Trockenzeit geerntet wird, wenn die Brandgefahr naturgemäß besonders hoch ist. Weitere Gründe sind auch die oben bereits erwähnten unachtsam verlassenen Kochfeuer und weggeworfene Zigarettenkippen (HCENR et al. 2004, 60-61; Interview ABUREIDA).

Die Bekämpfung der Feuer ist unter den gegenwärtigen Bedingungen praktisch unmöglich. Erstens gibt es kein Meldesystem, und die Feuer werden, wenn überhaupt, dann rein zufällig entdeckt. Zweitens gibt es selbst bei entdeckten Feuern keine Möglichkeiten ein-

Forschungsergebnisse

zugreifen, da es keinerlei Ausrüstung hierzu gibt und Wasser ohnehin nicht in ausreichendem Maße zur Verfügung stünde. Eine räumliche und zeitliche Einordnung der Feuer könnte jedoch dazu dienen einen Präventivplan zu erstellen, mit dessen Hilfe die Feuer durch Errichten von Feuerschneisen in Teilen unterbunden werden könnten. Einen Ansatz hierzu stellen Untersuchungen dar, die sich der Satellitenbilddatenauswertung bedienen (siehe Anhang Auswertung von Modis-Satellitenbilddaten, S. 300-305).

Auch wenn Feuer in Savannen ökologisch notwendig sind, sind eine angemessene Frequenz und ein bestimmter Zeitpunkt wichtig. Sonst ändert sich auf lange Sicht die Pflanzenzusammensetzung, indem feuerresistentere Arten sich gegenüber den weniger resistenten durchsetzen (FOLCH 2000, 406). Diese künstliche Veränderung der Flora ist an sich schon als den Schutzzielen entgegenlaufend zu betrachten und hat darüber hinaus auch negative Wirkungen auf die Fauna. Die genauen Auswirkungen sind jedoch bisher nicht wissenschaftlich belegt und sollten in Zukunft fundiert untersucht werden (HCENR et al. 2001, 21).

Besonders die verbleibenden Großsäuger des DNP sind aber noch einer anderen Bedrohung ausgesetzt. Ihre Regenzeithabitate befinden sich außerhalb der Parkgrenzen. Der schwere, sumpfige Boden und Insektenbefall treiben sie während dieser Zeit aus dem Park. Wenn die Tiere außerhalb des Parks weilen, ist ihr Schutz nicht mehr, beziehungsweise noch weniger gewährleistet als innerhalb des Parks. Dort werden sie stark bejagt, so dass ihre Anzahl während dieser Jahreszeit besonders stark dezimiert wird (HOVEN et al. 2004, 29). Aber auch die Tiere, die im Park bleiben, sind zu dieser Zeit besonders gefährdet. Denn auch der Großteil der Ranger verlässt den Park zu Beginn der Regenzeit, da auch für sie die Lebensumstände äußerst schwierig werden. Die wenigen vorhandenen Autos können auf den aufgeweichten Pisten kaum noch fahren, bis auf das Hauptcamp sind die Lager nicht für die Regenzeit ausgelegt und die Belästigung und gesundheitliche Gefährdung durch Insekten (z.B. Malaria) steigt sprunghaft an (Interview HAMAD).

Ein Problem mit überregionalem Hintergrund ist die Immigration in das Gebiet. Wenn die gegenwärtige Bevölkerungsentwicklung sowie die anhaltenden Desertifikationsprozesse im übrigen Sudan weiter in dem Maße ablaufen wie bisher, ist es abzusehen, dass weitere Migrationsbewegungen in die Region erfolgen werden. Das Gebiet ist trotz all der Probleme im sudanesischen Kontext als relative Gunstregion anzusehen (Interviews ABUREIDA; MUTWAKIL). Wenn hinzukommt, dass aufgrund des DNP finanzielle oder anderwärtige Anreizsysteme für die Bevölkerung geschaffen werden, um die Akzeptanz des Parks zu steigern, bietet das gleichzeitig auch einen erhöhten Anreiz für Immigranten, sich in dieser Region niederzulassen (SPITERI et al. 2006, 6; NEWMARK et al. 2000).

5.2.3 Lösungsansätze

Um die beschriebenen Chancen zu nutzen und die bestehenden Risiken zu mindern, werden konstruktive Lösungsansätze benötigt. Sie werden als konkretisierte Antworten auf die Herausforderungen, wie sie in den vorangehenden Kapitel beschrieben wurden, gesehen. Sie müssen drei grundlegende Aspekte berücksichtigen:

- die sozioökonomischen und politisch-institutionellen Rahmenbedingungen;
- die ökologischen Besonderheiten;
- die Erkenntnisse des Schutzgebietsmanagements auf internationaler Ebene.

Nur wenn diese Vorgaben berücksichtigt werden, besteht die Möglichkeit, dass das Schutzgebietsmanagement des DNP mittel- und langfristig erfolgreich sein kann und die Managementziele erreicht werden. Der Managementplan liefert hierfür eine gute Grundlage. Viele der durch das DNPP angestoßenen Maßnahmen zielen in die richtige Richtung. Im Folgenden werden die notwendigen Schritte, unter der Berücksichtigung der bereits laufenden Aktivitäten dargestellt.

Die Verbesserung der Lebenssituation der Bevölkerung ist ein fundamentales Element, um die Ak-

Forschungsergebnisse

zeptanz des Parks zu verbessern. Daneben ist die Steigerung des Bewusstseins über ökologische Zusammenhänge bei der Bevölkerung wichtig. Beides muss Hand in Hand gehen. Bei der Verbesserung der Lebensbedingungen gibt es mehrere Ansatzpunkte. Dabei ist jedoch zu berücksichtigen, dass das Parkmanagement nicht die Aufgaben des Staates übernehmen kann, um eine angemessene Infrastruktur für die Bevölkerung zu schaffen. Dies übersteigt die Möglichkeiten und die Zuständigkeiten. Die soziale Infrastruktur der Dörfer kann nicht durch das Parkmanagement geleistet werden. Schulen, Gesundheitsversorgung, Straßen etc. fallen eindeutig in den Zuständigkeitsbereich des Staates, beziehungsweise der Lokalregierung. Diese darf nicht ihrer Aufgaben entbunden werden. Vielmehr sollte es die Aufgabe der Parkverwaltung und assoziierter Institutionen sein, den Staat zur Erfüllung seiner Aufgaben zu drängen. Einfache und relativ kostengünstige Maßnahmen sollten jedoch weiterhin umgesetzt werden. Handwasserpumpen sind ein gutes Beispiel hierfür, da sie zeitnah in Betrieb genommen werden können und den Zugang zu sauberem Trinkwasser ermöglichen. Somit wird die Akzeptanz des Parks deutlich gesteigert, Vertrauen geschaffen und ein elementares und dauerhaftes Problem der Menschen gelöst (Interviews ISHAG; NURH).

Darüber hinaus sollten die Projekte zur Imkerei weitergeführt und ausgebaut werden. Denn der Verkauf von Honig stellt einerseits eine wichtige Einkommensquelle dar und richtet andererseits in seiner unkontrollierten Form große ökologische Schäden an. Die organisierte Imkerei kann somit einen Beitrag zur Einkommensgenerierung und zum aktiven Biodiversitätsschutz leisten (MUNTHALI et al. 1992).

Foto 5-42: Die Wasserversorgung in den Dörfern der Umgebung des DNP ist in der Regel beschwerlich. Es muss von den Frauen in Kanistern aus den Wadis geholt werden.
Foto: OEHM

Dinder National Park (DNP)

Foto 5-43: Die einzige Wasserstelle in En Aj Jamal. Hier wird sämtliches Wasser entnommen, Trinkwasser für die Menschen und zur Bewässerung der Felder auf den Gerif-Flächen mit einer kleinen Motorpumpe. Die Tiere sollen hier nicht getränkt werden, um Krankheiten bei den Menschen vorzubeugen. Jedoch gibt es für die Tierhalter oftmals keine alternative Wasserquelle und sie tränken ihre Tiere trotzdem hier, was zu häufigen Magen-Darm-Problemen im Dorf führt.
Foto: OEHM

Foto 5-44: Wasserpumpe im Camp Um Alkhair. Die Dorfbewohner sind teilweise verärgert, dass die Ranger eine Wasserpumpe haben, das Dorf jedoch entgegen aller Versprechungen immer noch das Wasser aus dem Wadi nutzen muss.
Foto: OEHM

Die Holzversorgung ist für die Menschen eine dringende Notwendigkeit und oft ein alltägliches Problem. Feuer- und Bauholz wird stets benötigt. Um den Baumbestand zu schützen, ist das Erschließen von alternativen Holzquellen für die lokale Bevölkerung eine unausweichliche Konsequenz, da der Bedarf kurzfristig kaum gesenkt werden kann. Die Erschließung von Holzquellen außerhalb des Parks sollte dabei Priorität genießen. Um das Potential von Holz einschätzen zu können, müsste eine Bestandserfassung und ein Überblick über die momentane Nutzung durchgeführt werden. Durch das DNPP sind bereits „community forest projects" angestoßen worden, die auf Verbesserungsmöglichkeiten hinsichtlich Ertrag, Organisation, etc. überprüft werden sollten. Gezielte Aufforstung und Baumschulen sollten unter der Eigenverantwortung der village development committees etabliert werden. Die ersten Ansätze der Integration von Weiden, Baumpflanzungen und Ackerflächen sollten systematisch untersucht und ausgewertet werden. Die Ergebnisse sollten die Basis für die Erweiterung der Aktivitäten bilden.

Forschungsergebnisse

Foto 5-45: Holz wird für viele Dinge des alltäglichen Bedarfs verwendet. Hier werden Dächer für die traditionellen Rundhütten vorbereitet.
Foto: OEHM

Auch aus dem DNP wird noch Holz entnommen. Teilsweise geschieht dies legal in wenigen Pilotgebieten. Größtenteils versorgen sich die Menschen aber illegal mit Holz. Die verbesserte Versorgung mit Holz außerhalb des Parks ist ein Schritt, um dies zu reduzieren. Ein weiterer Schritt ist es, in eng begrenzten Bereichen zu untersuchen, ob eine Holzentnahme mit der ökologischen Entwicklung des Parks zu vereinbaren ist. Die momentane Entnahme von Totholz in bestimmten Gebieten der Pufferzone muss ausgewertet und auf weitere Entwicklungsmöglichkeiten hin überprüft werden. Auch die kontrollierte Entnahme von Lebendholz wäre eine Option, die zunächst in der Überganszone des

Parks erprobt werden sollte. Hierzu wären jedoch botanische Untersuchungen nötig. Bisherige Arbeiten scheinen darauf hinzudeuten, dass es durch verschiedene Einflüsse, maßgeblich durch Feuer, zu einer vermehrten Ausbreitung von Acacia seyal kommt. In vielen ehemaligen Grassavannengebieten hat sich ihr Bestand stark vermehrt, da sie sehr feuerresistent ist. Somit tritt ein Wandel hin zu Baumsavannengebieten ein, der wiederum Auswirkungen auf die Fauna, besonders auf die großen Säugetiere hat (HCENR et al. 2001, 13-17). Hier wäre es sinnvoll, fundierte wissenschaftliche Untersuchungen anzusetzen. Es sollte überprüft werden, welcher Ökosystemwandel abläuft und wie dem entgegengewirkt werden kann. Ob und wie eine kontrollierte Holzentnahme hierbei eine positive Rolle spielen kann, sollte ein Ergebnis solcher Untersuchungen sein.

Um den Bedarf an Holz zu senken, wurden bereits erste Maßnahmen getroffen. In einigen Pilotdörfern wurden Gaskocher zu verbilligten Preisen verkauft. Aufgrund der geringen Menge kann der bisherige

Dinder National Park (DNP)

Versuch jedoch nur als erster Ansatz gesehen werden (Interviews ISHAG; NIMIR; NURH). Für eine weitere Verbreitung von Gaskochern sollte eine detaillierte Planung vorangetrieben werden, die möglichst umfassend auch die Folgeprobleme beziehungsweise die infrastrukturellen und finanziellen Notwendigkeiten einbezieht.

Die Zonierung kann bei flexibler Handhabung zu verbessertem Schutz der natürlichen Ressourcen führen. Beispielsweise würde eine saisonal angepasste Pufferzone den Ansprüchen der Wildtiere besser gerecht werden. Die bisherige Vernachlässigung des Schutzes der Regenzeitweidegebiete muss überarbeitet werden. Für solche Regelungen sind aber zunächst fundierte Studien über die räumlichen Bewegungsmuster der verschiedenen Tierarten nötig. Darauf aufbauend könnten Konzepte zur Einbeziehung dieser Wanderbewegungen erstellt werden. Jedoch stößt das Parkmanagement hier bereits an seine Grenzen, da die Integration der ökologischen Überlegungen stark mit der Landnutzungsplanung außerhalb des Parks verzahnt werden muss (Interviews HAMAD; NIMIR).

Die Lösungsfindung hinsichtlich der Probleme der Landnutzung außerhalb des Parks ist ein generell wichtiger Eckpunkt zur erfolgreichen Umsetzung des Managementplans. Neben der Sicherung der Regenzeitweiden muss den Kleinbauern und Pastoralisten der notwendige Zugang zu Land gesichert werden. Die weitere Ausbreitung der großen landwirtschaftlichen Systeme muss hierfür dauerhaft gestoppt werden. Trotz erster Erfolge in Gedaref bleibt dies ein zentrales Problem. Die Parkverwaltung kann dieses Thema nicht auf direktem Weg bestimmen. Vielmehr ist die Aufgabe der WLGA, des HCENR und anderer Institutionen, das Thema weiter hartnäckig auf der politischen Tagesordnung zu halten. Durch die Verknüpfung von Landnutzungsplanung und innenpolitischer Sicherheitspolitik wird das Thema auch für die politische Führung interessant. Die Zentralregierung hat in anderen Regionen bereits einschlägige Erfahrung mit der Eskalation von Konflikten zwischen Ackerbauern und Pastoralis-

Forschungsergebnisse

ten gemacht. Darüber hinaus können ökonomische Argumente angeführt werden. Die großen Ackerbausysteme werden ihren Ansprüchen hinsichtlich ihres Ertrags aufgrund verschiedener Gründe nicht gerecht (siehe Kapitel 4.2 und 4.3). Die Nachfrage nach Fleisch und anderen tierischen Produkten steigt jedoch sowohl im Sudan als auch im Ausland. Die Fleischproduktion durch Pastoralisten bietet somit die Chance auf sozioökonomische Entwicklung der Region sowie auf eine Steigerung der Exporteinnahmen für den Sudan (CIJ 2006, 67-70).

Die Entwicklung des DNP sollte wissenschaftlich begleitet werden, damit die Erkenntnisse für die zukünftigen Managementstrategien des DNP und des Schutzgebietsmanagements im Sudan generell genutzt werden können. Es ist wichtig, dass die Forschungen und die Ergebnisse zum DNP miteinander verknüpft werden. Bisher existieren viele verschiedene Datensätze, die jedoch oft verstreut über verschiedene Institutionen sind. Eine Bündelung an einer zentralen Sammelstelle wäre sachdienlich. Das HCENR würde sich aufgrund seiner inhaltlichen Ausrichtung, seiner institutionellen Verankerung und seiner fachlichen Kompetenz anbieten. Somit könnte der jeweils aktuellste Wissensstand leichter als bisher abgerufen werden und weitere (wissenschaftliche) Fragestellungen würden an den richtigen Stellen ansetzen.

In der Kooperation mit den entsprechenden Stellen (Remote Sensing Authority (RSA), verschiedene universitäre Institute) sollte mittelfristig ein GIS aufgebaut werden. Die personellen und fachlichen Kompetenzen hierfür sind tendenziell vorhanden und können, soweit nötig, durch internationale Kooperation mit spezialisierten Hochschulen weiter ausgebaut werden.[16] Hierbei sind jedoch grundlegende Regeln zu beachten, die für eine nachhaltige Implementierung von GIS unabdingbar sind. Die Erweiterung von Fachkompetenzen, die Zusammenarbeit der verschiedenen beteiligten Institutionen, der Aufbau einer zentralen

---

[16] Entsprechende Kooperationen zwischen der Neelain Universität sowie der Juba Universität und der TFH Berlin befinden sich bereits seit mehreren Jahren im Aufbau und wurden 2005 formell festgeschrieben.

Dinder National Park (DNP)

Datenbank und die grundlegende Inventur des ökologischen Zustands der Regionen sind hierbei zentrale Elemente (WYSS 2006). Es kann beispielsweise an universitäre Abschlussarbeiten gedacht werden, die den Entwurf eines solchen GIS als Thema hat. Auch eine Kooperation mit den im Sudan vertretenen Hilfsorganisationen ist sinnvoll; einige der Hilfsorganisationen verfügen über GIS-Einheiten und sind im Zuge ihrer Aufgaben dabei, verschiedene GIS Systeme aufzubauen (Interviews LADWIG; WIAHL).

Es sollte eine Abteilung innerhalb der Ranger aufgebaut werden, die sich um solche Dinge kümmert. Der Wille bei den Beschäftigten wurde an vielen Stellen bekräftigt (Interviews HAMAD; SULEIMAN; Gespräche mit verschiedenen Rangern). Es könnte auch eine größere Befriedigung bei den Angestellten erreicht werden, wenn sie sehen, dass in sie und ihre Ausbildung investiert wird. Die Investitionen für solche Maßnahmen sind nicht sonderlich hoch. Ein GIS für den DNP kann als Modell für ein nationales GIS der Schutzgebiete dienen. Die Ausbildung der Ranger im Umgang mit GPS-Geräten und die Ausstattung damit wäre eine weitere Maßnahme, die sowohl der Motivation der Ranger als auch der wissenschaftlichen Erkenntnis über den Park dienen würde.

Um diese Lösungsansätze umzusetzen, ist eine enge Kooperation und Verzahnung mit Regierungsvertretern aus verschiedenen Ressorts und auf verschiedener Ebene notwendig. Aber nicht nur die direkten Regierungsvertreter müssen eingebunden werden. Insgesamt ist ein verstärkter Austausch zwischen den verschiedenen beteiligten Interessengruppen notwendig. Diese sollen sich mittelfristig in dem geplanten National Parks Board zusammenschließen. Bisher sind folgende Interessengruppen eingeplant:

- Ministerien (Wildlife and Tourism, Agriculture, Forestry);
- lokale Regierungen der Wilayas Blue Nile, Sennar, Gedaref;
- HCENR;
- WCGA;

Forschungsergebnisse

- Wildlife Research Centre (WRC);
- National Farmers Union;
- National Pastoralists Union;
- village development committees;
- NGOs;
- Universitäten.

Foto 5-46: Eingang zu dem Gelände des Hauptquartiers der WCGA in Dinder Town
Foto: OEHM

5.2.4 Partizipation der lokalen Bevölkerung als Notwendigkeit

Die Partizipation der lokalen Bevölkerung wird als ein Schlüsselelement für das erfolgreiche Umsetzen des Schutzgebietsmanagements angesehen. Diese in der Theorie stets geforderte Einbindung in Entscheidungsprozesse stößt in der Praxis oft an Grenzen. Auch im DNP beschränkt sich die Beteiligung auf einige Aspekte und sollte weiter gefördert werden.

Bisher werden die Vorstellungen der Menschen vor Ort hauptsächlich durch die etablierten village development committees kommuniziert. Diese village development committees erfüllen eine wichtige Aufgabe, bündeln die Interessen der Dorfbewohner, und stellen zentrale Ansprechpartner für die Parkverwaltung dar. Die Wahl und Zusammensetzung der village development committees ist entscheidend, da sie dafür verantwortlich sind, was als Interesse der Bevölkerung nach außen hin artikuliert wird. Dabei scheint die Bevölkerung nicht in allen Dörfern mit der Zusammensetzung der village development committees zufrieden zu sein. Mancherorts scheint nicht einmal allen Bewohnern klar zu sein, ob es bei ihnen überhaupt ein village development committee gibt oder wer dort vertreten ist (Interviews in EN AJ JAMAL). Das liegt unter anderem daran, dass es für die Vertreter der village development committees schwierig ist, die in ihrem Zuständigkeitsbereich liegenden Dörfer zu besuchen und die Interessen der

Dinder National Park (DNP)

Menschen zu erörtern. Auch die Kommunikation mit der Parkverwaltung ist nicht ideal. Die Besuche der zuständigen Personen sind unregelmäßig und die Ansprechpartner wechseln zu häufig (Interviews HAMAD; ISHAG; NURH).

An dieser Stelle sind Verbesserungen nötig. Es sollte eine Regelmäßigkeit und gewisse Institutionalisierung der Kommunikation zwischen den verschiedenen Parteien aufgebaut werden. Dafür wäre die Benennung fester Ansprechpartner aus der Parkverwaltung ein wichtiger Schritt. Dies sollten ausgewählte Ranger höheren Rangs sein, denen aufgrund der Vielzahl der zu betreuenden Dörfer einige Ranger als Team zur Unterstützung zur Seite gestellt werden. Diese Kontaktpersonen sollten langfristig im Park und mit den Dorfbewohnern arbeiten. Nur so kann ein Vertrauensverhältnis und Verständnis für die existierenden Probleme und Lösungswünsche aufgebaut werden. Kontinuität ist in diesem Zusammenhang äußerst wichtig. Die Kontaktpersonen benötigen spezielles Training für partizipative Arbeit.

Neben regelmäßigen Besuchen in den Dörfern sollten auch Treffen mit den Vertretern sämtlicher village development committees und den relevanten Parkangestellten, sowohl Kontaktpersonen als auch administrative Vertreter, stattfinden. Diese Treffen könnten dazu beitragen, den Informationsfluss in beide Richtungen zu verbessern. Auch das Bewusstsein aller Beteiligten für die Probleme und Wünsche der jeweils anderen Seite würde verbessert. Die Bewohner würden mehr über die Notwendigkeit und Sinnhaftigkeit des Schutzes der natürlichen Ressourcen durch den DNP lernen. Die Parkangestellten würden mehr über die handlungsrelevante Motivation der Dorfbewohner und ihre Bedürfnisse lernen.

Um die village development committees in den Dörfern besser zu verankern und zu gewährleisten, dass diese möglichst umfassend die Interessen der verschiedenen sozialen Gruppen innerhalb der Dörfer repräsentieren, sollten ihnen Hilfe zur Seite gestellt werden. Denkbar wäre eine solche Hilfe unter anderem in Form von Kursen zur verantwortungsvollen Lei-

Forschungsergebnisse

tung solcher Gremien. Von Seiten der Parkverwaltung ist dauerhaft ein Augenmerk darauf zu richten, ob tatsächlich die verschiedenen Stimmen der Dörfer repräsentiert werden, oder ob eine einseitige Interessenvertretung stattfindet.

Darüber hinaus ist zu überlegen, wie ein Austausch zwischen weiteren beteiligten Gruppen organisiert werden kann, um die Interessen an relevante Stellen weiterzuleiten. Hierbei sind die lokalen Regierungen, besonders das Ministry of Agriculture und die Pasture and Wildlife Administration sowie die Vertreter der Farmers- und Pastoralists Union, mit einzubeziehen. Diese Parteien an einen Tisch zu bringen ist schwierig, jedoch notwendig, um die für den Park relevanten Aspekte umfassend zu berücksichtigen.

5.2.5 Tourismus als alternative Einkommensquelle

Die Einkommensmöglichkeiten für die Bewohner in und um den DNP sind stark beschränkt. In der Regel sind sie direkt mit der Nutzung der natürlichen Ressourcen verbunden. Tourismus stellt in vielen andern Schutzgebieten eine der Haupteinkommensquellen dar. Dies wird für den DNP mittelfristig kaum zu erreichen sein. Trotzdem könnten Ansätze zum Ausbau des Tourismus weiter vorangetrieben werden.

Die Einnahmen des Tourismus in Schutzgebieten verbleiben zum größten Teil auf nationaler und internationaler Ebene und werden für Transport, Unterkunft oder Dienstleistungen ausgegeben. Die Ausgaben, die vor Ort bleiben, machen in der Regel einen geringen Teil aus, da viele der lokalen Ausgaben über die Reiseunternehmen wieder in städtische Zentren oder die Hauptstadt abfließen. Die Menschen, die in oder in der Nähe der Schutzgebiete leben, profitieren daher nur marginal von den Einnahmen aus dem Tourismus, auch wenn sie in der Regel die meisten negativen Auswirkungen zu tragen haben (SPITERI et al. 2006, 8). Im DNP treffen genau diese Aussagen zu. Die Einnahmen fließen an den Monopolisten Nadus und an die WCGA, die lokale Bevölkerung ist an den Einnahmen de facto nicht beteiligt, weder über Geldtransfers noch über Beschäftigungsmöglichkeiten.

Dinder National Park (DNP)

Denn weder das im Touristencamp angestellte Personal noch die Ranger stammen aus den umliegenden Dörfern.

Darüber hinaus ist der Tourismus im DNP bisher äußerst beschränkt. Dies wird mittelfristig auch nur schwer zu ändern sein. Viele Gegebenheiten sind dem Tourismus abträglich und die Attraktivität des Parks steht kaum in einem angemessenen Verhältnis zu dem zu betreibenden Aufwand für die Besucher.

Im Folgenden wird der Zustand des Tourismus und des touristischen Angebots beschrieben. Darauf aufbauend werden Entwicklungspotentiale und -möglichkeiten aufgezeigt. Vor diesem Hintergrund können die Möglichkeiten des Tourismus als alternative Einkommensquelle eingeschätzt und beschrieben werden.

Das in Khartum ansässige Unternehmen Nadus hat seit 2005 das Monopol zum Betreiben von touristischen Aktivitäten im DNP. Bei den von diesem Unternehmen angebotenen Leistungen stehen Preis und Service in einem ungünstigen Verhältnis. Die Unterkünfte sind von der Grundstruktur her zwar angemessen, aber der tägliche Unterhalt entspricht nicht dem, was ein Tourist bei den gegebenen Preisen erwartet. Mit einem geringen Mehraufwand an Pflege könnten die Unterkunftsmöglichkeiten aber angenehm gestaltet werden.

Foto 5-47: Das gerade fertig gestellte Eingangstor zum DNP
Foto: OEHM

Foto 5-48: Die Bungalows sind wenig komfortabel eingerichtet und entsprechen nicht den Übernachtungsgebühren von 100 US$ pro Person
Foto: OEHM

Forschungsergebnisse

Foto 5-49: Die Toiletten in den Touristenbungalows sind in einem desolaten Zustand

Foto 5-51: Die ehemals geplanten Küchen in den Bungalows wurden nicht eingebaut, der Raum ist in einem ungepflegten Zustand
Foto: OEHM

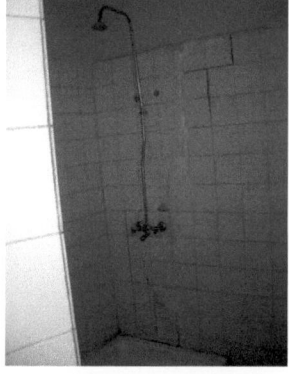

Foto 5-52: Die Müllentsorgung sollte aus ökologischen Gründen besser organisiert werden. Die ästhetische Attraktivität des Touristencamps würde ebenfalls erhöht.
Foto: OEHM

Foto 5-50: Die Sanitäranlagen sind wenig gepflegt und schon nach nur zwei Jahren wieder baufällig
Foto: OEHM

Im Park ist nur unregelmäßig ein englischsprachiger Ansprechpartner für die Touristen anwesend. Dies ist für nichtarabischsprachige Touristen ein unangenehmes Problem. Des Weiteren sind die Beschäftigungsmöglichkeiten im Galgagucamp sehr beschränkt. Es gibt ein kleines Museum, in dem einige Tiere ausgestellt sind und einige Publikatio-

Dinder National Park (DNP)

nen (meist Bachelor- oder Masterarbeiten) über den DNP ausliegen. Neben dem Essensraum und einer Tischtennisplatte gibt es lediglich ein kleines Strohdach, um sich außerhalb der Bungalows aufzuhalten. In den Bungalows selbst ist auch nur wenig Komfort, der zum Verweilen einlädt. Das Gelände des Camps ist insgesamt nicht sehr gepflegt. Es liegt teilweise Müll herum und es gibt nur wenige Pflanzen.

Da die Fahrten durch den Park in der Regel morgens und abends durchgeführt werden, um die Chance, Tiere zu sehen, zu erhöhen, bleibt tagsüber viel Zeit, die kaum angenehm genutzt werden kann. Während der Safaris gibt es nur geringe Informationen für die Touristen. Denn erstens sprechen die Ranger in der Regel kein Englisch und zweitens hat nur ein Teil von ihnen ausreichendes Wissen über die Tier- und Pflanzenwelt, welches sie weitergeben könnten. Während der Safaris sind die Mayas die interessantesten Punkte, da sich dort die meisten Wildtiere aufhalten.

Foto 5-53: Einziger Sonnenschutz für Touristen außerhalb der gemauerten Gebäude im Galagucamp
Foto: OEHM

Foto 5-55: Ein Ranger an einem Maya. Bei Fahrten durch den Park muss immer ein bewaffneter Ranger dabei sein. Sie sollen die Gefahr von Unfällen mit Wildtieren, besonders mit Löwen vermeiden.
Foto: OEHM

Foto 5-54: Innenansicht der Zelte für Touristen
Foto: OEHM

Forschungsergebnisse

Foto 5-56: Die Mayas ziehen besonders gegen Ende der Trockenzeit viele Tiere an. Für touristische Aktivitäten bieten sie sich daher besonders an. Auf diesem Foto sind im Vordergrund verschiedene Wasservögel und im Hintergrund Warzenschweine und Gazellen zu erkennen.
Foto: OEHM

Foto 5-57: Zur Beobachtung der Tiere fehlen jedoch Aussichtspunkte. Schatten wird lediglich durch Bäume gespendet
Foto: OEHM

Dort gibt es keinerlei Schutz oder Unterstand für die Touristen. Daher ist der Aufenthalt ungemütlich und wenig spektakulär. Durch die Anfahrt mit dem Auto werden die Tiere zunächst vertrieben, so dass ein längerer Aufenthalt angebracht wäre, bis die Tiere zurückkommen und zu beobachten sind.

Trotz dieses relativ unattraktiven Angebots sind die Preise hoch. Die Kosten für eine Übernachtung mit drei Mahlzeiten kostet für einen Sudanesen 55 US$, für einen im Sudan lebenden Ausländer 80 US$ und für einen nicht im Sudan lebenden Ausländer 100 US$. Zu diesen Preisen kommen noch die unübersichtlichen Gebühren, die an die WCGA abgeführt werden müssen und im Anhang aufgelistet sind.

Bei einer Reihe von informellen Gesprächen mit in Khartum ansässigen Ausländern wurde immer wieder darauf hingewiesen, dass Informationen über den DNP nur schwer zugänglich sind. Die meisten Personen hatten großes Interesse, den DNP zu besuchen. Jedoch konnten sie meist keine Informationen darüber erhalten, ob man im Park übernachten kann, wie man dorthin gelangt oder wie die Preise sind. Die erstellte touristische Karte des DNP soll dabei helfen, die Informationsmöglichkeiten zu verbessern. Bei Gesprächen mit Nadus wurde von ihrer Seite aus

Dinder National Park (DNP)

mehrfach darauf hingewiesen, dass eine Kooperation mit Reisebüros in Khartum nicht gewünscht ist. Begründet wurde dies mit dem Alleinvertriebsanspruch von Reisen in den DNP. Dem Argument der verbesserten Informationsverbreitung, und damit potentiell steigenden Touristenzahlen, durch eine solche Kooperation, wollte das Unternehmen nicht folgen (Interview BACHIT).

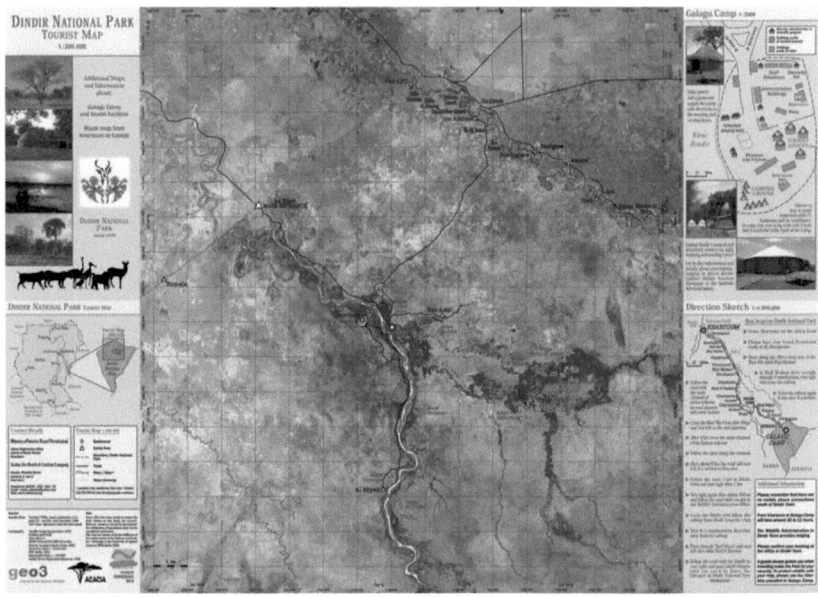

Karte 5-6: Touristenkarte für den DNP. Diese Karte ist die erste für Touristen nutzbare kartographische Information über den Park. Sie wurde im Rahmen einer Diplomarbeit an der TFH Berlin erstellt und gedruckt. In Kürze wird sie im Sudan an die entsprechenden Stellen ausgehändigt.
Kartographie: ANDRZEJAK

Forschungsergebnisse

Insgesamt sind die Rahmenbedingungen für den Tourismus im DNP stark verbesserungswürdig. Dabei gibt es einige Aspekte, die mit geringem Aufwand verbessert werden könnten und andere, die längerfristiges Engagement verlangen.

Die exklusive Vergabe der Lizenz an Nadus ist nicht ideal, jedoch aufgrund der vertraglichen Verpflichtungen und personeller Verbindungen kaum zu ändern und daher zu akzeptieren (Interview Nimir). Das Unternehmen sollte aber verpflichtet werden, einige der angesprochenen Missstände zu berichtigen. Zunächst sollten die gängigen Informationsstellen für Touristen in Khartum die Erlaubnis erhalten, Informationen über den DNP herauszugeben. Der Fokus sollte aber darauf liegen, die Zustände im Galagu Camp zu verbessern. Der Zustand der Unterkünfte ist so nicht haltbar und entspricht bei gegebenem Preisniveau nicht den touristischen Erwartungen. Die baulichen Mängel sind dabei nicht das vorrangigste Problem. Vielmehr reicht es, Kleinigkeiten zu verändern, welche das Erscheinungsbild der Bungalows verbessern. Die Sauberkeit der Sanitäranlagen ist beispielsweise eine grundlegende Voraussetzung für das Wohlbefinden der meisten Touristen. Darüber hinaus wäre es wichtig, schattige Plätze mit Sitzmöglichkeit zu schaffen, die den Touristen einen Ausblick auf das Galagu Khor bieten.

In dem Museum könnten weitere Informationen zu der Biodiversität des DNP in Form von Broschüren oder ähnlichem zur Verfügung gestellt werden. Weiterhin könnte dort ein Verkauf von Souvenirs stattfinden. Traditionelle, handwerkliche Gegen- stände aus den Dörfern am Rahad könnten angeboten werden. Auch Postkarten mit Motiven aus dem Park sind denkbar. Ohne hier weiter ins Detail zu gehen, gibt es noch weitere Möglichkeiten, gleichzeitig die Attraktivität des Camps für Touristen zu steigern und mehr Einkommen für den Park zu generieren.

Um die Attraktivität der Safaris zu steigern, werden zwei Maßnahmen vorgeschlagen. Erstens wäre eine Ausbildung der Ranger über die Grundlagen der Flora und Fauna

Dinder National Park (DNP)

wünschenswert, so dass sie den Touristen während der Tour Informationen zukommen lassen können. Diese Maßnahme wurde in vielen informellen Gesprächen mit Rangern stark begrüßt, da sie gerne mehr Informationen über ihr Arbeitsgebiet haben und mitteilen wollen. Zweitens sollten an den zugänglichen Mayas Hochsitze installiert werden, um so einen längeren Aufenthalt an den Mayas zu ermöglichen. Durch die Hochsitze wären die Touristen erstens vor der Sonne geschützt. Zweitens wären sie auch vor potentiellen Unfällen mit Wildtieren, vor allem Löwen geschützt. Drittens hätten sie durch den erhöhten Standpunkt eine bessere Aussicht über die Mayas. Somit wäre die Möglichkeit gegeben Wildtiere ungestört und über einen längeren Zeitraum zu beobachten.

Fahrten zu den Dörfern entlang des Rahad wären eine weitere Möglichkeit, das touristische Angebot zu erweitern. Die lokale Bevölkerung zeigte sich gerne bereit, bei solchen Vorhaben zu kooperieren (Interviews Ishag; Nurh und in En aj Jamal). Die Entfernung zu den nächstgelegenen Dörfern ist in etwa eineinhalb bis zwei Stunden zurückzulegen.

Die Einbindung der lokalen Bevölkerung in das Tourismuskonzept wäre gut, da diese bisher nicht vom Tourismus profitieren. Die meisten Touristen kommen nur für wenige Tage und verbringen diese mit Safaris und der Ausschau nach Wildtieren. Die Menschen aus den Dörfern um den DNP haben weder Arbeit als Ranger noch haben sie die Möglichkeit, Souvenirs oder andere Dinge zu verkaufen. Die kurze Verweildauer der Touristen ist einerseits dem generell engen Zeitplan der Reisenden geschuldet, meist „expatriots", die in Khartum leben und arbeiten. Andererseits halten die hohen Preise für die Unterkunft gepaart mit niedrigem Komfort die Gäste davon ab, die Reisedauer zu verlängern und auch Zeit für die Entdeckung der umliegenden Dörfer einzuplanen. Dies hätte durchaus Potenzial, da es für viele, beispielsweise europäische Touristen eine neue, interessante und spannende Erfahrung ist, die archaisch anmutenden Lebensverhältnisse und –weisen von sudanesischer Landbevölkerung zu erfahren. Solange solche Optionen nicht

Schlussfolgerungen

umsetzbar sind, bestünde immer noch die oben erwähnte Möglichkeit des Verkaufs von Souvenirs im Galagu Camp.

Generell sind die Besucherzahlen zu gering, um einen signifikanten Beitrag zur Finanzierung des Parks zu leisten. Dessen ungeachtet könnten die Einnahmen bei entsprechender Lenkung positive Effekte bewirken. Trotz der bisher geringen Einnahmen ist es mittel- und langfristig sinnvoll, Überlegungen zur Beteiligung der Dörfer an den Einnahmen anzustellen. Es wäre ein positives Signal, wenn ein gewisser Prozentsatz der Einkünfte aus Eintrittsgebühren und Übernachtungsgebühren in die Weiterentwicklung der vom DNPP angestoßenen Projekte fließen würde. Hierbei ist es wichtig, dass die lokale Bevölkerung über interne Entscheidungsfindungsmechanismen oder die village development committees maßgeblich mit einbezogen wird. Es sollte eine festgelegte Quote der Tourismuseinnahmen direkt an den Zusammenschluss der village development committees gehen, wobei ein genauer Verteilungsschlüssel vorher erarbeitet werden muss. Somit würde erstens ein direktes Interesse am Tourismus und dem Erhalt des Parks gefördert und zweitens würden alle Dorfgemeinschaften dazu animiert, village development committees zu bilden. Dies hätte den Vorteil, dass sich lokale Institutionen aus Eigeninteresse bilden und ein Forum für Interessenartikulation sowie für Bewusstseinsbildung geschaffen wird. Generell zu berücksichtigen ist hierbei, dass erstens alle Dörfer möglichst gleichberechtigt einbezogen werden, und dass zweitens innerhalb der Dorfgemeinschaften gerechte Verteilungsmuster entstehen.

Die Perspektiven für das Generieren von Einkommen durch den Tourismus sind, wie aufgezeigt, gering. Die Chance, internationalen Tourismus anzulocken, ist zumindest mittelfristig zu vernachlässigen, zu groß ist die Konkurrenz aus den afrikanischen Nachbarländern. Der Fokus sollte damit auf im Sudan ansässigen Touristen liegen.

5.3 Schlussfolgerungen

Aus den vorangegangenen Kapiteln können Schlussfolgerungen gezogen werden, die dazu dienen,

Dinder National Park (DNP)

das Management des DNP zu verbessern und der Erfüllung der im Managementplan gesetzten Ziele näher zu kommen. Diese werden im Folgenden benannt.

Auf **institutioneller Ebene** muss die Kommunikation verbessert und die Definition von Zuständigkeiten geklärt werden. Dies gilt auf den verschiedenen räumlichen und hierarchischen Ebenen. Die Kommunikation zwischen den internationalen Gebern UNDP/GEF oder ihren Nachfolgern und den zuständigen administrativen Einrichtungen auf nationaler und regionaler Ebene muss klarer werden. Hierfür müssen zunächst die Ansprechpartner und deren Kompetenzen klar definiert werden. Dies würde vereinfacht, wenn die administrativen Zuständigkeiten sowohl auf nationaler und regionaler Ebene gebündelt würden. Gleichzeitig sollten die Kooperationszusagen der internationalen Geber längerfristiger vergeben werden. Projekte wie der DNP benötigen lange Zeit, um Strukturen zu etablieren und Vertrauen zwischen allen Beteiligten herzustellen.

Auf der **personellen Ebene** gibt es drei Felder, die momentan zu Unzulänglichkeiten führen:

1. Personalauswahl hinsichtlich (Aus-) Bildung;
2. Stetigkeit des Personalkörpers;
3. Ausstattung des Personals mit angemessenem Arbeitsgerät.

Die Ansiedlung der WCGA im Ministry of Interior wurde offiziell zwar aufgehoben und in das Ministry of Wildlife and Tourism verlagert; in der Praxis ist dieser Wechsel jedoch noch nicht vollzogen. Die Angestellten haben in der Regel eine polizeilich-militärische Ausbildung und keinen Hintergrund im Wildtiermanagement oder in kooperativen Formen der Zusammenarbeit mit lokalen Organisationen wie den village development committees. Es ist notwendig, dass vermehrt Personen mit eben solch einem Bildungshintergrund eingestellt werden, und/oder dass vermehrt Ausbildungsangebote für die Parkangestellten bereitgestellt werden. Damit sich diese Investitionen mittelfristig positiv auf das Schutzge-

Schlussfolgerungen

bietsmanagement auswirken, ist es nötig, dass das Personal möglichst langfristig an den Park gebunden wird. Um die Effizienz und Effektivität der Arbeit des Schutzgebietspersonals zu steigern, ist es wichtig, die benötigte Ausrüstung zur Verfügung zu stellen. Gleichzeitig wird damit die Motivation der Angestellten gesteigert.

Die **finanzielle Situation** des DNP muss dauerhaft und zuverlässig gesichert werden. Hier liegt die Verantwortung zu großen Teilen bei den internationalen Gebern. Jedoch müssen auch die nationalen und lokalen Partner ihren Verpflichtungen nachkommen, um die, in der Regel an Vorgaben gekoppelte, Finanzierung zu sichern. Wenn man die Verflechtungen zwischen den Lokalregierungen und anderen Interessengruppen, speziell mit den Großbauernverbänden, betrachtet, ist es offensichtlich, dass diese kein großes Interesse an dem Fortbestand des DNP haben und ihre Anteile an der Finanzierung nicht leisten würden. Die Bedingungen für die Finanzierung sollten deshalb derart sein, dass sie von keiner Seite unterlaufen werden können. Auch die Bedingungen für die Finanzierung des DNPP waren nicht vorausschauend konzipiert; für zukünftige Planungen sollten ähnliche Konstellationen vermieden werden, um die Finanzierung nicht von eigentlichen Gegnern des Parks abhängig zu machen. Ohne finanzielle Sicherheit können keine mittel- und langfristigen Strukturen etabliert werden, ohne die der DNP nicht nachhaltig betrieben werden kann.

Eng damit verbunden ist die **Einbindung und Motivation der lokalen Bevölkerung**. Diese kann nur für die Idee des Ressourcenschutzes gewonnen werden, wenn sie sich persönliche Vorteile erhofft und wenn sie im Parkmanagement verlässliche Partner erkennt. Aufklärungskampagnen, regelmäßige Konsultationen, feste Ansprechpartner, Aufnahme von artikulierten Wünschen und Bedürfnissen in das Managementkonzept und die Umsetzung erster sicht- und spürbarer Verbesserungen sind hierfür die Grundvoraussetzungen.

Um die Erfolge und Missstände des Managements zu erkennen und darauf reagieren zu können, ist es wichtig, dass eine Evaluierung stattfindet. Einschätzungen wie in der hier vorliegenden Arbeit können immer nur Momentaufnahmen sein. Da das Management eines Schutzgebietes jedoch ein dynamischer Prozess ist, müssen Erfolgsuntersuchungen als integrierter Prozess des Managements etabliert werden.

Der DNP ist auf internationaler Ebene das Aushängeschild des sudanesischen Naturschutzes. Er dient als Fokus zur Umsetzung verschiedener internationaler Verträge, beispielsweise der Ramsarkonvention und des Man and the Biosphere Programme. Seit Ende 2007 ist der DNP gemeinsam mit dem neu gegründeten, äthiopischen Alatish Nationalpark zu einem grenzüberschreitenden Schutzgebiet zusammengeschlossen (HECKEL et al. 2007, 3). Daher werden viele nationale Kräfte zum Management der natürlichen Ressourcen dort konzentriert. Somit bestehen gute Chancen, dass die Vorhaben des Managementplans mittelfristig umgesetzt werden. Auch wenn viele der Verträge keine rechtlich bindenden Statuten haben, ist der diplomatische Druck vorhanden.

6. Wadi Howar National Park (WHNP)

Der WHNP ist bisher ein „paper park", für den es weder einen Managementplan noch sonstige strategische Planungen gibt. In dem folgenden Kapitel wird der Park ausführlich dargestellt und seine Entwicklungschancen werden kritisch hinterfragt. Aufbauend auf den Erkenntnissen über Schutzgebietsmanagement im Allgemeinen und den Erfahrungen aus dem DNP wird ein Szenario entworfen, welches die erfolgreiche Implementierung des WHNP zum Ziel hat.

6.1 Rahmenbedingungen des WHNP

Die Rahmenbedingungen des WHNP sind grundlegend anders als die des DNP, jedoch nicht weniger schwierig. Der Großteil seines Gebietes liegt im Norddarfur, wo seit dem Jahr 2003 heftige Auseinandersetzungen zwischen Regierungstruppen und als Rebellen betitelten Gruppierungen anhalten. Die Frontlinien sind unklar und die für Außenstehende erhältlichen Informationen sind sehr widersprüchlich. Über Ursachen, Ausmaß und Auswirkungen des Konfliktes gehen die Meinungen weit auseinander (GRILL 2007; MOON 2007; KRÖPELIN 2006 a/b; KUZNAR et al. 2005; UFP 2004; UNDP 2003). Meist wird über die Zahlen der Toten, der gebranntschatzten Dörfer, etc. lediglich gemutmaßt. Die Diskussion wird nur selten faktenbasiert und fundiert geführt. Eine sachliche Debatte scheint kaum möglich. Dass es viele Tote gegeben hat und weiterhin geben wird, dass Menschen leiden und vielen die Lebensgrundlagen geraubt werden, und dass die spärlichen Ressourcen einem noch größeren Druck ausgesetzt werden, sind die inhärenten Folgen von kriegerischen Auseinandersetzungen.

Obwohl weitgehende Übereinstimmung darüber herrscht, dass der Zugang zu natürlichen Ressourcen, hauptsächlich Land und Wasser, eine zentrale Rolle in dem Konflikt spielt, wird diese Erkenntnis bei den Lösungsansätzen nur bedingt einbezogen (KUZNAR et al. 2005; YOUNG et al. 2005, 10-31; ABDALLA 2004; MOHAMED 2004; UNDP 2003, 12-14). Vielmehr zielen diese tendenziell auf

Wadi Howar National Park (WHNP)

eine militärische Lösung, wobei die räumlichen Dimensionen und die infrastrukturelle Ausstattung des Gebietes nicht zur Genüge berücksichtigt werden. Dementsprechend ist kein baldiges Ende der Gewalt abzusehen. Die bisher geschlossenen Friedensabkommen wurden nicht umgesetzt (ISMAIL et al. 2007; GOS 2006; WAAL 2006).

Zur Etablierung eines Schutzgebietes sind die Rahmenbedingungen offensichtlich ungünstig. Der Bezug zu den kriegerischen Auseinandersetzungen wird jedoch relativiert, wenn man sich vor Augen führt, dass der überwiegende Teil des Parks in unbewohntem Gebiet liegt. Lediglich im Süden des Parkgebietes bei den Maidob Hills gibt es feste Siedlungen. Der Großteil des Gebietes wird nur zeitweilig von Kamelnomaden als Regenzeitweidegebiet genutzt. Die nördliche Ausdehnung der Wanderungen erstreckt sich etwa bis zum Verlauf des Wadi Howar im zentralen Bereich des Parks. Der weiter nördlich gelegene Teil des Parks bietet nur an wenigen Oasen Wasser und ist daher für die Menschen nicht nutzbar.

Bei Gesprächen in Khartum (Interviews ÖZE; WIAHL) wurde immer wieder die Frage gestellt, warum man in einem Gebiet wie dem Norddarfur ausgerechnet jetzt einen Nationalpark einrichten will. Probleme hinsichtlich der sicherheitspolitischen Situation und der Menschenrechtslage seien momentan dringlicher. Einerseits ist die Argumentation verständlich, andererseits sollte bedacht werden, dass ein solcher Nationalpark an den Wurzeln des Konflikts ansetzt und dessen Problematik aufgreift. Wenn der Park in seinen Managementstatuten die nachhaltige Nutzung der natürlichen Ressourcen aufnimmt und angepasste Nutzungsregelungen wiederbelebt oder erarbeitet, dann kann er zu einer mittelfristigen Befriedung der Region beitragen.

Aufgrund der beschriebenen Situation konnte keine Feldarbeit in dem Gebiet durchgeführt werden. Die Aussagen basieren daher auf Forschungsarbeiten, die vor dem Jahr 2003 getätigt wurden. Die Arbeiten des SFB 389/ACACIA der Universität zu Köln in den Jahren 1992 - 2007 haben die wissenschaftliche Erkenntnis über die

Rahmenbedingungen des WHNP

Region maßgeblich verbessert. Aufbauend auf die Arbeiten des SFB 69 an verschiedenen Berliner Hochschulen (KLITZSCH et al. 1999 und 1990) konnten wesentliche naturräumliche, archäologische und klimageschichtliche Fakten zusammengetragen werden. Aus diesem Umfeld kam bereits Anfang der 1990er Jahre der Vorschlag, das Gebiet zu einem Schutzgebiet zu erklären (KRÖPELIN 1993a/b; PACHUR et al. 1991). Im Jahr 1998 konnte dann in einer gemeinsamen Reise des sudanesischen Man and the Biosphere Programme Teams und des SFB389/ACACIA erstmals der gesamte Lauf des Wadi Howar im Gelände nachvollzogen werden. Während dieser Fahrt wurden Treffen mit der südlich des Wadi Howar lebenden Bevölkerung organisiert und erste Gespräche über die eventuelle Errichtung des WHNP geführt. In enger Zusammenarbeit mit den drei lokalen Wilayaregierungen und den zuständigen Behörden und Institutionen auf nationaler Ebene wurden die Arbeiten so weit vorangetrieben, dass am 18. Juli 2001 der WHNP offiziell ausgerufen werden konnte (KRÖPELIN 2007, 32-33).

Diesem wichtigen Schritt sind in den letzten sieben Jahren nur wenige weitere konkrete Schritte gefolgt. Zur Erstellung eines Managementplans wurde ein Steuerungskomitee gegründet, das aus der WCGA, dem HCENR, verschiedenen Forschungsinstituten und Experten besteht. Die bisherigen Arbeiten dieses Gremiums konzentrieren sich auf die Planung der Demarkierung und des Hauptquartiers für die Stationierung einer zukünftigen Nationalparkverwaltung. Die Lage des Quartiers soll dabei drei Kriterien genügen:

1. zentrale Lage im Schutzgebiet;
2. Wasserverfügbarkeit;
3. relativ rasche Zufahrt zu einer Stadt.

Weitere Planungen bezüglich des Bedarfs an Fuhrpark, Kommunikationseinrichtungen, zur Ausrüstung des Parkpersonals sowie weitere Detailplanungen werden erst im Zuge der Erstellung eines Managementplans durchgeführt (Interviews ANUR; NIMIR; SERAG). Am 28. September 2004 wurde

Wadi Howar National Park (WHNP)

durch das sudanesische UNESCO Büro der Antrag auf die Aufnahme des WHNP in die Liste des UNESCO Welterbes eingereicht (UNESCO 2008a). Offiziell wird er nach vier Kriterien (vii, viii, ix, x) als relevant für diese Liste eingestuft. Jedoch sollten auch die Kategorien iii und v in Betracht gezogen werden. Zur Auflistung der Kriterien zur Aufnahme in die Liste des Welterbes siehe Kapitel 3.1.3.

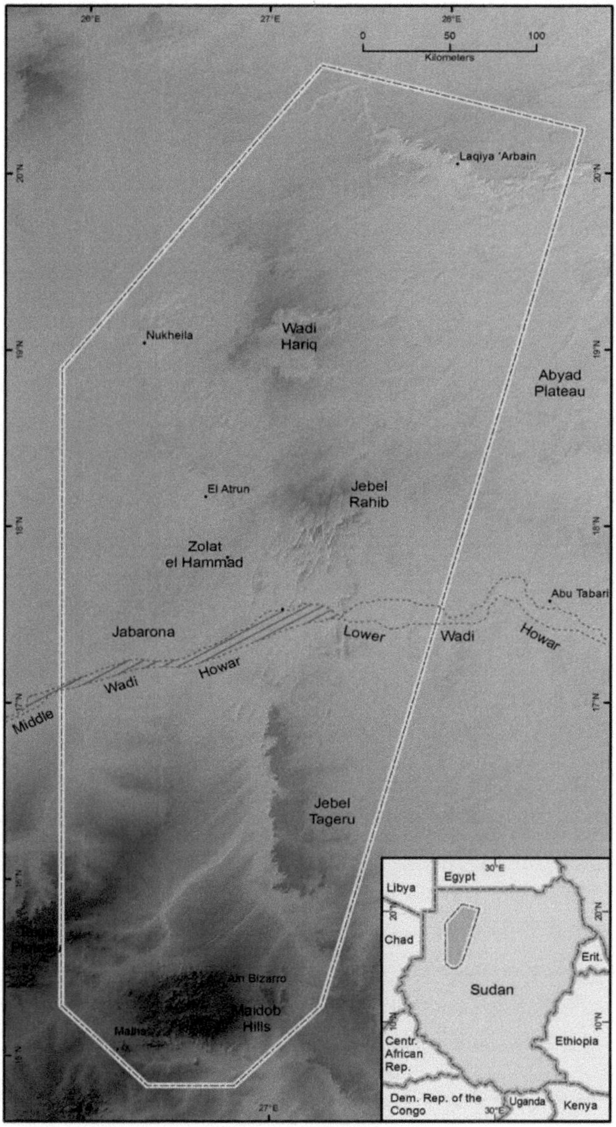

Rahmenbedingungen des WHNP

Karte 6-1: Der WHNP mit einem Höhenmodell. Der westliche Teil des Wadiverlaufs, das Mittlere Wadi Howar ist noch aktiv und blau schraffiert. Der östliche Abschnitt, das Untere Wadi Howar ist der fossile Teil und ist mit dem blau gestrichelten Umriss dargestellt.
Kartographie: OEHM; Quelle: GLCF 2008

6.1.1 Geographische Lage und naturräumliche Merkmale

Der WHNP liegt im Nordwesten des Sudan. Administrativ fällt er in die drei Wilayas, einer räumlichen Gliederungseinheit vergleichbar mit deutschen Bundesländern, Norddarfur, Nordkordofan und Northern State. Er erstreckt sich mit einer Nord-Süd-Ausdehnung von etwa 550 km (14° 50′ N bis 20° 37′ N) über eine Fläche von etwa 100 000 km². Seine Ost-West Ausdehnung reicht von 25° 50′ O bis 28° 45′ O. Er umfasst sowohl hyperaride Gebiete der Wüstenzone im Norden als auch Sahelgebiete der Halbwüstenzone im Süden.

Topographisch ist der Park durch verschiedene, markante Besonderheiten gekennzeichnet. Am Südrand des Parks liegen die vulkanischen Maidob Hills. Der dort gelegene Malha Krater mit seinem See ist die nördlichste sudanesische Wasserstelle für Rinder. Nordwestlich der Maidob Hills schließt sich das Teiga Plateau an. Nordöstlich befindet sich das zerschnitte Sandsteinplateau des Jebel Tageru. Das Namen gebende und dominante Merkmal der Region ist das Wadi Howar. Mit etwa 1 050 km Länge reicht es von seinem ehemaligen Quellgebiet im Osttschad bis zu seiner Mündung in den Nil bei Old Dongola. Das Wadi kann aufgrund hydrologischer, geomorphologischer und geologischer Eigenschaften in drei Abschnitte gegliedert werden, das Obere, das Mittlere und das Untere Wadi Howar (KRÖPELIN 1993a, 20). Das Obere und das Mittlere Wadi Howar sind aktive Wadibereiche mit gelegentlichem Oberflächenabfluss und das Untere Wadi Howar ist ein inaktives, fossiles Wadi.

Innerhalb des Parks befinden sich Abschnitte des Mittleren und des Unteren Wadi Howar. Siedeldünen - Parabeldünen, die durch neolithische anthropogene Hinterlassenschaften fixiert sind - ziehen sich entlang des ehemaligen Uferbereiches des Wadi Howar. Umgeben sind die Siedeldünen von rezenten und aktiven Barchanen, die sich über weite Teile des Parkgebietes erstrecken (KRÖPELIN 1999, 475-477).

Rahmenbedingungen des WHNP

Foto 6-1: Aktive Barchane im Bereich des Jebel Rahib
Foto: Kröpelin

Foto 6-2: Eine Siedeldüne. Bei angenommener gleicher Hauptwindrichtung, wie auf dem vorigen Foto, ist zu erkennen, dass die Parabel in die entgegengesetzte Richtung geöffnet ist.
Foto: Kröpelin

Nördlich des Wadi Howar schließt sich der etwa 30 km breite und 60 km lange Jebel Rahib an. Diese etwa 250 Meter hohe Formation besteht aus Graniten des Grundgebirges. Westlich des Jebel Rahib liegt Zolat el Hammad. Dieser Zeugenberg besteht aus bis zu 20 Meter hohen Sandsteinsäulen. Etwa 100 km nördlich befindet sich Wadi Hariq; daneben sind die drei großen Oasen, die durch Ausblasung geformten Ablagerungen ehemaliger Sumpfgebiete von Laqiya`Arbain, der grundwassergespeiste See von Nukheila und die Salzminen von El Atrun, wichtige topographische Merkmale des Parks.

Foto 6-3: Eine Siedeldüne mit einer Fülle von archäologischen Artefakten. Diese befestigen die Düne und sind ausschlaggebend für ihre Form.
Foto: Kröpelin

Wadi Howar National Park (WHNP)

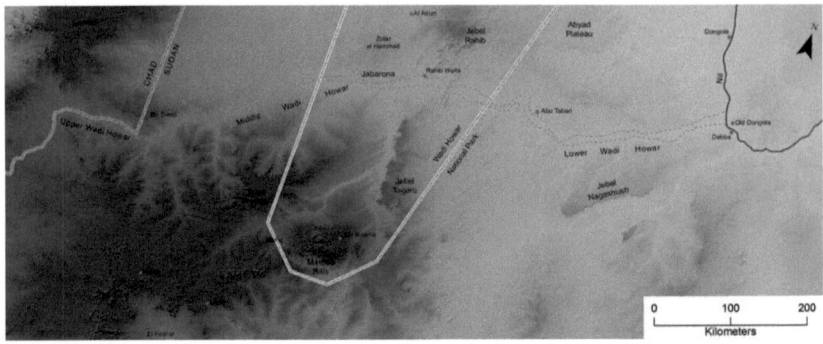

Karte 6-2: Der Verlauf des Wadi Howar. Von seiner Quelle im tschadisch-sudanesischen Grenzgebiet bis zu der ehemaligen Mündung in den Nil bei Old Dongola. In gelb ist die Grenze des südlichen Bereichs des WHNP eingezeichnet.
Kartographie: OEHM; Quelle: GLCF 2008

Foto 6-4: Felsformationen des Jebel Rahib
Foto: Kröpelin

Foto 6-6: Diese Reibsteine bei Abu Tabari zeugen von den ehemals feuchteren klimatischen Konditionen der Region. In den Reibmulden wurde Wildgetreide verarbeitet.
Foto: Kröpelin

Foto 6-5: Bir Rahib (Rahib Wells) ist der einzige Brunnen in einem Umkreis von mehreren Tagesreisen per Kamel
Foto: Kröpelin

Foto 6-7: Die unzähligen Artefakte bei Jabarona zeugen von einer ehemals dichten Besiedlung über mehrere tausend Jahre hinweg
Foto: Kröpelin

Rahmenbedingungen des WHNP

Foto 6-8: Die Oase von Nukheila
Foto: Kröpelin

Foto 6-9: Ausgeblasene Seeablagerungen (Yardangfelder)
Foto: Kröpelin

Foto 6-10: Die mit Dünen besetzten Serirflächen sind ein landschaftlich bestimmendes Element in der Region des WHNP. Hier eine Aufnahme etwa 200 km östlich des Parks.
Foto: OEHM

Die großen Flächen des Parks sind einerseits durch eine Vielzahl von karbonatischen Paläoseen und silikatischen Playa-Ablagerungen geprägt, die durch äolische Prozesse größtenteils zu Yardangfeldern geformt wurden. Andererseits beherrschen ausgedehnte, teilweise durch Barchanfelder aufgelockerte Serir- und Hamadaflächen die Landschaft (KRÖPELIN 1993a, 63-64; ders. 1993b, 565).

Klimatisch weist der Park verschiedene Zonen auf. In den nördlichen Gebieten herrschen hyperaride Verhältnisse vor. Aus verschiedenen Parametern, sowie den nächstgelegenen Klimastationen lassen sich Näherungswerte errechnen. Genaue Angaben sind nicht verfügbar, da es in dem Gebiet außer in Malha an den Maidob Hills keine regulären, kontinuierlichen Klimaaufzeichnungen gibt. Jährliche Niederschlagsmengen sind für den Norden mit etwa 5 mm anzugeben. Dabei kommt es lediglich in wenigen Jahren überhaupt zu Niederschlagsereignissen. In den südlichen Bereichen werden etwa 100 - 150 mm erreicht. Die potentielle Verdunstung ist aufgrund der nahezu maximal möglichen Sonnenscheindauer sehr hoch; sie liegt bei geschätzten 4,75 - 7,3 Metern (KRÖPELIN 1993a, 28-30; CRAIG 1991, 196-197). Ein weiteres charakteristisches Klimamerkmal der Region sind die

Wadi Howar National Park (WHNP)

starken Winde aus nördlicher und nordöstlicher Richtung und Staubstürme.

Flora und Fauna sind in Abhängigkeit der beschriebenen klimatischen Bedingungen spärlich. Im Norden des Parks gibt es lediglich in den Oasen Palmen- und Akazienvegetation, in Nukheila darüber hinaus noch angepasste Salzwasserpflanzen. Etwa zwischen dem Wadi Howar und den Maidob Hills breitet sich die so genannte Gizzu-Vegetation aus (siehe Karte 6-3, S. 215). Sie besteht aus Kräutern und Gräsern, die während der feuchten Jahreszeit zwischen Juni und September grünen. Sowohl für Wildtiere als auch für die Kamelherden der Nomaden stellen sie wichtige Weidegründe dar (KRÖPELIN 1993a, 37, 42-44; IBRAHIM 1984, 74-76). Die differenzierteste Artenzusammensetzung findet sich entlang des Wadi Howar, in weiten Teilen als offene Baumsavannenvegetation in unterschiedlicher Ausprägung. Insgesamt erscheint der Wadiverlauf als Mosaik aus Dünenfeldern, Felsausbissen, Dornstrauchfragmenten mit einer Ausdehnung von wenigen Dekametern in der Breite und bis zu mehreren hundert Metern Länge, sahelischen Grasfluren und Totholzbänken im Wadiverlauf. Östlich des Jebel Rahib nimmt die Vegetation stark ab und reduziert sich auf einzelne Busch- und Grasbestände (NUSSBAUM et al. 2007, 40). Im Oberen Wadi Howar gibt es einen „Wüstenwald", der dem WHNP als Exklave angeschlossen werden soll (KRÖPELIN 2007, 38). Dieser stellt eine Reliktvegetation aus den feuchteren Phasen des Holozäns dar. Die Vegetation im Wadi Howar ist überwiegend von den Grundwasserflüssen abhängig. Der Abfluss von Oberflächenwasser nimmt vom Oberlauf zum Unterlauf ab. Gibt es am Oberen Wadi Howar noch bis zu zwei Meter hohe Abflusswellen, finden sich hinter dem Jebel Rahib keinerlei Hinweise auf Oberflächenabfluss.

Der Wildtierbestand konzentriert sich größtenteils auf die südliche Hälfte des Parks. Neuere Untersuchungen hierzu gibt es nicht, jedoch ist der Bestand einiger Tierarten bekannt; hierzu zählen Barbary-Schafe und verschiedene Gazellenarten.

Rahmenbedingungen des WHNP

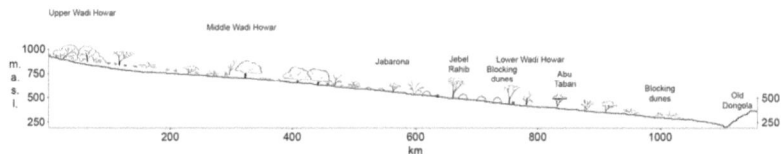

Abbildung 6-1: Profil des Wadi Howar. Die Vegetation nimmt von der Quelle bis zur Mündung hin ab.
Quelle: modifiziert nach NUSSBAUM et al. 2007 und KRÖPELIN 1993a

Foto 6-11: Blick in das Obere Wadi Howar mit Akaziendornstrauchvegatation
Foto: Nussbaum

Foto 6-13: Flach überstrichenes Gelände mit verteiltem Pflanzenbewuchs, hauptsächlich Kapernstrauch (Caperis decidua)
Foto: Nussbaum

Foto 6-12: Üppige Akaziendornstrauchvegetation des „Märchenwaldes" am Lauf des Oberen Wadi Howars
Foto: Nussbaum

Foto 6-14: Dichter Galleriewald im Bereich des „Märchenwaldes". Die in den Bäumen hängenden Pflanzenreste sind ein Anzeichen für den episodischen, bis zu 2 Meter hohen Oberflächenabfluss von Wasser in diesem Bereich
Foto: Nussbaum

Wadi Howar National Park (WHNP)

Foto 6-15: Im Bereich des oberen Mittleren Wadi Howars prägen verhärtete Dünen und Polstervegetation das Landschaftsbild
Foto: Nussbaum

Foto 6-18: Gizzu-Vegetation im Bereich des Mittleren Wadi Howars, etwa zwei Wochen nach einem Regen. Die späten Sommerniederschläge reichen bis in den Oktober hinein und stellen die Grundlage für die Weidegründe der Regenzeit dar.
Foto: DARIUS

Foto 6-16: Im weiteren Verlauf des Mittleren Wadi Howars sind noch vereinzelte Akazienhaine vertreten
Foto: Darius

Foto 6-19: Trockene Gizzu-Vegetation. Nomaden kommen etwa von Oktober bis Januar in die Region.
Foto: DARIUS

Foto 6-17: Die Baumvegetation wird im unteren Wadi Howar zunehmend von Strauchvegetation abgelöst
Foto: Darius

Foto 6-20: Im Bereich des Unteren Wadi Howars sind nur noch isolierte Vorkommen von hillocks, Sandhügel mit Büschen anzutreffen, hier ein Shau-Strauch
Foto: Darius

6.1.2 Sozioökonomische Situation

Wenn man die sozioökonomische Situation für den WHNP beschreibt, muss man sich auf die südlichen Bereiche des Parks und die südlich anschließenden Gebiete konzentrieren. In den nördlichen Bereichen gibt es nahezu keine Bevölkerung. Wie oben bereits angedeutet, sind die einzigen festen Siedlungen des Parks im Bereich der Maidob Hills zu finden. Das Wadi Howar stellt die ungefähre Nordgrenze für die mobile Tierhaltung dar. Die Beweidung erscheint als einzig mögliche Nutzung dieser Gebiete. Die Wanderungsbewegungen der mobilen Tierhalter halten sich in der Trockenzeit (November - April) an die Wadiläufe, weil dort ganzjährige Brunnen die Wasserversorgung sicherstellen. Während der Regenzeit (Mai - Oktober) nutzen sie die Gizzu-Flächen. Aufgrund der hohen Anzahl an Sukkulenten in der Zusammensetzung der Gizzu-Vegetation sind die Herden unabhängig von Wasser. Das über die Nahrung aufgenommene Wasser reicht ihnen bis zu vier Monate zum Überleben. Die Hirten decken ihren Flüssigkeitsbedarf in dieser Zeit ausschließlich durch die Kamelmilch (CRAIG 1991, 208). Generell kann festgestellt werden, dass die Wander- und Siedelaktivitäten stark von den jährlichen Niederschlagsmengen abhängen. Die große räumliche und zeitliche Niederschlagsvariabilität führt dazu, dass sich die räumlichen Nutzungsmuster temporär in ihrer Gesamtheit verschieben: in feuchten Jahren nach Norden und in trockenen Jahren nach Süden. Innerhalb dieser generellen Muster variieren die Wanderbewegungen von Jahr zu Jahr.

Wadi Howar National Park (WHNP)

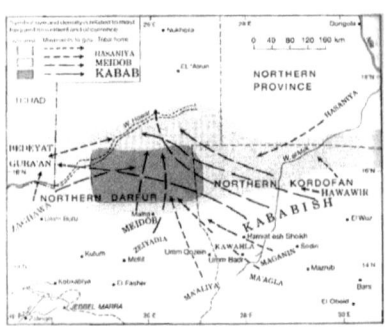

Karte 6-3: Vorkommen und Nutzung der Gizzu-Flächen
Quelle: Wilson 1978, 329

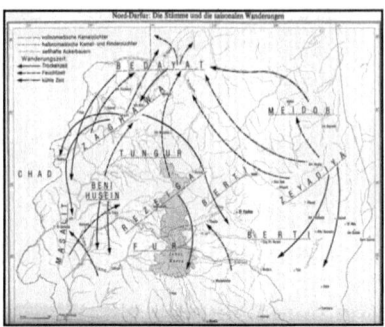

Karte 6-5: Wanderungsbewegungen der nomadischen Stämme im Norddarfur
Quelle: Ibrahim 1980, 114

Karte 6-4: Wanderungsbewegungen der mobilen Tierhalter im Westsudan, oben für die feuchte, unten für die Trockenzeit
Quelle: Ibrahim 1984, 126

Foto 6-21: Zaghawa-Frauen sammeln Wildgetreide
Foto: Kröpelin

Foto 6-22: Regenfeldbau an einem Hang im Bereich südlich des WHNP. Durch die Steinwälle werden die seltenen Niederschläge an schnellem Abfließen gehindert.
Foto: Nussbaum

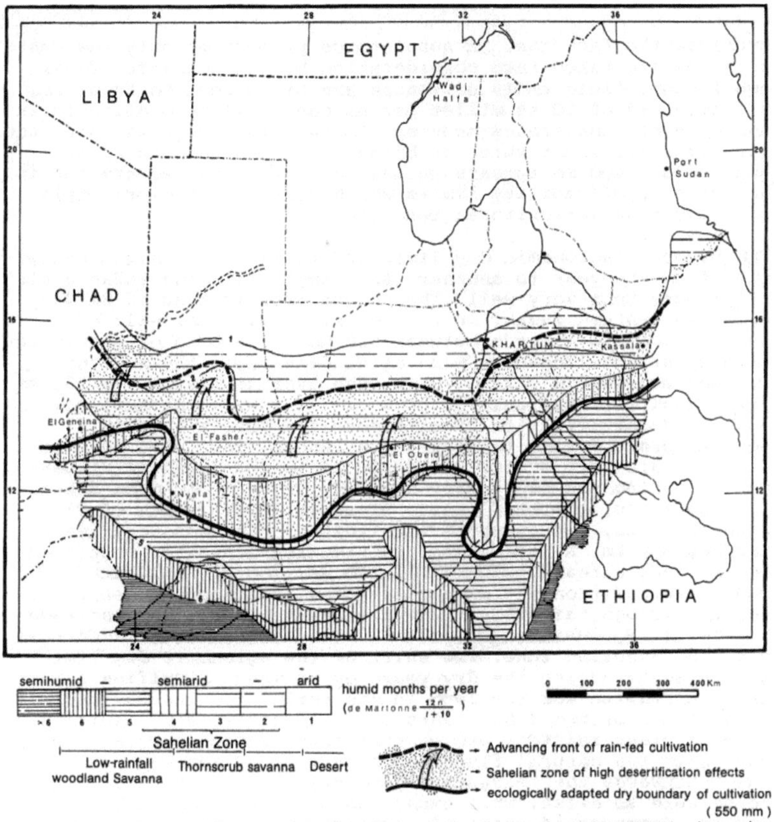

Rahmenbedingungen des WHNP

Fig.30 The Sahelian zone of the Republic of the Sudan. The extension of rain-fed cultivation beyond the ecologically adapted agronomic dry boundary.

Source: IBRAHIM, MENSCHING, 1978

Karte 6-6: Vorrücken des Regenfeldbaus jenseits der agronomischen Trockengrenze im Sudan
Quelle: Ibrahim 1984, 117

Wadi Howar National Park (WHNP)

Foto 6-23: Die Region der Maidob Hills, die im Hintergrund zu erkennen sind, ist durch eine sahelische Vegetation, mit Grasdecke, Bäumen und Sträuchern geprägt
Foto: Nussbaum

Südlich des WHNP nimmt die Bevölkerungsdichte zu. Die dort lebenden Menschen sind in die Planungen eines Managementplans mit einzubeziehen, da sie mit dem Park in einem räumlichen Wirkungsgefüge stehen. Aufbauend auf noch zu erhebenden sozioökonomischen Basisdaten sollten diese Menschen über partizipative Methoden eingebunden werden. In dem für die Untersuchungen relevanten Gebiet gibt es je nach Autor eine unterschiedliche Anzahl von Volksgruppen bzw. Stämmen, welche die natürlichen Ressourcen nutzen. Die Hauptvolksgruppen sind die Fur, Meidob, Zaghawa, Kababish, Zeiyadiya und Rezeigat (LEBON 1965; IBRAHIM 1984). Bis in das Gebiet der Berti Hills, etwa 30 km südlich der Maidob Hills, an der Grenze des WHNP, wird Ackerbau betrieben. Die Hauptfrucht zur Ernährungssicherung ist Hirse, angebaut werden aber auch Wassermelonen, Okraschoten und Tomaten. Besonders um die Provinzhauptstadt El Fasher wird Tabak für den Markt angebaut (IBRAHIM 1984, 106-112).

Die traditionelle Wechselfeldwirtschaft wurde zu großen Teilen aufgegeben, da der Bevölkerungsdruck dazu zwingt, die Felder ohne Brache zu nutzen. Dies führt dazu, dass die Böden an Fruchtbarkeit einbüßen, die Erträge sinken und die Rehabilitationskraft der Böden auf Dauer geschädigt wird. Weiterhin bietet die Art des Hirseanbaus viele Ansatzpunkte für Deflation und Erosion (Bodenabtrag durch Wind und Wasser). Aufgrund der Ackerbautätigkeiten sind bereits viele der Qoz-Flächen (durch Vegetation befestigte Altdünen) zerstört und die darunter liegenden Sanddünen reaktiviert worden (IBRAHIM 1984, 210). Der Anbau von Hirse ist einer der treibenden Faktoren für die Desertifikation. Schon in den 1980er Jahren hat der Ackerbau die agronomische Trockengrenze überschritten.

Rahmenbedingungen des WHNP

Diese liegt hier bei 500 mm Niederschlag pro Jahr und stellt zumindest theoretisch die Grenze dar, jenseits welcher Ackerbau nicht mehr möglich ist, ohne die Ökosysteme dauerhaft zu schädigen (OSMAN 1990). Damit tritt der Ackerbau in direkte Konkurrenz mit den Viehhaltern, die dort ihre angestammten Weidegründe haben (CRAIG 1991, 209-211; IBRAHIM 1984, 112-122). Konflikte zwischen sesshaften Bauern und Tierhaltern und mobilen Tierhaltern sowie ökologische Degradierung sind die Folge und können als eine der Ursachen für die momentanen Auseinandersetzungen im Darfur gesehen werden (SHAZALI 2003). IBRAHIM hat schon in den frühen 1980er Jahren festgestellt, dass durch die Ausweitung der Ackerflächen der sesshaften Bevölkerung die mobilen Tierhalter immer mehr in klimatische Ungunsträume vertrieben werden (IBRAHIM 1984, 112-122). Auch der Verfall von Wasserstellen kann dazu führen, dass gewisse Gebiete, die potentielles Weideland darstellen, nicht genutzt werden können (MEISSNER et al. 2004). Die Ungunsträume werden somit weit über ihre Tragfähigkeit hinaus beweidet und verlieren weiter an Qualität.

In den Jahren 2000 - 2003 ist die Situation durch extreme Trockenheit noch verschärft worden. Es kann davon ausgegangen werden, dass bis zu 60% der Tierhalterhaushalte von starken Verlusten betroffen sind (UN 2003). Dies führt für viele Haushalte zu erheblichen ökonomischen Schwierigkeiten, da ihre Herden oftmals die Lebensgrundlage darstellen. Für die Weiden ergibt sich darüber hinaus kaum Besserung, da die Vegetation trotz sich verringernder Tierzahlen durch die Trockenheit schon mit den noch verbleibenden Tieren überbeansprucht wird. Für den Regenfeldbau kann, aufgrund der oben beschriebenen Probleme, von ähnlich schlechten Entwicklungen ausgegangen werden, so dass die allgemeine Ernährungssicherheit als mangelhaft eingestuft werden muss. Die Unterernährungsquote liegt bei ca. 23%, der Zugang zu sauberem Trinkwasser ist nur für 44% der Bevölkerung gesichert. Das Hauptgrundnahrungsmittel Hirse wird von der pastoralen Bevölkerung meist gegen den Tausch von Ziegen erwor-

Wadi Howar National Park (WHNP)

ben. Das Preis für einen 100 kg-Sack Hirse liegt, je nach Marktsituation bei ein bis drei Ziegen (STC 2003).

Lösungsansätze zur Verminderung des Nutzungsdrucks sind bereits lange in der Diskussion, jedoch in der Praxis meist schwer umsetzbar. Als wichtige Elemente sind die Neuordnung der Landnutzungsrechte, die Bereitstellung angemessener Infrastruktur für die Vieh- und Ackerbauern, die Schaffung von Beschäftigungen außerhalb der Vieh- und Landwirtschaft und Kooperationsformen zwischen Ackerbauern und mobilen Tierhaltern zu nennen. Hierzu ist es notwendig, aktuelle Daten zur Landnutzung der Region zu erheben. Gerade durch die Unruhen der letzten Jahre ist älteres Datenmaterial nicht mehr hinreichend aktuell. Neue Untersuchungen sollten durchgeführt werden, sobald die Sicherheitslage dies zulässt.

6.1.3 Schützenswertes im WHNP

Der WHNP ist in verschiedener Hinsicht ein schützenswertes Gebiet. Er repräsentiert die Sahara hinsichtlich ihrer ökosystemaren und ihrer erd- und kulturgeschichtlichen Aspekte. Wüsten und Halbwüsten machen etwa die Hälfte des sudanesischen Staatsgebietes aus. Bis zur formellen Etablierung des WHNP existierte im Sudan kein Schutzgebiet in dieser Zone. Daher wird er von verschiedenen Seiten im Sudan sehr begrüßt (Interviews AWAD; TIGALI). Im Folgenden werden die schützenswerten Merkmale des Parks in drei Gruppen gegliedert:

- Flora und Fauna;
- Geologie und Geomorphologie;
- Archäologie.

Die **Flora und Fauna** des Parks wurde in Kapitel 6.1.1 bereits beschrieben. Sie beherbergt sowohl hoch spezialisierte Pflanzen, als auch Reliktvegetation als Zeugen einer feuchteren Vergangenheit. Die Tierspezies sind ebenso einzigartig wie bedroht, verschiedene Arten wurden bereits ausgerottet. Es gilt, die verbleibenden Tiere zu schützen und ausgestorbene Arten wieder einzuführen. An verschiedenen Gunsträumen könnten Addax- und Oryx-Antilopen, Mähnenschaf, Geparde, Wildhunde,

Rahmenbedingungen des WHNP

Hyänen, Falken und Strauße wieder angesiedelt werden (KRÖPELIN 1999, 495-500).

Sowohl die **Geologie** als auch die **Geomorphologie** bieten aufschlussreiche Einblicke in die Erdgeschichte des nordöstlichen Afrika. Diese Zeugnisse reichen von 2,4 Milliarden Jahre alten Gesteinen des Jebel Rahib aus dem Proterozoikum bis zu den Nachlässen der holozänen Feuchtphase (etwa 8 500 bis 5 000 vor unserer Zeitrechnung (v.u.Z.)). Neben dem wissenschaftlichen Erkenntniswert stellen diese Strukturen außergewöhnliche Beispiele der naturräumlichen Ästhetik des Wüstenraums dar.

Einige der geologischen Formationen sollten innerhalb des Parks besonders hervorgehoben und geschützt werden. Jebel Rahib sollte als Geopark[17] ausgewiesen und in die Global Indicative List of Geologically Relevant Sites (GILGERS) der UNESCO aufgenommen werden (KRÖPELIN 1999, 500). Damit würde seine Bedeutung für die geologische Geschichte des Sudans und der östlichen Sahara unterstrichen. Er umfasst neben den 2,4 Milliarden Jahre alten Gesteinen Hinweise zu verschiedenen erdgeschichtlichen Ereignissen der letzten mehreren Hundertmillionen Jahre. Orogenetische Prozesse sind dabei ebenso nachzuvollziehen wie verschiedene Transgressionsstadien der letzten 600 Millionen Jahre. Jebel Tageru war die südliche Grenze der frühen silurischen Transgression vor 435 Millionen Jahren. Das Plateau aus Nubischem Sandstein selbst wurde erst später durch die Ablagerung von sandigen Kontinentalsedimen-

---

[17] Seit den Jahr 2004 unterstützt die UNESCO weltweit den Zusammenschluss von Geopark-Initiativen, hieraus ging das „Weltnetz der Geoparks" hervor. Bisher sind 52 Geoparks in diesem Verbund zusammengeschlossen. Die Kriterien zur Aufnahme sind weniger streng als beispielsweise bei der UNESCO Welterbeliste. Generell können „Gebiete mit landschaftlichen oder geologischen Besonderheiten" aufgenommen werden, die im nationalen oder kontinentalen Maßstab bedeutend sind (UNESCO 2008b). „A 'geopark' is a nationally protected area containing a number of geological heritage sites of particular importance, rarity or aesthetic appeal.

A 'geopark' achieves its goal through a three-pronged approach, viz. conservation (a 'geopark' seeks to conserve significant geological features, and explore and demonstrate methods for excellence in conservation), education (a 'geopark' organizes activities and provides logistic support to communicate geoscientific knowledge and environmental concepts to the public, through various modes), and tourism (a 'geopark' stimulates economic activity and sustainable development through geotourism, and encourages the creation of local enterprises and cottage industries involved in geotourism and geoproducts)." (MAZUMDAR, 2007, 12)

ten gebildet (KRÖPELIN 2007, 23; ders. 1993a, 46).

Stratigraphische Untersuchungen in der Region des Parks und besonders entlang des Wadi Howar haben paläoklimatische Ergebnisse geliefert, die dazu dienen, den holozänen Klimawandel der Region zu verstehen (KRÖPELIN 1999). In der Kombination mit den weiter unten beschriebenen archäologischen Funden wurde das Ausmaß und die zeitliche Abfolge von klimatischen Änderungen nachvollzogen. Die Daten von etwa 150 archäologischen Grabungen und über 500 ^{14}C-Analysen, die im Rahmen der SFB 69 und 389 in den Jahren 1987 bis 2007 durchgeführt wurden, zeigen, dass es während der letzten etwa 10 000 Jahre extreme Klimaveränderungen in der Ostsahara gegeben hat. Ungefähr 8 500 v.u.Z. begannen erhöhte Niederschläge in den Bereich der heutigen Ostsahara zu ziehen. Dieser Klimawandel, wahrscheinlich durch die nordwärts gerichtete Verschiebung des Monsunregimes ausgelöst, hielt etwa fünf Jahrtausende an. Ab 5 300 v.u.Z. begann die stufenweise Austrocknung, deren Resultat das heutige Erscheinungsbild der Sahara ist (KUPER et al. 2006).

Im Rahmen des SFB 389/ACACIA wurden die bisher umfangreichsten **archäologischen Untersuchungen** in dem Gebiet des WHNP durchgeführt. Im Folgenden werden die für die vorliegende Arbeit relevanten Haupterkenntnisse dargestellt.

Bei den oben erwähnten Sandsteinsäulen von Zolat el Hammad findet sich die bedeutendste Häufung von Felsbildern in dem Gebiet des WHNP. Die Darstellungen sind unterschiedlichen Phasen des Holozäns zuzuordnen. Aus ihnen lassen sich Rückschlüsse auf die palökologischen Gegebenheiten der Region ziehen (KRÖPELIN 1993a, 59-62).

Foto 6-24: Felsbilder bei Zolat el Hammad
Foto: Kröpelin

Von archäologisch hohem Wert sind auch die Siedeldünen in der Umgebung des Wadi Howar. Die-

Rahmenbedingungen des WHNP

se hauptsächlich durch menschliche Artefakte befestigten Parabeldünen gewähren in zweierlei Hinsicht Einblicke in die Kultur- und Klimageschichte. Parabeldünen entstehen nicht in ariden, sondern in semi-ariden bis semi-humiden Klimaten. Aufgrund dessen können Rückschlüsse auf die Niederschläge zu ihrer Entstehungszeit getroffen werden. Darüber hinaus können durch eingehende Untersuchung der Artefakte weitgehende Aussagen zu der Besiedlungsgeschichte der Region getroffen werden. Die Herstellung von Tongefäßen stellt eine zentrale kulturelle Errungenschaft dar; ihre Formen und Verzierungen lassen eine zeitliche und kulturelle Zuordnung zu (JESSE et al. 2007, 42-43).

Neben den Siedeldünen gibt es noch weitere bedeutende Fundstellen in dem Gebiet des WHNP. Sie verteilen sich über die Fläche des Parks, weisen an einigen Stellen jedoch besondere Konzentrationen auf, wie beispielsweise im Wadi Hariq, am Jebel Tageru und in dem etwas westlich des Parks gelegenen Ennedi Erg. Zu erwähnen ist auch die Darb el Arba'in (Straße der 40 Tage), eine der fünf bekannten großen Karawanenrouten durch die Sahara. Sie verband Assiut in Mittelägypten mit Kobbe nahe El Fasher (KRÖPELIN 2007, 21).

Foto 6-25: Die Sandsteinsäulen bei Zolat el Hammad
Foto: Kröpelin

Die Ergebnisse der archäologischen und paläoklimatischen Untersuchungen der Region ergeben eine Einteilung der holozänen Feuchtphase in verschiedene Phasen. KUPER et al. (2006) identifizieren **vier Besiedlungsphasen** für die östliche Sahara:

1. frühholozäne Wiederbesiedlungsphase (8 500 bis 7 000 v.u.Z.);
2. mittelholozäne Anordnung (7 000 bis 5 300 v.u.Z.);
3. mittelholozäne Regionalisierung (5 300 bis 3 500 v.u.Z.);
4. spätholozäne Marginalisierung (3 500 bis 1 500 v.u.Z.).

Wadi Howar National Park (WHNP)

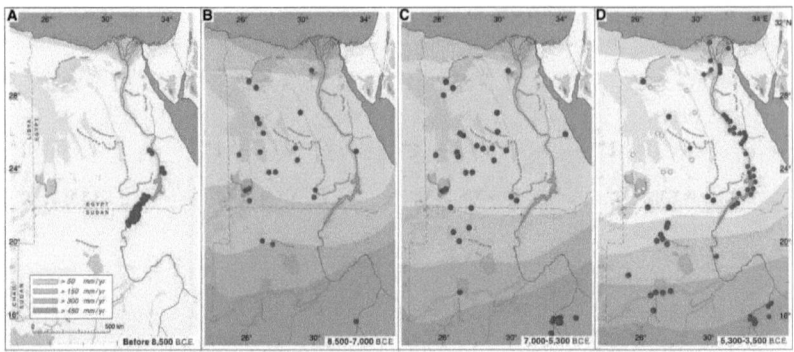

Karte 6-7: In der Zeit zwischen 8 500 und 3 500 v.u.Z. gab es verschiedene Besiedlungsphasen in der östlichen Sahara. Die roten Punkte markieren Siedlungsschwerpunkte und die weißen Punkte repräsentieren temporäre oder an isolierten Gunststandorten gelegene Siedlungen.
Quelle: KUPER et al. 2006, 806

JESSE et al. (2007) identifizieren **drei kulturelle Phasen**, die anhand von Keramikstil, Steinwerkzeugen und Wirtschaftsweisen unterschieden werden:

1. Dotted Wavy-Line (5 000 bis 4 000 v.u.Z.);
2. Leiterband (4 000 bis 2 200 v.u.Z.);
3. Handessi (2 200 bis 1 100 v.u.Z.).

Eine enge Verbindung zwischen den klimatischen Verhältnissen und den menschlichen Raummustern ist klar zu erkennen. Der Erhalt dieser Zeitzeugen ist bisher nur durch das aride Klima und die weitestgehende Abwesenheit von

Menschen möglich gewesen. Diese in der gesamten Sahara einzigartige Konzentration ist als Welterbe äußerst schützenswert. Die drei Karten auf der nächsten Seite stellen die Verteilung der Fundplätze und ihre Zuordnung zu den drei Phasen dar.

Rahmenbedingungen des WHNP

Foto 6-26: Siedeldüne mit Ton- und Steinartefakten sowie Knochen. Diese Funde sind wichtig für die Rekonstruktion der Siedlungs- und Klimageschichte der Region.
Foto: Darius

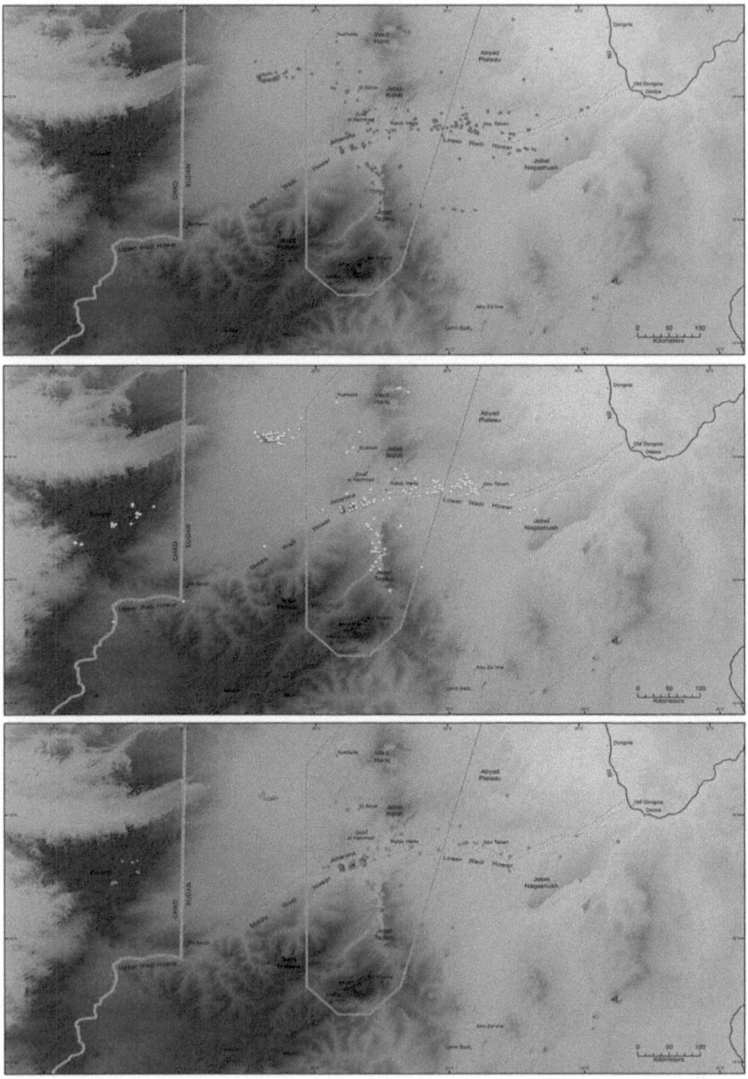

Wadi Howar National Park (WHNP)

Karte 6-8: Räumliche Verteilung der archäologischen Fundplätze nach ihrer zeitlichen Zuordnung. Die Punkte stellen Fundplätze der verschiedenen kulturellen Phasen nach JESSE et al. (2007) dar (obere Karte: 5 000 – 4 000 v.u.Z.; mittlere Karte: 4 000 – 2 200 v.u.Z.; untere Karte: 2 200 – 1 100 v.u.Z.). Gut zu erkennen ist die allmähliche räumliche Konzentration der Fundplätze auf feuchtere Standorte, beispielsweise entlang des Wadi Howars. Dies wird als Hinweis auf die Austrocknung der östlichen Sahara gedeutet.
Kartographie: OEHM; Entwurf: JESSE

Forschungsergebnisse

6.2 Forschungsergebnisse

Der WHNP befindet sich auch sieben Jahre nach seiner offiziellen Ausrufung noch in seiner Initialphase. Dies ist einerseits zu bemängeln, andererseits bietet es aber auch die Möglichkeit, bisherige Erfahrung im Schutzgebietsmanagement des Sudans in die Planungsprozesse mit einfließen zu lassen. Diese gilt es, mit den regionalspezifischen Chancen und Risiken zu koppeln, um ein effektives Management des Parks zu ermöglichen, welches die ökologischen und historischen Gesichtspunkte ebenso berücksichtigt wie die sozioökonomischen und kulturellen Belange.

6.2.1 Chancen

Trotz der beschriebenen Probleme des Schutzgebietsmanagements im Sudan bestehen Chancen, durch die Etablierung des WHNP die beschriebenen Natur- und Kulturgüter zu schützen. Um diese zu nutzen, ist es notwendig, sie zu identifizieren und zu benennen.

Ein entscheidender Vorteil des Gebietes ist es, dass es in weiten Teilen unbewohnt und die menschliche Nutzung gering ist. Der Mangel an Wasser und Vegetation macht es dem Menschen unmöglich, die nördlichen Teile des Parks dauerhaft zu nutzen. Auch in den südlichen, besiedelten Gebieten ist die Bevölkerungsdichte niedrig, sodass der Druck auf den Park relativ gering ist. Die periphere Lage und die schlechte Anbindung durch Straßen beziehungsweise Pisten schützen das Gebiet teilweise vor einer Übernutzung.

Aufgrund des beschriebenen kulturellen und natürlichen Erbes hat der Park gute Chancen, durch verschiedene internationale Institutionen gefördert zu werden (beispielsweise UNESCO Weltkultur- und Weltnaturerbe, GILGERS, MAB) Die in den letzen Jahrzehnten geleistete wissenschaftliche Forschungsarbeit hat die für die entsprechenden Anträge nötigen Daten geliefert.

Auch für den Tourismus bieten die Gegebenheiten ein hohes Potential. Die Zunahme an internationalem Wüstentourismus zeigt das generelle Interesse an Reisen in solche Gebiete. Die kulturelle und ästhetische Beschaffenheit des Gebietes

Wadi Howar National Park (WHNP)

macht sie zu einer Region mit hoher Anziehungskraft (Interviews HUSSEIN; OSMAN).

Trotz aller negativen Auswirkungen und der großen Risiken bietet der Darfurkonflikt potentiell auch kleine Chancen für den WHNP. Durch die Probleme gibt es eine große Präsenz von NGOs und eine erhöhte öffentliche Aufmerksamkeit für die Region. Eine große Anzahl von Politikern und Prominenten haben öffentlich zu diesem Konflikt Stellung bezogen. Wenn es gelingt diese Aufmerksamkeit zu nutzten, und den Zusammenhang zwischen Lösungsansätzen für den Konflikt und dem WHNP zu verdeutlichen, wären die Chancen für eine internationale Finanzierung des WHNP gegeben, um dadurch eine Abkehr von einem reinen „paper park" voranzubringen.

6.2.2 Risiken

Den beschriebenen Chancen stehen Risiken gegenüber, welche den Erhalt der zu schützenden Güter des Parks bedrohen. Dabei sind es teilweise die gleichen Rahmenbedingungen, welche sowohl die Chancen, als auch die Risiken für den Park in sich bergen.

So schützt die periphere Lage den Park zwar bisher vor großen Eingriffen durch **Extraktionswirtschaft** oder anderen industriellen Aktivitäten, jedoch bereitet sie in Kombination mit der Größe und der schlechten Befahrbarkeit Probleme bei der Umsetzung und Kontrolle eines potentiellen Managementplans, Patrouillen sind flächendeckend nicht durchführbar. Insgesamt verlangt die Lage und Größe des Parks eine umfassende Ausstattung der Parkverwaltung mit Fahrzeugen, Funk, etc. Um dies leisten zu können, sind die Rahmenbedingungen aus institutionellen, finanziellen und personellen Möglichkeiten im Sudan bisher nicht ausreichend.

Der **Darfurkonflikt** stellt im Moment eine Bedrohung für den Park dar. Die bisherigen sozioökonomischen Bedingungen werden radikal verändert und der Druck auf die natürlichen Ressourcen steigt. Für den Tourismus ist der Konflikt ebenfalls stark abträglich. Auch wenn trotz der Gewalt weiterhin Touristen in die Region fahren, ist

Forschungsergebnisse

eine kontrollierte Steuerung des Tourismus unter den momentanen Bedingungen nicht möglich. Dieser somit **unkontrollierte Tourismus** trägt zur Zerstörung der ästhetischen und kulturellen Integrität des Parks bei. Besonders das Zerfurchen breiter Geländepassagen durch die Fahrzeuge, sowie die Beschädigung durch Vandalismus an archäologischen Fundplätzen, tragen hierzu bei.

Besonders gefährdet sind die Oasen im Park. Durch die Verfügbarkeit von Wasser sind sie die Hauptanziehungspunkte für menschliche Aktivitäten in dem Gebiet. Dies gilt für Touristen ebenso wie für Militärs und Händler, die von Libyen in den Sudan kommen. Da diese Gebiete hochsensible ökologische Einheiten darstellen, sind die menschlichen Aktivitäten dort besonders zu beschränken. Um die Beschränkungen angemessen zu formulieren, ist es wichtig eine Studie über die momentane Nutzung der Oasen zu erstellen. Auf dieser Basis gilt es dann gemeinsam mit den Beteiligten Regelungen zu finden, welche gleichzeitig den Schutz und die notwendige Versorgungsfunktion garantieren. Jedoch ist die Überwachung der Einhaltung dieser Beschränkungen aufgrund der Entlegenheit schwierig.

Foto 6-27: Vandalismus an archäologischen Felsritzungen, hier in Ägypten, sind die Folge von unkontrolliertem Tourismus
Foto: Kuper

Foto 6-28: Auch schlecht geschultes und gelangweiltes Militärpersonal stellen eine Gefahr für archäologische Plätze dar, wie diese Aufnahme aus der Westsahara zeigt
Foto: OEHM

6.2.3 Lösungsansätze

Um die Chancen zu nutzen und die Risiken zu minimieren, sind praktische Lösungsansätze nötig. Diese müssen alle beteiligten Interessensgruppen berücksichtigen: die internationalen Geber, die nationalen und regionalen Verwaltungs- und Regierungsstellen, die lokale Bevölkerung und die Tourismusindustrie.

Der erste grundlegende Schritt ist die **Identifizierung von potentiellen internationalen Geberinstitutionen**. Bei diesen Stellen muss ein fundierter Antrag zur Förderung gestellt werden. Dabei ist darauf zu achten, dass von Anfang an eine möglichst langfristig angelegte Förderung eingeworben wird. Darüber hinaus ist weitestgehend klarzustellen, dass alle beteiligten Gruppen vor Ort ihren Verpflichtungen nachkommen können und wollen, die mit der Zuteilung der Finanzierung einhergehen. Ein Wegfall der Finanzierung nach wenigen Jahren durch mangelnde Kooperation der Regionalregierungen wie im DNP muss verhindert werden. Die Bedingungen der Zahlungen seitens internationaler Geber sind daher an vorausschauende Konditionen zu knüpfen.

Der nächste Schritt zur erfolgreichen Umsetzung des WHNP ist die **Erstellung eines Managementplans**. In diesem müssen die notwendigen praktischen Schritte zum Schutz des Parks festgelegt und Personalfragen, Ausstattung, Logistik, Sanktionsmechanismen, etc. geregelt werden. Aber auch die theoretischen Fragestellungen nach dem Ziel des Parkmanagements müssen erläutert werden. Der Managementplan hat die Aufgabe, als praktischer Leitfaden und als übergeordneter Orientierungsrahmen für alle involvierten Gruppen zu dienen. Bei der Erstellung sollten diese daher möglichst zielorientiert mit eingebunden werden. Die bisherigen Treffen des Management Plan Steering Committee fanden in Khartum statt, also über 1 000 km vom Park entfernt und konnten die lokale Bevölkerung somit nicht einbeziehen.

In dem Managementplan sollte auch die übergreifende Kooperation mit anderen Schutzgebieten in der Region angeregt werden. Dies gilt sowohl für den sudanesischen

Forschungsergebnisse

Teil des Jebel Ouenat als auch für die Schutzgebiete in den angrenzenden Ländern Tschad, Libyen und Ägypten (siehe Karte 6-9, S. 231). Dies kann im Sinne des Peace Park Konzeptes die schwierigen Beziehungen dieser Länder bestenfalls verbessern, oder zumindest jedoch dafür sorgen, dass der Kontakt auf einem relativ ungewichtigen Politikfeld aufrechterhalten wird. Durch den Zusammenschluss kann auch der Austausch von Erfahrungen und Wissen gefördert werden. Es können überdies Lösungsansätze transferiert werden, da die Problematik für die Schutzgebiete in der Region weitgehend ähnlich gelagert ist.

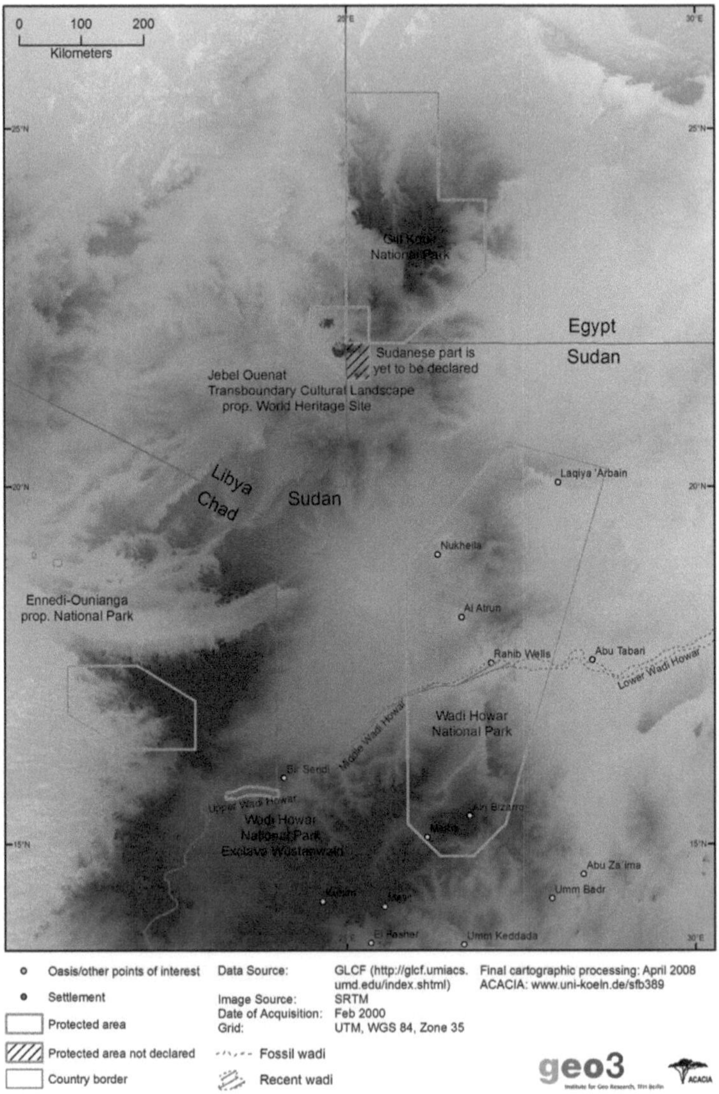

Wadi Howar National Park (WHNP)

Karte 6-9: Schutzgebiete in der östlichen Sahara, im Grenzgebiet zwischen Sudan, Tschad, Ägypten und Libyen. Ein länderübergreifendes Konzept zum Schutz dieser Gebiete würde Symbioseeffekte für das Management und den Tourismus bringen.
Kartographie: OEHM; Quelle: GLCF 2008

Forschungsergebnisse

Auch nach der Erstellung des Managementplans müssen die **Bedürfnisse der Bevölkerung** weiter berücksichtigt werden. Das beinhaltet bei der praktischen Umsetzung, besonders im Süden des Parks, eine möglichst aktive Beteiligung der dort lebenden Menschen. Fest institutionalisierte Austauschforen zwischen der Bevölkerung, der Nationalparkverwaltung und den zuständigen politischen Einrichtungen sind wichtig, um einen ständigen Dialog aufrecht zu erhalten. Die sich daraus ableitenden Maßnahmen müssen an die Lebensweisen der Bevölkerung angepasst sein, und auch den mobil lebenden Gruppen gerecht werden.

Der **Tourismus** muss mittelfristig reglementiert und in Bahnen gelenkt werden, die einerseits den Park nicht beeinträchtigen und andererseits ökonomische Vorteile für die Region bringen. Dabei ist es notwendig, die Anbieter von Reisen in die Region in die Planungen mit einzubeziehen. Klare Reglementierungen und entsprechende Schulung des Personals sind unerlässliche Bedingungen, um diesen Ansprüchen gerecht zu werden.

6.2.4 Partizipation der lokalen Bevölkerung als Notwendigkeit

Die Partizipation der lokalen Bevölkerung stellt im Fall des WHNP eine besondere Herausforderung dar. Zwar leben nur wenige Menschen in dem Gebiet, jedoch schafft der teilweise nomadische Hintergrund der Menschen schwierige Voraussetzungen für die Einbeziehung dieser Gruppen. An feste Orte und Zeiten gebundene Prozesse sind nicht möglich, stattdessen müssen flexible Mechanismen zur Integration gefunden werden, welche die verschiedenen soziokulturellen Faktoren berücksichtigen.

Zunächst muss die gesellschaftliche und ethnische Strukturierung beachtet werden. Innerhalb dieser Strukturen gilt es, wiederum darauf zu achten, dass die verschiedenen Untergruppen möglichst gleichberechtigt einbezogen werden. Die Prozesse müssen darüber hinaus möglichst effizient ausgelegt sein, damit die Menschen die

Wadi Howar National Park (WHNP)

Zeit finden, um daran teilzunehmen.

Die Menschen müssen die Maßnahmen des Schutzgebietsmanagements positiv wahrnehmen. Bestimmte Begleitmaßnahmen und Bewusstseinsbildung müssen mit den unvermeidbaren restriktiven Maßnahmen einhergehen, damit diese verstanden und akzeptiert werden. Grundlegende, lebensnotwendige Aktivitäten müssen weiterhin erlaubt bleiben. Hier gilt es abzuwägen, welche Tätigkeiten mit den Zielen des Schutzgebietsmanagements zu vereinbaren sind; so muss beispielsweise weiterhin gewährleistet bleiben, dass die mobilen Tierhalter mit ihren Kamelen die Gizzu-Flächen beweiden.

Der Aufbau von village development committees ist eine wichtige Maßnahme, um der Partizipation einen dauerhaften institutionellen Rahmen zu geben. Innerhalb der village development committees können die Wünsche und Bedenken der Menschen formuliert und zusammengetragen werden. Über die Sprecher der village development committees werden diese dann an die Parkverwaltung herangetragen. Andersherum können auch Informationen über den Park durch die village development committees an die Menschen herangetragen werden. Bei dem Aufbau der village development committees muss jedoch berücksichtigt werden, dass nicht alle Menschen ständig in Dörfern leben. Um auch sie angemessen mit einzubeziehen, müssen flexible Umsetzungsmechanismen entworfen werden.

Am Beginn der partizipativen Arbeit muss eine Aufnahme der sozioökonomischen Strukturen der Region erfolgen. Durch die Veränderungen seit dem Ausbruch der Gewalt im Jahr 2003 sind ältere Daten nicht mehr ausreichend. Bei der Durchführung dieser Erhebungen sollten auch die in der Region tätigen NGOs unterstützend einbezogen werden. Die Deutsche Welthungerhilfe verfügt beispielsweise aufgrund ihres Nahrungsmittelprogramms im Darfur über weit reichende und aktuelle Informationen in der Region (Interview WIAHL).

Forschungsergebnisse

6.2.5 Tourismus als alternative Einkommensquelle

Die Etablierung des WHNP kann mit Sicherheit nicht alle Probleme der Region lösen, von seiner Gründung können jedoch wichtige Impulse ausgehen. So ist es denkbar, dass mit Hilfe eines geregelten Tourismus Arbeitsplätze und Einkommen außerhalb des landwirtschaftlichen Sektors geschaffen werden können. Der Tourismus sollte jedoch nicht in Form von Massentourismus geplant werden, da die Region dafür ökologisch zu sensibel ist. Vielmehr wird auf einen Wissenschafts- und Abenteuertourismus abgezielt, der aufgrund der naturräumlichen Besonderheiten eine große Anziehungskraft besitzt. In geologischer, geomorphologischer und archäologischer Hinsicht umfasst das Schutzgebiet, wie oben beschrieben, viele Raritäten mit hohem kulturellem und ästhetischem Wert. Trotz der relativ geringen Besucherzahl kann mit beachtlichen Einnahmen gerechnet werden, da ein fachlich interessierter Reisender eher bereit ist, höhere Summen für den Zutritt zu zahlen (Interview OSMAN). Die lokale Bevölkerung kann von Eintrittsgebühren des Parks profitieren oder beispielsweise Arbeiten als Guides, Fahrer oder Parkwächter ausführen, wobei ihre Lokalkenntnisse von großem Nutzen sind. Auch der Verkauf (traditioneller) lokal produzierter Güter an Touristen bietet eine weitere potentielle Einkommensquelle. Um Konflikte von vornherein möglichst zu vermeiden, ist bei der Einbindung der lokalen Bevölkerung darauf zu achten, dass sich keine der Ethnien benachteiligt fühlt. Darüber hinaus ist zu beachten, dass Reglementierungen derart gestaltet werden, dass die Einnahmen auch tatsächlich der lokalen Wirtschaft zugute kommen und nicht in andere Regionen oder nach Khartum abfließen.

Die regulierenden Maßnahmen hinsichtlich des Tourismus müssen bereits in Khartum ansetzen. Die Vergabe von Reisegenehmigungen an touristische Anbieter und deren Kunden sollte an verschiedene Bedingungen geknüpft werden. Die Guides sollten hierfür an Ausbildungsmaßnahmen teilnehmen, welche besonders auf die vielschichtigen Gefahren hinweisen, die von menschlichem Verhalten

Wadi Howar National Park (WHNP)

für das Gebiet ausgehen. Themen wie Müll, das Sammeln und Beschädigen von archäologischen Gegenständen oder der Umgang mit Wildtieren sind unbedingt mit einzubeziehen. Dabei müssen die zuständigen Behörden und andere Einheiten zusammenarbeiten. Wichtige Rollen kommen dabei der WCGA, der RSA, dem WLRC, der SECS und dem HCENR zu.

Die Begrenzung der touristischen Aktivitäten auf bestimmte Gebiete und Pisten ist wichtig, um den Gesamteindruck sowie die ökologische und archäologische Integrität des Parks zu erhalten. Die Überwachung der Einhaltung ist jedoch schwierig (Interview ANUR). Da es unmöglich und nicht wünschenswert ist, das Gebiet flächendeckend zu überwachen, spielt die Ausbildung der Guides eine entscheidende Rolle. Dabei muss das Bewusstsein für die oben genannten Probleme vermittelt und geweckt werden. Hier können als Beispiel neue Ansätze aus Ägypten herangezogen werden. Dort ist der Wüstentourismus ein etablierter Wirtschaftszweig und erste Maßnahmen wurden erst eingeführt, als die Schäden überhand nahmen (KUPER 2007). Gerade aufgrund der sehr begrenzten Kontrollmöglichkeiten in den entlegenen Regionen ist es wichtig, dass die Touristenführer ein sensibles Gespür dafür entwickeln, dass der Erhalt des Parks die Basis für den Tourismus und damit für ihr Einkommen darstellt.

Zu beachten ist auch die Versorgung der Touristen mit Nahrung und Wasser. Beides ist in der Region knapp beziehungsweise über weite Strecken nicht vorhanden. Da die Touristen ihre Verpflegung mitbringen, ist der Umgang mit dem anfallenden Müll ein voraussehbares Problem. Hierzu müssen Regelungen getroffen werden, welche die Touristen und ihre Begleiter dazu anhalten, die Auswirkungen ihres Aufenthaltes möglichst gering zu halten. Der Müll sollte entweder verbrannt oder mitgenommen werden. Besonders die anfallenden Batterien von Fotokameras oder anderen elektronischen Geräten können großen ökologischen Schaden anrichten. Ästhetischen Schaden hingegen können die mitgeführten Plastikflaschen und Konservendosen verursachen. Konzepte für den sinnvol-

Schlussfolgerungen

len und angemessenen Umgang mit dieser Problematik sollten im Vorfeld entwickelt werden.

Darüber hinaus sollten möglichst viele Personen aus dem unmittelbaren Umfeld des Parks Arbeit finden. Die Fehler, wie sie im DNP gemacht wurden, gilt es zu vermeiden. Im Managementplan sind Quoten für die Beschäftigung von lokalen Mitarbeitern festzulegen, welche touristische Anbieter erfüllen müssen, damit sie eine Betriebsgenehmigung für Aktivitäten innerhalb des Parks erhalten. Lokales Personal hat darüber hinaus den Vorteil, dass es mit der Region vertraut ist und eventuelle Gefahren einschätzen kann. Außerdem werden lokale Angestellte einen größeren Anreiz haben, das Gebiet zu schützen, wenn sie wissen, dass ihre Arbeit und ein Teil der ökonomischen Entwicklung ihres Heimatgebietes von den touristischen Einnahmen abhängen.

Eine wichtige flankierende Maßnahme ist die Herstellung und Ausgabe von Informationsbroschüren. Diese sollten die grundlegenden Informationen über den WHNP und vor allem auch Verhaltenshinweise enthalten. Durch präventive Information der Touristen kann ihr Verhalten zumindest in Teilen in gewünschte Bahnen gelenkt werden. Denn wenn der Wert der geschützten Flächen einerseits und die potentiellen Schäden bestimmten Verhaltens andererseits dargestellt werden, besteht die Möglichkeit, dass dieses vermieden oder zumindest eingeschränkt werden kann.

6.3 Schlussfolgerungen

Der Schutz des Gebietes ist eine anspruchsvolle Aufgabe, die eine umfangreiche Finanzierung benötigt. Die Finanzierung ist ein grundlegender Eckpfeiler des Schutzgebietsmanagements und die Einbindung internationaler Geber im Vorfeld ist dabei wichtig, da die auf nationaler Ebene aufgebrachten Mittel nicht ausreichend sind. Dabei ist darauf zu achten, dass die Konzepte langfristig angelegt sind und strukturelle Schwierigkeiten wie im DNP von vorneherein ausgeschlossen werden. Dies kann nur durch ausführliche Vorarbeiten, die sudanesische Partner gemeinsam mit Vertretern der potentiellen Finanziers durchführen, gewährleistet werden. Dadurch kann der zeitliche und finanzielle Aufwand für diese Vorgehensweise auf ein realistisches Maß reduziert werden.

Angesichts der immensen Flächenausdehnung ist eine unmittelbare Überwachungen der Schutzstatuten nur punktuell möglich. Strukturelle Maßnahmen zu ergreifen, sie den Schutz des Gebietes ermöglichen sind daher unerlässlich. Um den Schutz und die Überwachung der Schutzgebietsstatuten zu gewährleisten, sollte das Hauptquartier südlich des Wadi Howars eventuell am Nordrand der Maidob Hills errichtet werden. Erstens leben dort die meisten Menschen im Park, zweitens ist die Erreichbarkeit und Versorgung entsprechend günstig und drittens ist die Lage zentral genug, um gelegentliche Patrouillenfahrten in nördlichere Teile des Parks zu unternehmen. Demgegenüber sollte eine permanente Stationierung von Schutzgebietspersonal in den nördlichen Gebieten nur beschränkt umgesetzt werden. Die einzigen in Frage kommenden Orte hierfür sind die Oasen Nukheila oder Atrun. Da die Stationierung verschiedene Probleme (Versorgung, Müllentsorgung, Vandalismus aus Langeweile, etc.) mit sich bringt, sind andere Konzepte zur Überwachung zu bevorzugen.

Weiterhin ist es notwendig, zuständiges Personal gezielt auszubilden. Das Parkpersonal muss neben oder anstelle der polizeilichen Ausbildung auch für die Ansprüche des Schutzgebietsmanagements ausgebildet werden. Der Umgang mit der Bevölkerung, das Wissen über Wildtiere und -pflanzen sowie grundlegende Informationen über die archäologischen Stätten sind während der Ausbildung zu vermitteln. Darüber hinaus ist es wichtig, dass ein festgelegter Anteil des Personals aus der lokalen Bevölkerung stammt. Erstens festigt das die Bindung zwischen der Bevölkerung und der Parkverwaltung, zweitens werden auf diese Weise Einnahmen generiert. Der Park wird dann eher als integraler Bestandteil akzeptiert werden und nicht nur als eine von außen aufgesetzte Restriktionsmaßnahme.

Der Tourismus bietet verschiedene Möglichkeiten zur ökonomischen

Schlussfolgerungen

Entwicklung in der Region. Demgegenüber stehen Gefahren für den Park. Ein möglichst ausgereiftes Konzept sollte schnell entwickelt und umgesetzt werden. Die Fehler, wie sie im DNP oder in Ägypten gemacht wurden, sind zu vermeiden; dafür müssen die dort gemachten Erfahrungen in die Planung mit einbezogen werden (siehe Kapitel 5.2 und KUPER 2007).

Der Park sollte in verschiedene Zonen aufgeteilt werden, die sowohl in Karten als auch vor Ort klar ersichtlich sind. Einige Gebiete werden dabei für die nachhaltige oder traditionelle Nutzung durch die lokale Bevölkerung freigegeben, andere Gebiete unter besonderen Schutz gestellt. Hinweis- und Informationstafeln können dazu dienen, Zerstörung aus Unwissenheit zu vermeiden. Das Gebiet sollte überdies nur auf festgelegten Pisten befahrbar sein. Über eine Zonierung des Gebietes kann den verschiedenen Ansprüchen der vielfältigen Schutzbedürfnisse Genüge getan werden.

Das Gebiet des Jebel Rahib wird als Kernzone des Parks geschützt und durch gezielte Beschilderung wird auf die geologischen Besonderheiten hingewiesen. Zolat el Hammad und die Siedeldünen werden als archäologische Enklaven deklariert. Auch die 100 km westlich der Nilmündung und damit außerhalb der Parkgrenzen gelegene Festung wird als Exklave mit einbezogen, da sie in siedlungsgeschichtlicher Hinsicht ein wichtiges Element für die gesamte Region darstellt (JESSE et al. 2004).

Eine detaillierte Kartierung des Gebietes wurde im Jahr 2003 von dem Institut für Geoforschung an der TFH Berlin unter der Leitung von Prof. Dr. B. MEISSNER begonnen. Aufgrund der Sicherheitslage im Darfur konnten diese Arbeiten jedoch nicht weitergeführt werden. Die gesammelten Daten wurden in einem GIS zusammengebracht und bilden eine gute Basis für weitere Arbeiten nach Beendigung der gewalttätigen Auseinandersetzungen (RICHTER et al. 2003).

Die Einbindung der lokalen Bevölkerung in sämtliche Aktivitäten ist wünschenswert. Dabei müssen der zeitliche Aufwand und das Interesse der Menschen berücksich-

Wadi Howar National Park (WHNP)

tigt werden. Nur so kann die Akzeptanz und damit der Schutz des WHNP erreicht werden.

Abschließend lässt sich festhalten, dass der Schutz eines so großen und so abgelegenen Gebietes wie dem WHNP nur schwer zu verwirklichen sein wird. Viele der möglichen Maßnahmen scheinen sehr vage, stellen aber dennoch die einzige Möglichkeit dar. Flächendeckende Überwachung und Sanktionierung sind praktisch nicht umzusetzen. In Hinsicht auf den aktuellen Konflikt im Darfur ist es wichtig, dass die Maßnahmen dennoch soweit wie möglich ergriffen werden. Für die Zeit nach dem Konflikt ist es entscheidend, dass Konzepte bestehen und zeitnah umgesetzt werden können.

Foto 6-29: Die Festungsanlage Gala Abu Ahmed am Ufer des Wadi Howar. Ihre ehemalige Funktion konnte bis heute nicht präzise bestimmt werden. Aufgrund ihrer Ausmaße ist jedoch davon auszugehen, dass sie eine strategisch wichtige Position innehatte.
Foto: Kröpelin

Foto 6-30: Die Mauern der Festung sind mehrere Meter breit und teilweise noch in gutem Zustand. Bei unkontrolliertem Tourismus ist jedoch zu befürchten, dass der Zustand der Anlage gefährdet ist.
Foto: OEHM

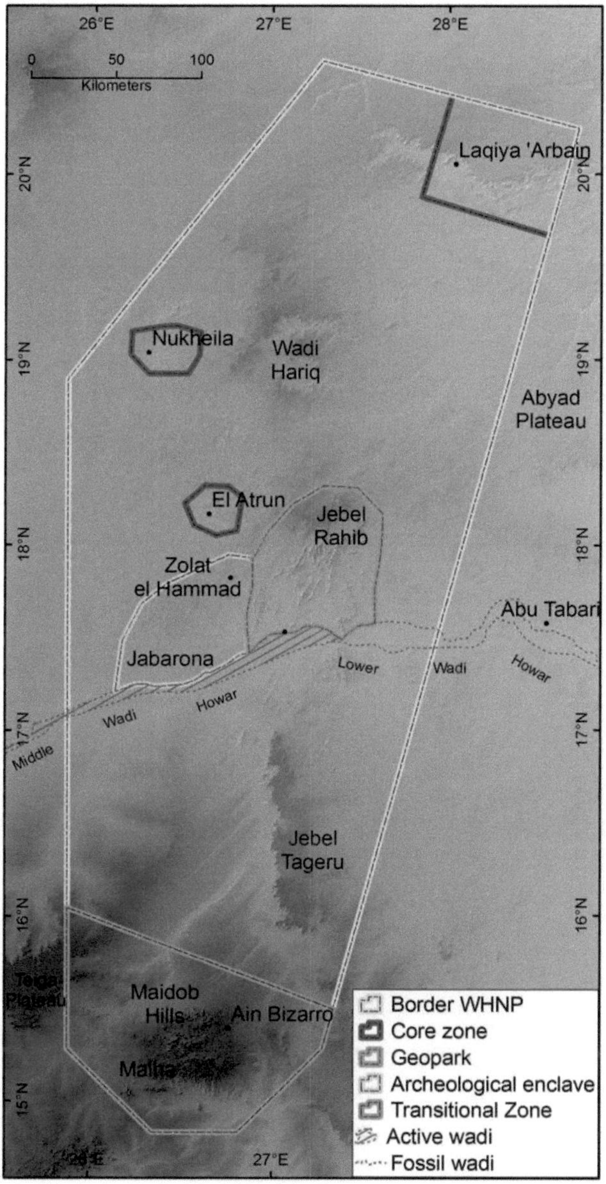

Schlussfolgerungen

Karte 6-10: Vorschlag einer Zonierung des WHNP
Entwurf und Kartographie: OEHM

Zusammenfassung der Forschungsergebnisse und strategische Empfehlungen für das Schutzgebietsmanagement im Sudan

7. Zusammenfassung der Forschungsergebnisse und strategische Empfehlungen für das Schutzgebietsmanagement im Sudan

In den bisherigen Kapiteln wurden die grundlegenden Probleme des sudanesischen Schutzgebietsmanagements beschrieben. Um diese Probleme anzugehen, bedarf es verschiedener Maßnahmen im Bereich der vier in Kapitel 3.2 identifizierten Problemfelder Institutionen, Finanzierung, Personal und Partizipation. Im Folgenden werden diese benannt und ein Maßnahmenkatalog abgegeben, der Empfehlungen zur Umsetzung enthält. Dabei werden die theoretischen Grundlagen des Schutzgebietsmanagements, wie in Kapitel drei diskutiert, mit den sudanesischen Rahmenbedingungen verknüpft. Manchmal ist die Zuordnung einer Maßnahme oder Empfehlung zu nur einem der vier Punkte schwierig, da es viele interdependente Verbindungen gibt. In diesen Fällen werden sie dem relevanteren Problemfeld zugeordnet.

Während der Untersuchungen im Sudan wurde ich oft gefragt, welchen Vorteil die entsprechende Person beziehungsweise Institution davon hätte, sich die Zeit zu nehmen und mir meine Fragen zu beantworten. Sie merkten an, dass es für sie von großem Interesse sei, die Ergebnisse in schriftlicher Form zu erhalten. Die nun folgenden Empfehlungen sind auf Deutsch geschrieben. Jedoch werden diese gemeinsam mit anderen relevanten Kernelementen dieser Arbeit ins Englische übersetzt und den entsprechenden Personen/Institutionen zur Verfügung gestellt. Damit erlangen sie praktischen Bezug und überwinden den Charakter einer rein wissenschaftlichen Erörterung.

7.1 Institutionelle Erfordernisse

In den Kapiteln vier und fünf wurden die institutionellen Rahmenbedingungen des sudanesischen Schutzgebietsmanagements beschrieben. Dabei wurden Unzulänglichkeiten identifiziert, die es zu beheben gilt, um den Schutz der Biodiversität dauerhaft zu gewährleisten.

Institutionelle Erfordernisse

Die institutionellen Probleme finden sich auf internationaler, nationaler und lokaler Ebene. Hinzu kommen kommunikative Schwierigkeiten an den Schnittstellen zwischen diesen drei Ebenen. Im Folgenden werden die Erfordernisse nach den drei Ebenen gegliedert dargestellt.

7.1.1 Internationale Ebene

Ein fundamentales Problem der internationalen Kooperation mit dem sudanesischen Schutzgebietsmanagement ist die relative **Kurzfristigkeit der Finanzierung**. Diesem liegen die institutionellen Strukturen der internationalen Organisationen zu Grunde (Interview AWAD; MUTWAKIL). Ein fundamentaler Wandel diesbezüglich scheint daher unwahrscheinlich, jedoch sollten die bestehenden Rahmenbedingungen bestmöglich ausgeschöpft werden. Von Seiten des sudanesischen Schutzgebietsmanagements sollte bei den Verhandlungen darauf gedrängt werden, möglichst langfristige Bindungen zu etablieren. Ein dauerhafteres Engagement ist notwendig, um die Planungssicherheit auf nationaler und lokaler Ebene zu stärken; dies muss klar kommuniziert werden.

Insgesamt ist die Etablierung besserer **Kommunikationsstrukturen** mit der lokalen und der nationalen Ebene wichtig. Klar identifizierbare Ansprechpartner müssen auf allen Ebenen benannt und in einem institutionell gefestigten Rahmen eingebunden werden. Ohne diese Verankerung bleibt der Austausch von Informationen sporadisch und zufällig.

Von den Institutionen auf internationaler Ebene sollte der **Aufbau eines nationalen Schutzgebietssystems** gefordert und gefördert werden. Das Einbringen von internationalen Erfahrungen in diesem Bereich ist essentiell, um elementare Fehler zu vermeiden. Diese müssen auf nationaler Ebene mit den dortigen Rahmenbedingungen verknüpft werden. Damit einhergehend sollte auch der Aufbau eines nationalen Informationssystems animiert werden, das gleichermaßen als Basis für den Aufbau des nationalen Schutzgebietssystems als auch für dessen Monitoring genutzt werden kann.

Zusammenfassung der Forschungsergebnisse und strategische Empfehlungen für das Schutzgebietsmanagement im Sudan

Bei den genannten Forderungen sollte stets auf eine verstärkte Berücksichtigung der nationalen kulturellen, politischen und sozioökonomischen Besonderheiten geachtet werden. Diese sind im Sudan sehr vielfältig und nicht für alle Regionen und Schutzgebiete gleichermaßen zu erfassen. Die enge Kooperation der internationalen Organisationen mit nationalen und regionalen Organisationen ist daher notwendig.

Abschließend lässt sich festhalten, dass die institutionellen Strukturen auf internationaler Ebene bestenfalls langfristig verändert werden können. Weltweit sind etwa 60 Prozent der Ökosysteme und die von ihnen erbrachten Dienstleistungen unangepasster und nicht nachhaltiger Nutzung ausgesetzt. Dies auf globaler Ebene flächendeckend zu ändern, ist äußerst problematisch und scheint zumindest kurz- und mittelfristig utopisch, da es nichts anderes bedeuten würde „…than changing the world´s economic and political system." (STOLL-KLEEMANN et al. 2006, 17) Daher sind Schutzgebiete, die auf begrenzten Flächen versuchen, Biodiversität zu erhalten, sinnvoll – vorausgesetzt, sie erfüllen diesen Zweck. Ihre Aufgabe ist es nicht, die generellen Rahmenbedingungen zu ändern, welche für die Bedrohung von Biodiversität verantwortlich sind, sondern die bestehenden Möglichkeiten zum Schutz möglichst umfassend auszunutzen.

7.1.2 Nationale Ebene

Die institutionellen Strukturen sind entscheidende Kräfte, welche die Handlungsfähigkeit des Schutzgebietsmanagements bestimmen. Die bedeutende Rolle der institutionellen Strukturen für die Effektivität von Schutzgebieten wurde im Sudan bisher nur unzureichend analysiert. Diese Strukturen bestimmen jedoch maßgeblich den Zugang zur Macht der verschiedenen involvierten Akteure und damit die Ausrichtung und die Schlagkraft von Schutzgebieten. Im Sudan sind die Farmerlobby und das Forstministerium potente Interessenvertreter, welche kein gesondertes Interesse an der Funktionsfähigkeit der Schutzgebiete haben (Interview NIMIR). Die Gründe sind das ökonomische Interesse an der kurzfristigen Ausbeutung der natürlichen

Institutionelle Erfordernisse

Ressourcen, wie sie im Detail für den DNP beschrieben wurden (siehe Kapitel 5.2.2). Bei der bisherigen Gesetzeslage haben sie dennoch starke Einflussmöglichkeiten bei der Landnutzungsplanung und damit auf die Schutzgebiete. Daher ist eine **Überarbeitung des** für die Schutzgebiete zuständige **Wildlife Law** aus dem Jahr 1986 wichtig, welches lediglich eine Erweiterung der Wildlife Ordinance von 1935 darstellt. Hieraus erklärt sich, warum neue Ansätze des Schutzgebietsmanagements nicht einbezogen werden. Die Rolle des Menschen als integraler Bestandteil der Ökosysteme und der Schutzgebiete wird in den entsprechenden Gesetzen nicht berücksichtigt. Zwar sind die Prinzipien des Ökosystemansatzes in dem Managementplan des DNP verankert, jedoch mangelt es an der gesetzlichen Verankerung und der praktischen Umsetzung der Prinzipien auf nationaler Ebene. Sie sollten bei dem Aufbau eines nationalen Schutzgebietssystems berücksichtigt werden.

Die bisherigen institutionellen Arrangements im Sudan sind ohne erkennbare Linie. **Behördliche Zuständigkeiten** und ministerielle Zuordnungen **wechseln häufig.** Daher war es bisher nicht möglich, klare Direktiven auf nationaler Ebene zu erlassen, welche eine einheitliche Strategie für das Schutzgebietsmanagement erlauben würden. Dies wäre jedoch notwendig, um die Effektivität des Biodiversitätsschutzes zu steigern, die daraus resultierenden Nutzen zu maximieren und die Schäden zu minimieren (Interview ESHAT).

Hierzu bedarf es zunächst einer **koordinierten nationalen Strategie**, die in einem nationalen Plan zum Management der Schutzgebiete festgelegt wird. Nach Angaben des HCENR als zuständiger Institution, fehlen dafür bisher die finanziellen und personellen Mittel, da die sudanesische Regierung den Schutzgebieten insgesamt keinen angemessenen Stellenwert beimisst (Interview ELASHA). Die Notwendigkeit eines solchen Plans für den Sudan zeigte sich bereits bei der Beschreibung der Situation der existierenden Schutzgebiete in Kapitel 4.4.2. In der Literatur wird darauf hingewiesen, dass es von großer Dringlichkeit ist, Schutzgebiete in einen nationalen und am besten auch internationalen Kon-

Zusammenfassung der Forschungsergebnisse und strategische Empfehlungen für das Schutzgebietsmanagement im Sudan

text zu stellen und dies institutionell und über möglichst eindeutige Regeln festzulegen (DAVEY 1998).

Bisher ist das sudanesische Schutzgebietsmanagement auf zu viele Institutionen verteilt, die untereinander nur schlecht kommunizieren. Das HCENR übernimmt zwar die Rolle des Vermittlers zwischen den Institutionen, ist jedoch aufgrund seiner hierarchischen Stellung und geringen personellen Besetzung nur bedingt handlungsfähig. Damit seine Empfehlungen bessere Beachtung finden, sollte das HCENR in der Rangordnung der Ministerien höher angesiedelt werden. Da es momentan nur die Rolle des technischen Arms des Ministry of Environment innehat, werden viele der vorgeschlagen Maßnahmen ignoriert. Die institutionelle Stärkung des HCENR ist aufgrund seiner zentralen Rolle notwendig.

Das HCENR muss dafür sorgen, dass das **Schutzgebietsmanagement** in einem **breiteren gesellschaftlichen Kontext** gesehen wird. Politisch-institutionelle, soziokulturelle, ökonomische und ökologische Rahmenbedingungen müssen in den Planungsprozess mit einfließen. Ein wichtiges Beispiel hierfür sind die Landnutzungsregelungen, welche die Schutzgebiete stark beeinflussen, obwohl sie eigentlich außerhalb der Schutzgebiete stattfinden. Insgesamt sollte die nachhaltige Nutzung der natürlichen Ressourcen in der Politik als Querschnittsaufgabe positioniert werden (Interviews AWAD; MOGHRABY).

Eine weitere wichtige Aufgabe des HCENR ist es, eine **Kompetenzstelle** aufzubauen, welche das vorhandene Wissen und Datenmaterial über Schutzgebiete sammelt und zur Verfügung stellt. Die bereits vorhandenen Daten, wie z.B. Karten, wären somit für die interessierten Ministerien und untergeordneten Behörden frei zugänglich und institutionelle Barrieren würden abgebaut. Die Arbeit des Schutzgebietsmanagements könnte damit effektiver voran gebracht werden.

Neben der Stärkung der institutionellen Position des HCENR **müssen** auch die weiteren **Zuständigkeiten** für das Schutzgebietsmanagement **klar geregelt werden**.

Institutionelle Erfordernisse

Der Wechsel der ministeriellen Verantwortlichkeit, wie er in den vergangenen Jahren immer wieder stattgefunden hat, ist der Findung einer nationalen, kohärenten Linie abträglich. Die Zuordnung des Schutzgebietsmanagements zum Ministry of Wildlife and Tourism ist inhaltlich zwar zu begrüßen, ist jedoch im Vergleich mit der vorherigen Zuordnung zum Ministry of the Interior, einer hierarchischen Abwertung innerhalb der institutionellen Ordnung gleichzusetzen (Interviews ANUR; SERAG). Erst wenn die Kompetenzverteilung klar geregelt ist, können die Aktivitäten auf den verschiedenen räumlichen Ebenen besser aufeinander abgestimmt werden. Dies gilt sowohl für die Kooperation mit internationalen Partnern als auch für die Zusammenarbeit mit lokalen Behörden und Schutzgebietsverwaltungen.

Die Vereinfachung und klare Zuordnung von institutionellen Zuständigkeiten hat auch für die Zusammenarbeit des Schutzgebietsmanagements mit internationalen Institutionen Vorteile. Die Kooperation mit internationalen Organisationen wird erheblich vereinfacht, wenn von sudanesischer Seite klare Ansprechpartner mit definierten Kompetenzen benannt werden. Dies würde die Kooperation und Beratung auf Regierungsebene mit Geldgebern für das Schutzgebietsmanagement und die Entwicklungszusammenarbeit erleichtern. Die **Abstimmung der Entwicklungszusammenarbeit mit dem Schutzgebietsmanagement** ist ein wichtiger institutioneller und inhaltlicher Punkt, welcher den Schutz der Biodiversität mit der Verbesserung der sozioökonomischen Situation verbindet (ELLENBERG 2008). Auf die inhaltliche Vernetzung dieser Bereiche wurde bereits hingewiesen (siehe Kapitel 3.2). Des Weiteren können die sudanesischen Interessen besser vertreten werden, wenn eine einheitliche und abgestimmte Position vertreten wird.

Die **Evaluierung der Effektivität von Managementstrategien** mit Hilfe von Monitoring-Prozessen ist wichtig, um die Erfolge, beziehungsweise Misserfolge zu erkennen und muss daher in die institutionelle Struktur auf nationaler Ebene eingebunden werden. Verbesserungswürdige Sektoren und

Zusammenfassung der Forschungsergebnisse und strategische Empfehlungen für das Schutzgebietsmanagement im Sudan

Arbeitsfelder können identifiziert und neue, modifizierte Umsetzungs- und Managementstrategien entworfen werden. Hierfür existiert eine große Bandbreite an Ansätzen und Methoden (STOLL-KLEEMANN et al. 2006, 9-10). Ein solches Vorgehen ist notwendig, um die angestrebten Schutzziele zu erreichen (WWF 2004).

Hierbei ist es wichtig, sowohl natürliche als auch soziale Prozesse zu überwachen. Natur- und Sozialwissenschaften müssen als komplementäre Werkzeuge des Erkenntnisgewinns angesehen werden. Dabei ist es notwendig, stets eine den Untersuchungsgegenständen angepasste Kombination von Methoden auszuwählen und anzuwenden. Diesen grundlegenden Maßnahmen zur Verbesserung des Managements und damit des Schutzes von Biodiversität wird bisher kein ausreichender Stellenwert bei der praktischen Umsetzung beigemessen. Zu oft sind die hierzu benötigten personellen und finanziellen Ressourcen nicht in ausreichendem Maße verfügbar.

Um die existierenden nationalen Kompetenzen bestmöglich auszunutzen, ist die **stärkere institutionelle und inhaltliche Einbindung von Universitäten** in das Monitoring der Biodiversität notwendig. Das Geld für externe Evaluation fehlt weitestgehend; diese ist aber wichtig, um zu sehen, ob Management effektiv ist (STOLL-KLEEMANN et al. 2006, 11). Auch für Universitäten ist eine solche Kooperation von Vorteil, da die Studenten praktische Arbeit leisten und die Universitäten durch die angewandte Forschung ihre Relevanz erhöhen können. Es bestehen bereits Kooperationen, jedoch auf sehr geringem Niveau. Ein institutioneller Rahmen für die Einbindung und eine systematische Planung hinsichtlich Methodik und Zielvorstellungen sind notwendig (Interviews GAAFAR; MULUDI-ANG).

Auch der **Öffentlichkeitsarbeit** muss mehr Aufmerksamkeit geschenkt werden. Denn nur, wenn sich die Bevölkerung über die Zusammenhänge bewusst wird, kann eine Kooperation funktionieren (SPITERI et al. 2006, 11). Dies gilt für die direkt Betroffenen, aber auch für die Bevölkerung insgesamt. Umweltbildung sollte auf

Institutionelle Erfordernisse

verschiedenen Kanälen verstärkt werden. Beispielsweise sollten die bestehenden Radioprogramme zur Umweltbildung (Interview ADIL) ausgebaut werden.

Abschließend bleibt festzuhalten, dass die institutionelle Struktur vereinfacht und klar definiert werden muss. Dabei muss die Stellung des Schutzgebietsmanagements politisch mehr Gewicht bekommen, damit die Durchsetzungsfähigkeit gesteigert wird. Darüber hinaus ist es notwendig, dass die Strukturen dauerhaft angelegt und nicht innerhalb von kurzen Zeiträumen modifiziert werden.

7.1.3 Lokale Ebene

Die lokale Ebene ist der Ort, an dem sich die übergeordneten Rahmenbedingungen manifestieren. Hier kommen die Institutionen und Gesetze in Kontakt mit den Menschen, deren Lebensbedingungen und Entwicklungsmöglichkeiten durch sie bestimmt werden. Daher ist es ausgesprochen wichtig, dass die Bedürfnisse und Vorstellungen der Menschen in die institutionellen Strukturen mit einfließen. Bei der Schaffung von institutionellen Strukturen auf lokaler Ebene ist es besonders wichtig, dass sie es ermöglichen, die Kommunikation zwischen den verschiedenen Interessengruppen (Groß- und Kleinbauern, Pastoralisten, Parkverwaltung, Wilayaregierungen) dauerhaft und stetig zu etablieren. Darüber hinaus müssen die Strukturen derart angelegt sein, dass ein wechselseitiger Austausch mit höheren räumlichen Ebenen gewährleistet ist (Interview NIMIR).

Village development committees wie im DNP sind wichtig, jedoch müssen sie feste Bezugspunkte und **klar definierte Aufgaben und Kompetenzen** haben. Die Erfahrungen im Umgang mit partizipativen Ansätzen müssen berücksichtigt werden, um eine möglichst gerechte Interessenvertretung durch die entsprechenden Institutionen zu gewährleisten. Die bestehenden village development committees sollten in ihrer Position gestärkt, und in den anderen Schutzgebieten sollten village development committees etabliert werden, noch bevor ein Managementplan erstellt wird.

Problematisch ist die Vermischung zwischen bestimmten Interessen-

Zusammenfassung der Forschungsergebnisse und strategische Empfehlungen für das Schutzgebietsmanagement im Sudan

gruppen und politischen Institutionen. Am Beispiel des DNP wurde gezeigt, wie die Bauernlobby die Wilayaregierung beherrscht (siehe Kapitel 5.2). Eine ausgleichende Politik ist von solchen Institutionen kaum zu erwarten, ein diesbezüglicher institutioneller Wandel ist in naher Zukunft nicht absehbar. Die Konstellation ist somit als Rahmenbedingung zu akzeptieren und die zu entwerfenden Konzepte sind daran anzupassen. Derartige Verflechtungen müssen für jede Region und jedes Schutzgebiet neu untersucht werden. Das Schutzgebietsmanagement muss die jeweiligen Gegebenheiten in die Planung einbeziehen und entsprechend reagieren.

Entscheidend ist, dass die **Verbreitung von Informationen** über das jeweilige Schutzgebiet und die mit ihm verbundenen Rechten und Pflichten institutionell gefestigt wird. Dies kann einerseits über zentrale und permanente Anlaufstellen in der unmittelbaren Umgebung der Schutzgebiete geschehen, andererseits ist es nötig, dass die Informationsverbreitung offensiv nach außen getragen wird. Informationsveranstaltungen in den umliegenden Siedlungen können das Wissen über das Schutzgebiet und damit seine Akzeptanz steigern. Ebenso sollten in den lokalen Radiostationen Sendungen mit Informationen sowie der Möglichkeit Fragen zu stellen und Antworten zu bekommen, angesetzt werden (Interview NIMIR).

Auf der lokalen Ebene werden die im modernen Schutzgebietsmanagement vermehrt eingesetzten **Anreizsysteme** umgesetzt. Bei der Ausgestaltung dieser Anreizsysteme muss darauf geachtet werden, dass auch unterprivilegierte Gesellschaftsgruppen, wie z.B. Landlose oder Hirten mit einbezogen werden. Ansonsten werden diese Gruppen weiterhin darauf angewiesen sein in Gebiete abzuwandern, deren Schutz eigentlich vorangetrieben werden soll (SPITERI et al. 2006, 6). Diese Erkenntnisse sind in der Entwicklungszusammenarbeit keineswegs neu. Betrachtet man beispielsweise den Ansatz der Ländlichen Regional Entwicklung, werden genau diese Forderungen bereits seit Jahren gestellt (RAUCH 1996). Hier zeigt sich, dass die schweren Lektionen der Praxis der Entwicklungszu-

Finanzielle Erfordernisse

sammenarbeit stärker in das Schutzgebietsmanagement einfließen und institutionell eingearbeitet werden sollten.

7.2 Finanzielle Erfordernisse

Eine gesicherte Finanzierung ist ein elementarer Eckpfeiler zur Umsetzung von Schutzgebietsmanagement. Ohne sie können weder die praktischen noch die strukturell notwendigen Arbeiten durchgeführt werden. Das Personal, die Arbeit in den Kommunen, die Ausstattung und Infrastruktur des Schutzgebietes etc. müssen bezahlt werden. Im Sudan ist die Finanzierung durch den Staat nicht gesichert, und auch die Einnahmen der Schutzgebiete (Tourismus, Konfiszierung von illegal weidenden Herden, etc.) können keinen ausreichenden finanziellen Beitrag leisten. Daher sind Finanzierungsmechanismen auf internationaler Ebene notwendig.

Die globale Finanzierung von Schutzgebieten ist eine Investition in die Zukunft und kann sich über die Dienstleistungen der Natur bezahlt machen (siehe Kapitel 3.5). Daher ist das Problem der Eigenfinanzierung der Schutzgebiete aus einem anderen Blickwinkel zu sehen. Die Themen Klimawandel und Schwund der Biodiversität sind im Jahr 2007 in den öffentlichen Fokus geraten (BAUER et al. 2007; BITTNER 2007; FARKAS 2007; MOON 2007). Schutzgebiete sind ein wichtiger Schritt, um diesen Problemen zu begegnen, der neben vielen anderen steht und nur gemeinsam mit diesen Erfolg bringen kann.

Die finanziellen Erfordernisse für die Planung und die Umsetzung eines erfolgreichen Schutzgebietsmanagements im Sudan sind, gemessen an den Summen, die für andere Aktivitäten bereitgestellt werden, relativ gering. Beispielsweise werden für den Einsatz der United Nations Mission in Sudan (UNMIS) Friedenstruppe im Darfur für den Zeitraum von Juli 2007 bis Juli 2008 846,28 Millionen US$ veranschlagt (UNMIS 2007). Auch wenn es bisher keine konkreten Berechnungen gibt, sind viele Maßnahmen des Schutzgebietsmanagements bereits mit kleinen Budgets umsetzbar. Die größten Posten machen die Bereiche Personal, Ausrüstung des Personals

Zusammenfassung der Forschungsergebnisse und strategische Empfehlungen für das Schutzgebietsmanagement im Sudan

und infrastrukturelle Maßnahmen aus.

Diesen Ausgaben stehen nur geringe Einkunftsmöglichkeiten gegenüber. Einnahmen aus dem Tourismus sind bisher gering und werden höchstens mittelfristig nennenswert zu steigern sein (Interviews BACHIT; NIMIR). Darüber hinaus können Einnahmen durch die beschränkte Nutzung unterschiedlicher natürlicher Ressourcen in den entsprechenden Zonen der Schutzgebiete generiert werden. Diese sind in der Regel jedoch ebenfalls gering, da die Nutzung per Definition nur in eng definiertem Rahmen gestattet ist.

Auch wenn die Einnahmen gering sind, sollten die Gemeinden im unmittelbaren Umfeld der Schutzgebiete davon profitieren. Wenn ein Schutzgebiet mit direkten, merklichen ökonomischen Maßnahmen in Verbindung gebracht wird, steigt dessen Akzeptanz. Wenn die Einkünfte aus dem Tourismus steigen, ist es wichtig, diese zu Teilen den Dörfern zukommen zu lassen, beispielsweise über Infrastrukturmaßnahmen; ein Abfluss in entfernte Zentren sollte möglichst klein gehalten werden. Umverteilung von Eintrittsgeldern scheint kaum genug Anreize für die Anwohner bieten zu können angesichts der für sie entstehenden Nachteile. Im Fall des DNP sollte das Touristikunternehmen Nadus dazu verpflichtet werden, gewisse Abgaben zu leisten, um Projekte in den umliegenden Dörfern zu fördern. Menschen würden dann direkte, positive Effekte aus dem Park spüren, nicht nur unter den Restriktionen leiden.

Es ist äußerst wichtig, die ökonomischen Anreize für die lokale Bevölkerung gerecht zu verteilen. Nicht alle sozialen Gruppen sind gleichermaßen von den Schutzgebietsrestriktionen betroffen und daher müssen die Kompensationen nach den Bedürfnissen der Betroffenen ausgerichtet werden. Das ist eine große Herausforderung für das Schutzgebietsmanagement und kann nur durch eine gute Vorarbeit in der Erfassung der sozialen Realitäten geleistet werden (SPITERI et al. 2006, 4; Interview ALI).

Die **Finanzierung** muss insgesamt **möglichst langfristig** angelegt werden. Nur so entsteht auf den

Finanzielle Erfordernisse

verschiedenen räumlichen Ebenen Planungssicherheit (Interviews ELAMIN; MUTWAKIL). Eine langfristige Finanzierung von Anreizsystemen ist notwendig, um der Bevölkerung dauerhafte Sicherheiten zu geben, welche die Grundlage dafür sind, dass nachhaltige Bewirtschaftung für sie interessant wird. Denn wenn kein langfristiger Nutzen in Aussicht ist, wird es schwer fallen, langfristig wirksame Verhaltensmuster und -änderungen zu erreichen. Investitionen lohnen sich schließlich nur dann, wenn man davon ausgehen kann, in Zukunft Nutzen daraus ziehen zu können. Das Problem hierbei ist jedoch die Förderungspraxis der großen Geldgeber. Die Reglementierungen sind meist relativ kurzfristig angesetzt und es wird eher in Jahren als in Dekaden gedacht. Dadurch wird das Erreichen der Projektziele, also der nachhaltige Schutz der Biodiversität bei gleichzeitiger Verbesserung der sozioökonomischen Situation, grundsätzlich in Frage gestellt (SPITERI et al. 2006, 9). Über eine tief greifende Änderung dieser Praxis sollte offen nachgedacht werden – auch wenn das Schwierigkeiten bei der Budgetierung mit sich bringt. Prinzipiell sollte hier, wie in anderen Wirtschaftsbereichen auch, erkannt werden, dass stabile, langfristig abgesicherte Rahmenbedingungen elementar sind für zukunftsweisende Investitionen.

Neben der relativen Kurzfristigkeit der Finanzierung sollten auch die Vergabekriterien der finanziellen Zusagen überdacht werden. Die Kriterien dürfen nicht wie im DNP derart ausgestaltet sein, dass einzelne Akteure die Kooperation gezielt stören und zum Abbruch bringen können (siehe Kapitel 5.2.2). Bei der Erstellung eines Kriterienkatalogs müssen die lokalen Machtverhältnisse, die sozioökonomischen Strukturen und die Perzeption des Schutzgebietes einbezogen werden. Dies ist ein aufwendiger Prozess, der jedoch die Basis für die mittel- und langfristige Kooperation und somit ein effektives Schutzgebietsmanagement bildet.

Eines der Kriterien ist in der Regel eine finanzielle Eigenbeteiligung seitens des Nehmerlandes. Im Fall des DNP wurden die finanziellen

Zusammenfassung der Forschungsergebnisse und strategische Empfehlungen für das Schutzgebietsmanagement im Sudan

Forderungen an die regionale Ebene, die Wilayaregierungen, gestellt. Die Finanzierung von staatlicher Seite ist eng verbunden mit den institutionellen Forderungen. Wenn die institutionellen Strukturen gefestigt sind und dem Schutzgebietsmanagement eine politisch stärkere Position zugedacht wird, können auch finanzielle Forderungen an den Staat wirksamer und zielgerichteter formuliert werden.

7.3 Personelle Erfordernisse

Dem Personal eines Schutzgebietes kommt eine bedeutende Stellung zu. Es ist verantwortlich für die Umsetzung der Schutzgebietsstatuten und stellt gleichzeitig das Bindeglied zwischen dem Schutzgebiet als Institution und der Bevölkerung dar. Die Möglichkeiten des Personals zur Umsetzung ihrer Aufgaben hängen in starkem Maß von den institutionellen und finanziellen Rahmenbedingungen ab. Ausbildung und Ausstattung sind weitere bestimmende Faktoren für die Möglichkeiten und die Motivation des Personals (Interview HAMAD).

Das Schutzgebietspersonal kann grob in zwei Gruppen eingeteilt werden. Einerseits die Gruppe der in der Verwaltung und Administration Tätigen und andererseits die Ranger und weitere Personen, die vor Ort im Einsatz sind (Interview SULEIMAN). Im Folgenden werden die Erfordernisse wenn nötig, nach diesen Gruppen unterteilt.

Eine **angemessene Ausbildung** beziehungsweise **abgestimmtes Training** sind die grundlegende Basis für eine zielgerichtete Arbeit. Bisher liegt der Schwerpunkt der Ausbildung des Personals auf polizeilichen Inhalten. Personen mit einer Ausbildung, die Wildtiernutzung und ökosystemare Zusammenhänge beinhaltet, werden bisher nur vereinzelt beschäftigt (Interviews ANUR; NIMIR). An den Universitäten gibt es ausreichend, gut ausgebildete Absolventen, welche für die Beschäftigung im Schutzgebietsmanagement geeignet wären. Grundlegendes Wissen über Wildtiere und Ökosysteme sind notwendig, um das Schutzgebietsmanagement vor Ort angemessen umzusetzen. Ohne diesen Hintergrund fehlt das Verständnis für die Arbeit. Personen mit uni-

Personelle Erfordernisse

versitärer Ausbildung sind hauptsächlich in den Planungsbereichen und in Positionen mit Führungsaufgaben einzusetzen. Auf diese Weise kann das Personal, welches vor Ort im Einsatz ist, besser auf seine Aufgaben vorbereitet werden. Lehrgänge und andere Weiterbildungsmaßnahmen können intern durchgeführt werden. Ein verbessertes Verständnis bei den Rangern erhöht ihre Fähigkeiten, angemessene Arbeit in den Schutzgebieten zu leisten. Auch für den Umgang mit Touristen ist es von Vorteil, wenn diesen Informationen über das Schutzgebiet und dessen ökologische Zusammenhänge vermittelt werden können. (Interviews ABDELHAMEED; ABUREIDA; GAAFAR; HAMAD)

Ebenso sollten **Kompetenzen zur Nutzung von Computertechnik** für das Schutzgebietsmanagement aufgebaut werden. Dies kann am besten durch eine Kombination aus Kooperation mit entsprechenden Stellen und der Ausbildung des Schutzgebietspersonals erfolgen. Als Kooperationspartner kommen im Sudan besonders die RSA und verschiedene universitäre Fakultäten in Betracht. Es bestehen bereits

lose Verbindungen zwischen der RSA, dem HCENR und der WCGA, jedoch sollten diese vertieft, verfestigt und verstetigt werden (Interviews AMNA; DOKA). Institutionelle Hürden beim Austausch von Informationen müssen hier abgebaut werden. Hinsichtlich der Kooperation mit den Universitäten gilt Ähnliches. Bisher gibt es zwar formlose Kontakte und auch Exkursionen in den DNP, jedoch werden die Kompetenzen im Bereich der GIS nicht für das Schutzgebietsmanagement genutzt. Abschlussarbeiten, wie Master- oder Doktorarbeiten beschäftigen sich mit den Problemen im DNP, jedoch sind die Ergebnisse in der Regel ohne praktischen Nutzen für das Schutzgebietsmanagement, da sie nicht in die Planung und Umsetzung einbezogen werden (Interview ABUREIDA). Der Aufbau eines GIS für einzelne Schutzgebiete oder für das nationale Schutzgebietssystem könnte durch eine Einbeziehung dieser Arbeiten ohne großen finanziellen Aufwand geleistet werden. Aufbauend auf diesen Kooperationen sollte auch das Personal der Schutzgebiete so weit ausgebildet werden, dass es die

Zusammenfassung der Forschungsergebnisse und strategische
Empfehlungen für das Schutzgebietsmanagement im Sudan

notwendigen Daten erheben kann. In der Administration muss eine zentrale Anlaufstelle geschaffen werden, die mit einer entsprechend ausgebildeten Person besetzt wird. Der Informationsfluss von der Datenerhebung bis zu der Auswertung muss klar definiert werden (siehe Abbildung 7-1, S. 255). Der Informationsgewinn aus den GIS sollte in enger Abstimmung mit den entsprechenden Gremien in die Weiterentwicklung des Schutzgebietsmanagements einfließen (Interviews AMNA; GAAFAR).

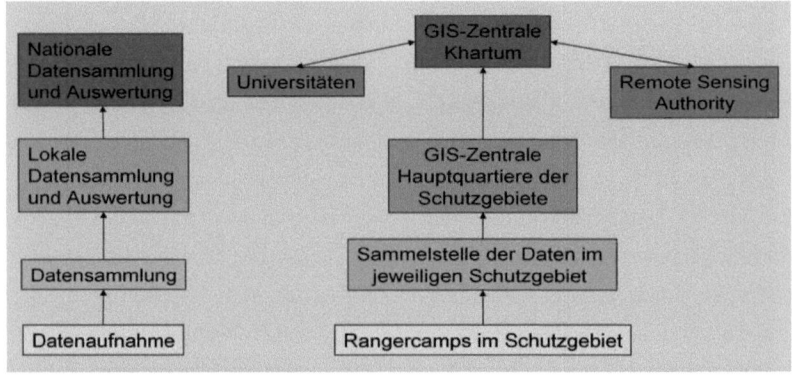

Abbildung 7-1: Schematischer Vorschlag zum Aufbau eines nationalen GIS für Schutzgebiete. Die Strukturen sind einfach und kostengünstig zu etablieren. Durch den Einbezug von externem Wissen (Universitäten und Remote Sensing Authority) ist die fachliche Kompetenz gesichert. Eine Kooperation zwischen diesen Institutionen und der WCGA als für Schutzgebiete zuständiger Behörde, besteht bereits und kann zeitnah ausgebaut werden.
Quelle: eigener Entwurf

Das Personal sollte, wenn es mit Touristen in Kontakt kommt, zumindest grundlegende Kurse in englischer Sprache durchlaufen. Dies würde die touristische Attraktivität der Schutzgebiete steigern und stellt für die Ranger eine gern angenommene Weiterbildung dar, wie verschiedene Ranger in informellen Gesprächen betonten. Für ausgewähltes Personal sollte auch über **Fortbildungsreisen** in ausgewählte Nachbarländer nachgedacht werden (Interviews HAMAD; SERAG). Der Sinn solcher Reisen liegt darin, dass das Personal Einblicke in andere Strategien des Schutzgebietsmanagements bekommt. Diese Anregungen können helfen, Fehler bei dem direkten

Personelle Erfordernisse

Management von Wildtieren, aber auch bei dem Umgang mit der Bevölkerung zu vermeiden und neue Ansätze zu integrieren (Interview ABUREIDA).

Die **angemessene Ausstattung des Personals** ist für die praktische Umsetzung des Schutzgebietsmanagements unerlässlich. Auf administrativer Ebene ist für die in den vorhergehenden Abschnitten beschriebenen Aktivitäten die möglichst flächendeckende Ausstattung mit Computern notwendig. Für die Ranger in den Schutzgebieten ist die Ausrüstung mit verschiedenem Gerät ratsam. Ein fundamentales Element zur Durchsetzung der Schutzgebietsstatuen ist die Mobilität der Ranger (Interviews ADIL; HAMAD; SULEIMAN). Hierfür benötigen sie die entsprechenden Fortbewegungsmittel. Für große Distanzen werden geländegängige Autos benötigt, für kleinere Distanzen kommen auch so genannte Quads, motorradähnliche Gefährte mit vier Reifen, und Kamele in Frage. Darüber hinaus ist die Ausstattung mit Kommunikationsvorrichtungen (Funkgeräte, Funkstationen) wichtig. Informationen über Verstöße können nur so zeitnah zwischen den verschiedenen Einheiten des Schutzgebietspersonals ausgetauscht werden.

Damit das Personal Daten für das aufzubauende GIS sammeln kann, ist es notwendig, dass es mit GPS-Empfängern ausgestattet ist. Für den Betrieb der elektronischen Geräte und auch zur Lichterzeugung wird Strom benötigt. Hier wäre es sinnvoll, leicht zu handhabende, mobile und robuste Solaranlagen anzuschaffen. Der Vorteil gegenüber Stromgeneratoren liegt darin, dass es keine Abhängigkeit von der Versorgung mit Treibstoff gibt, und dass keine Verunreinigungen und akustischen Störungen verursacht werden.

Im DNP hat sich gezeigt, dass es wichtig ist, die **Wartung und Instandsetzung der Ausrüstung** fest zu reglementieren. Das Fehlen dieser Maßnahmen hat dazu geführt, dass die angeschafften Gerätschaften nach kurzer Zeit zu großen Teilen nicht mehr funktionstüchtig waren. Es reicht nicht, die Geräte anzuschaffen, sondern es muss auch eine regelmäßige Anweisung für den Gebrauch, die

Zusammenfassung der Forschungsergebnisse und strategische Empfehlungen für das Schutzgebietsmanagement im Sudan

Wartung und die Reparatur der Geräte geben, wofür eine eigene Stelle zu schaffen wäre. Eine Person mit entsprechender Ausbildung muss die Technik überwachen und instand halten (Interview HAMAD).

Die strategischen Empfehlungen zeigen deutlich, dass die Maßnahmen interdependent miteinander verwoben sind und nur als Gesamtheit funktionieren. Die Personalstruktur muss derart angelegt sein, dass die inhaltliche Arbeit ermöglicht wird und gleichzeitig die technische Unterstützung gesichert ist. Das Personal kann seine Arbeit aber nur dann ausführen, wenn es die benötigte Ausrüstung zur Verfügung hat. Die Ausrüstung ist aber nur dann dauerhaft nutzbar, wenn das Personal im Umgang und der Wartung geschult ist und darüber hinaus motiviert ist, diese dauerhaft instand zu halten.

Um dies zu gewährleisten und die Investitionen in die Ausbildung etc. sinnvoll anzulegen, ist es wichtig, dass die **Fluktuation des Personals** möglichst gering gehalten wird. Wechselt das Personal zu häufig, können weder Ausbildung noch Motivation aufrechterhalten werden. Auch die Beziehungen zu der lokalen Bevölkerung können nur dann auf eine auf Vertrauen basierende Grundlage gestellt werden, wenn für das Personal und die Ansprechpartner eine langfristige Zusammenarbeit geleistet wird.

7.4 Partizipative Erfordernisse

Die Partizipation der lokalen Bevölkerung wird, wie in den Kapiteln 3.2 und 4.4 gezeigt, international und mittlerweile auch im Sudan als ein Schlüsselelement des Erfolges des Schutzgebietsmanagements angesehen. Trotz dieser Anerkennung wird ihr in der Praxis nicht die nötige Aufmerksamkeit geschenkt. Die Versuche im Sudan sind bisher zaghaft und bedürfen einiger Verbesserungen.

Die **Einbindung der dörflichen Gemeinschaften** in das Schutzgebietsmanagement über die village development committees wie im DNP ist grundsätzlich zu begrüßen. Die praktische Ausgestaltung ist jedoch mangelhaft. Das Wissen über die Funktion der village development committees unter den Dorfbewohnern ist gering und den

Partizipative Erfordernisse

Mitgliedern der village development committees mangelt es an Ansprechpartnern auf der Seite des Schutzgebietes (Interview IsHAG und Gespräche in EN AJ JAMAL). Wie oben besprochen, müssten den village development committees durch institutionalisierte Strukturen ein fester Rahmen gegeben werden. Dies gilt für den DNP aber auch für die zukünftig zu etablierenden village development committees in der Umgebung von anderen Schutzgebieten. Der Aufbau solcher Gruppen sollte einer der ersten Schritte bei der Planung eines neuen Schutzgebietes sein. So könnten die Meinungen der Menschen von Anfang an in die Erstellung des Managementplans und dessen Umsetzungsstrategien einfließen (Interview ALI).

Unbedingt notwendig ist die **dauerhafte Kommunikation zwischen Nationalparkpersonal und Bevölkerung**. Feste Ansprechpartner für die Menschen sind die Basis, auf der Vertrauen aufgebaut und auch ein Gespür für die Probleme entwickelt werden kann. Situationen wie im DNP sollten vermieden werden. Durch unklare und sich häufig ändernde Ankündigungen und Versprechen wird die Bevölkerung verunsichert und misstrauisch gegenüber der Schutzgebietsverwaltung (Interview NURH).

Neben der Verfestigung des kommunikativen Austauschs zwischen dem Schutzgebiet und der Bevölkerung ist es wichtig, dass die Regeln für das Schutzgebiet klar definiert, kommuniziert und umgesetzt werden. Die Sanktionierung der Missachtung der Schutzgebietsstatuten ist wichtig, damit sie glaubwürdig sind (Interviews A-MIN; ANUR). Parallel hierzu muss eine Aufklärung über den Sinn und Zweck der Maßnahmen sowie über die potentiellen mittel- und langfristigen Vorteile und Nutzen stattfinden, damit die Akzeptanz gesteigert wird. Hier wird die Bedeutung der guten Ausbildung des Schutzgebietspersonals, welches diese Maßnahmen vor Ort umsetzen muss, deutlich (Interview A-WAD).

Konflikte und Probleme sollten über eine **gemeinsame, moderierte Lösungsfindung** gelöst werden. Die Prioritätensetzung bei der Identifizierung der durch das

Zusammenfassung der Forschungsergebnisse und strategische Empfehlungen für das Schutzgebietsmanagement im Sudan

Schutzgebiet ausgelösten Probleme sollte weitgehend den Kommunen überlassen werden. Dabei sollte die Schutzgebietsverwaltung den Kommunen helfend zur Seite stehen. Workshops und andere Maßnahmen müssen in regelmäßigen Abständen abgehalten werden und feste Ansprechpartner verfügbar sein. Flankierende Maßnahmen zur Wahrnehmung der Probleme durch eigene Beschäftigung können das Bewusstsein schärfen und die Motivation zum Schutz des Schutzgebietes erhöhen (DOMNICK 2005).

Anreizsysteme müssen derart zugeschnitten werden, dass sie auch den ärmeren Bevölkerungsgruppen die Chance zur Teilhabe bieten. Außerdem muss das System so angelegt sein, dass auch tatsächlich diejenigen profitieren, die sich für nachhaltiges Wirtschaften oder Ressourcenschutz verdient machen. Ungleichheiten in der Verteilung von Kosten und Nutzen und Anreizen führt zu Unstimmigkeiten in den Kommunen (SPITERI et al. 2006, 4; Interviews ALI; ISHAG; NURH).

Um die Erfolge der Arbeit mit der lokalen Bevölkerung zu erhöhen, ist es notwendig, die so genannte „community aptitude" zu berücksichtigen und zu verbessern, sowie lokales Wissen und Konfliktlösungsstrategien mit einzubeziehen. „Community aptitutde" wird hier verstanden als die Fähigkeit der Gemeinden, an Partizipationsprozessen aktiv teilzuhaben. Diese Fähigkeit kann je nach Bildung, Bewusstsein bezüglich Naturschutz und Willen zur Kooperation stark variieren. Diese zu fördern, ist eine Kernaufgabe für einen Abbau von Resistenzen gegen Schutzgebiete und damit für den verbesserten Schutz von Biodiversität (SPITERI et al. 2006, 10; Interviews ISHAG; NIMIR; NURH).

8. Ausblick

Die theoretischen Entwicklungen im Bereich des Schutzgebietsmanagements der letzten zwei Jahrzehnte sind beachtlich. Die inhaltliche Auseinandersetzung hat sich, wie gezeigt wurde, von einer einseitigen Betrachtungsweise hin zu einem multidimensionalen Problembewusstsein gewandelt. Die bestehenden Probleme des Schutzgebietsmanagements liegen jedoch in der praktischen Umsetzung dieser theoretischen Erkenntnisse. Im sudanesischen Schutzgebietsmanagement sind die neuen theoretischen Konzepte bisher nur unzureichend in die Praxis umgesetzt. Am Beispiel des DNP konnte gezeigt werden, dass zwar einige aktuelle Ansätze verfolgt werden, aber auch, dass viele Probleme auf praktischer Ebene bestehen bleiben. Auch der Aufbau eines schlüssigen, nationalen Schutzgebietssystems ist bisher nicht zu erkennen.

In der Realität muss das Schutzgebietsmanagement mit anderen realpolitischen Interessensgebieten konkurrieren, die eine größere Durchsetzungskraft besitzen. Dabei stehen die kurzfristigen wirtschaftlichen Interessen dem Leitbild des Schutzgebietsmanagements oftmals diametral gegenüber (ELLENBERG 2008, 99).

Die Umsetzung der verschiedenen, sich ergänzenden Schutzgebietsstrategien, wie in Kapitel 3 beschrieben, ist jedoch wichtig, da auf diese Weise das Konzept nachhaltiger Entwicklung im gesellschaftlichen Bewusstsein verankert werden kann. Darüber hinaus können Schutzgebiete als Entwicklungskerne einer nachhaltigen Entwicklung dienen, wenn die Bevölkerung vor Ort angemessen in das Schutzgebietsmanagement einbezogen wird. Verschiedene Formen einer nachhaltigen Inwertsetzung der natürlichen Ressourcen können erprobt und demonstriert werden. Somit leisten sie einen Beitrag zum Erhalt der Biodiversität, der weit außerhalb der Schutzgebietsgrenzen wirkt (UNESCO 1996b, 24).

Trotz der genannten Vorteile von Schutzgebieten kann die Lösung des Konfliktes zwischen Ökonomie und Ökologie prinzipiell nur auf gesamtgesellschaftlicher Ebene geleistet werden. Eine nachhaltige

Ausblick

Entwicklung muss zur Querschnittsaufgabe in allen politischen und wirtschaftlichen Bereichen gemacht werden. Dies muss auf allen räumlichen Ebenen geschehen - von der lokalen über die regionale und nationale bis hin zu der internationalen und globalen Ebene.

Eine erfolgreiche Umsetzung von Schutzgebieten hängt aufgrund der gesellschaftlichen Einbindung entscheidend von den Rahmenbedingungen ab. So ist die Situation im Sudan beispielsweise durch kriegerische Auseinandersetzungen, Armut, mangelndes politisches Engagement, Rechtsunsicherheit und Korruption geprägt. Somit sind auch die Voraussetzungen für die partizipative Einbindung der Bevölkerung in das Schutzgebietsmanagement äußerst ungünstig. Angesichts dieser Situation kann angenommen werden, dass die Umsetzung von Schutzgebietsmanagement nur einen geringen Erfolg hat. Die Rahmenbedingungen sind aber nur einer von mehreren Faktoren mit Einfluss auf Schutzgebiete. Beispiele anderer Länder haben gezeigt, dass auch trotz günstigerer Rahmenbedingungen und einer festen institutionellen Einbindung grundlegende Probleme für das Schutzgebietsmanagement bestehen können, wenn ökonomischer Entwicklung grundsätzlicher Vorrang vor ökologischem Schutz eingeräumt wird. Beispiele sind die deutschen Weltkulturerbe-Streitigkeiten in Dresden, im Mittelrheintal und im Wattenmeer. In allen drei Fällen sollen zur Steigerung der ökonomischen Attraktivität der Region Verkehrsplanungen durchgesetzt werden, obwohl diese Maßnahmen den Entzug des Status als Weltkultur- beziehungsweise als Weltnaturerbe zur Folge haben. In Anbe- tracht dessen ist kaum zu erwarten, dass ökonomisch wesentlich schwächer gestellte Länder wie der Sudan ein nachhaltigeres Verhalten praktizieren und Schutzgebieten einen höheren Stellenwert beimessen.

Die grundsätzliche Forderung muss daher lauten, dass das Schutzgebietsmanagement unbedingt verstärkt in das Interesse der politischen Akteure gerückt wird. Aufgrund der bisherigen Erfahrungen im Umgang mit Schutzgebieten kann davon ausgegangen werden, dass dies nur dann erfolgen

Ausblick

wird, wenn für die Entscheidungsträger ökonomische Anreize zum Erhalt der Biodiversität geschaffen werden. Die partizipative Beteiligung lokaler Bevölkerung muss dabei als zentrales Element bei einer effektiven Umsetzung von Schutzgebieten und dem Erhalt der Biodiversität herausgestellt werden. Die in der Arbeit beschriebenen Erfahrungen im Umgang mit Schutzgebieten verdeutlichen die Notwendigkeit dieser Forderungen.

Unter Berücksichtigung des ökonomischen Primats im politischen Handeln ist es daher notwendig, den monetären Wert des Schutzes von Biodiversität zu ermitteln und in der Diskussion um Naturschutz stärker in den Vordergrund zu rücken. Im Rahmen der UN-Konferenz zu Biodiversität im Mai 2008 wird die Veröffentlichung eines Berichts erwartet, der diese Thematik aufgreift. Bisherigen Pressemitteilungen zu Folge belaufen sich die Berechnungen des monetären Wertes des globalen Netzes von Schutzgebieten in dem Report auf etwa fünf Billionen Dollar (MAURIN 2008).

Neben dem ökonomischen Wert der Biodiversität sollten auch sicherheitspolitische Aspekte der geregelten, nachhaltigen Inwertsetzung der natürlichen Ressourcen stärker betont werden. Wie am Beispiel des Darfur beschrieben, nehmen gewalttätige Konflikte über den Zugang zu Ressourcen zu. Neben anderen negativen Auswirkungen stellen diese Konflikte auch eine Gefährdung der politischen Stabilität von Staaten und Regionen dar. Die Rolle von Schutzgebieten zur Lösung von Ressourcenkonflikten und damit zur Stabilisierung von Gesellschaften muss den politischen Akteuren präsent gemacht werden, um Schutzgebieten den ihnen angemessenen Stellenwert zukommen zu lassen.

Auf diesem Weg kann die gesellschaftliche Relevanz und der ökonomische Nutzen von Schutzgebieten den entscheidenden Gremien, sowohl der nationalen als auch der internationalen Institutionen, deutlich gemacht werden. Ein grundsätzliches Umdenken und ein erneuter Paradigmenwechsel in der Diskussion um die Werte und Aus-

Ausblick

richtung von Schutzgebieten sind notwendig.

Neben den regionalspezifischen Forderungen wie in Kapitel sieben gestellt, muss allgemein eine monetäre Bewertung des Verlustes von Biodiversität gefordert und die resultierenden ökonomischen Auswirkungen auf die politische Agenda gesetzt werden. Der aktuelle Artenrückgang ist eng verbunden mit ökonomischem Verlust. Nur die Anerkennung dieser Tatsache auf politischer Ebene wird langfristig eine Verbesserung der Rahmenbedingungen für das Schutzgebietsmanagement und den Erhalt der Biodiversität sicherstellen können.

9. Literatur

ABBADI, K. A. B.; AHMED, A. E. (2006): Brief overview of Sudan economy and future prospects for agricultural development. Vortrag auf dem "Food Aid Forum" des World Food Programme, Khartum, Juni 2006. URL: http://nutrition.tufts.edu/pdf/resear ch/famine/food_aid_forum_kit/pap ers/9_brief_overview_of_sudan_ec ono-my_and_future_prospects_for_agri cultural_development.pdf [05.2007]

ABDALLA, A. A. (2007): Agriculture in Sudan. In: HOPKINS, P. G. (Hrsg.) (2007): The Kenana Handbook of Sudan. S. 739-747. London.

ABDALLA, A. A. (2004): Environmental Degradation and Conflict in Darfur. Experiences and Development Options. In: UFP (2004): Environmental Degradation as a Cause of Conflict in Darfur. Conference Proceedings. Khartum. S. 87-94.

ABDALLA, A. A.; IJAIMI, A.; EL GASIM, O. A.; DINGLE, M. A. A.; EL AMIEN, E. A. H. (2003): Food Security and Agricultural Development in the Sudan. Poverty Reduction & Programs in Agriculture. Khartum.

ABDALLA, A. A.; ABDEL NOUR, H. O. (2001): The agricultural potential of Sudan. In: Executive Intelligence Review, Feb. 23, 2001. S. 37-45. URL: http://www.aboutsudan.com/confer ences/Khartum/abdalla.htm [04.2007]

ABDELHAMEED, S. M. (2003): The role of forests in the development of the rural population in Dinder Biosphere reserve, Sudan. URL: http://www.fao.org/DOCREP/ART ICLE/WFC/XII/0067-A2.HTM [08.2007]

ABDEL KARIM, I. E. E. (2002): The Impact of the Uruguay Round Agreement on Agriculture on Sudan's Agricultural Trade. Berliner Schriften zur Agrar- und Umweltökonomik, Band 2. Aachen.

AHMED, A. G. M.; TEKA, T. (1999): Livelihoods in the drylands of east Africa. Vortrag auf dem Horn of Africa Regional Workshop. Agricultural Policy, Resource Access and Human Nutrition, Addis Abeba November 1999. Addis Abeba.

Literatur

AHNERT, F. (2003): Einführung in die Geomorphologie. Stuttgart.

ALI, A. A. (2007): The Sudanese Economy since 1956. An Overview. In: HOPKINS, P. G. (Hrsg.) (2007): The Kenana Handbook of Sudan. S. 565-577. London.

ALI, A. M.; NIMIR, M. B. (2006): Putting people first. Sustainable Use of Natural Resources in the Dinder National Park (Biosphere Reserve). Khartum. URL: http://www.earthlore.ca/clients/WPC/English/grfx/sessions/PDFs/session_2/Ali_Nimir.pdf [11.2006]

ALLEN, R. (1980): How to save the world: strategy for world conservation. London.

ALTVATTER, E.; MAHNKOPF, B. (1999): Grenzen der Globalisierung. Ökonomie, Ökologie und Politik in der Weltgesellschaft. Münster.

ANDERSON, D.; GROVE, R. (1987): Introduction: The scramble for Eden: past present and future in African conservation. In: ANDERSON, D.; GROVE, R. (Hrsg.) (1987): Conservation in Africa. People, policies and practice. S. 1-12. Cambridge.

ARTS, B. (1994): Nachhaltige Entwicklung. Eine begriffliche Abgrenzung. In: Peripherie, Nr. 54. S. 6-27.

ASKOURI, A. (2004): Sudan dam will drown cultural treasures, destroy Nile communities. In: Sudan Tribune, 29.04.2004. Khartum.

AU (AFRICAN UNION) (2003): African Convention on the Conservation of Nature and Natural Resources. Maputo. URL: www.iucn.org/themes/wcpa/wpc2003/pdfs/outputs/africa/africa_pascoinvention.pdf [11.2007]

AWAD, N. M.; GUTBI, O. S.; MOHAMADANI, A. H. (1992): Dinder National Park indigenous population. Case of Maggno population. Khartum.

BABIKER, M. (o.J.): Sudan. Country Case Study. Khartum.

BALMFORD, A.; WHITTEN, T. (2003): Who should pay for tropical conservation, and how could the costs be met? In: Oryx, Vol. 37 (2). S. 238-250.

BARBER, C. V.; MILLER, K. R.; BONESS, M. (Hrsg.) (2004): Securing Protected Areas in the Face of Global Change: Issues and

Literatur

Strategies. IUCN, UNEP-WCMC, Gland, Cambridge. URL: http://app.iucn.org/dbtwwpd/edocs/2005-006.pdf [09.2006]

BARNETT, T.; ABDELKARIM, A. (1991): Sudan. The Gezira Scheme and Agricultural Transition. London.

BARROW, E.; FABRICUS, C. (2002): Do rural people really benefit from protected areas – rhetoric or reality? In: Parks, Vol. 12 (2), 2002. S. 67-80. URL: http://www.iucn.org/themes/wcpa/pubs/parks.htm#vol123 [10.2007]

BARROW, E.; GICHOHI, H.; INFIELD, M. (2000): Rhetoric or Reality? A review of Community Conservation Policy and Practice in East Africa. London.

BATISSE, M. (2001): World Heritage and Biosphere Reserves: complementary instruments. In: Parks, Vol. 11 (1), 2001. S. 38-45. URL: http://www.iucn.org/themes/wcpa/pubs/parks.htm#vol111 [10.2007]

BAUER, S.; MESSNER, D. (2007): Armut; Migration und komplexe Gewaltkonflikte. Der Klimawandel bedroht die globale Entwicklung und die internationale Stabilität.

In: Der Freitag vom 21.09.2007. S. 18.

BEIERKUHNLEIN, C. (2007): Biogeographie. Stuttgart.

BELTRÁN, J. (Hrsg.) (2000): Indigenous and Traditional Peoples and Protected Areas: Principles, Guidelines and Case Studies. IUCN, UNEP-WCMC, Gland, Cambridge. URL: http://www.iucn.org/themes/wcpa/pubs/guidelines.htm#indigenous [08.2007]

BENNET, G.; MULONGOY, K. J. (2006): Review of Experience with Ecological Networks, Corridors and Buffer Zones. CBD Technical Series No. 23. Montreal. URL: http://www.cbd.int/doc/publications/cbd-ts-23.pdf [12.2007]

BERRY, L. (2007): The Republic of Sudan. An environmental overview. In: HOPKINS, P. G. (Hrsg.) (2007): The Kenana Handbook of Sudan. S. 221-236. London.

BETKE, D.; KLOPFER, S.; KUTTER, A.; WEHRMANN, B. (1999): Land Use Planning. Methods, Strategies and Tools. Schriftenreihe der GTZ, Nr. 268. Wiesbaden.

Literatur

BEYER, M.; HÄUSLER, N.; STRASDAS, W. (2007): Tourismus als Handlungsfeld der deutschen Entwicklungszusammenarbeit – Grundlagen, Handlungsbedarf, Strategieempfehlungen. Eschborn.

BISHOP, K.; DUDLEY, N.; PHILLIPS, A.; STOLTON, S. (2004): Speaking a Common Language. The uses and performance of the IUCN System of Management Categories for Protected Areas. University of Cardiff, IUCN, UNEP-WCMC. Gland, Cambridge.

BITTNER, J. (2007): Die Klimakrise. In: Die Zeit vom 03.05.2007. S. 3

BLAIKIE, P.; JEANRENAUD, S. (1997): Biodiversity and human welfare. In: GHIMIRE, K. B.; PIMBERT, M. P. (Hrsg.) (1997): Social Change and Conservation. Environmental Politics and Impacts of National Parks and Protected Areas. S. 46-70. UNRISD, London.

BODIL, E.; OLSSON, L.; ELTIGHANI, M. E.; WARREN, A. (2005): A traditional agroforestry system under threat: an analysis of the gum arabic market and cultivation in the Sudan. In: Agroforestry Systems, Vol. 64. S. 211-218.

BOHNSACK, R. (2003): Rekonstruktive Sozialforschung. Einführung in qualitative Methoden. Opladen

BORRINI-FEYERABEND, G. (1997a): Beyond Fences: Seeking Sustainability in Conservation. IUCN/Commission on Environmental, Economic and Social Policy. Gland.

BORRINI-FEYERABEND, G. (1997b): Gestion participative des aires protégées : L'adaptation au contexte. IUCN, Gland, Cambridge.

BORRINI-FEYERABEND, G.; KOTHARI, A.; OVIEDO, G. (2004a): Indigenous and Local Communities and Protected Areas: Towards Equity and Enhanced Conservation. IUCN, Gland, Cambridge.

BORRINI-FEYERABEND, G.; PIMBERT, M.; FARVAR, M. T.; KOTHARI, A.; RENARD, Y. (2004b): Sharing Power. Learning by doing in co-management of natural resources throughout the world. IIED, IUCN/ CEESP/ CMWG, Cenesta, Tehran.

BORRINI-FEYERABEND, G.; SANDWITH, T. (2003): Editorial: from 'guns and fences' to paternalism to partnerships: the slow disentangling of Africa's protected areas. In:

Parks Vol. 13 (1), 2003. S. 1-5. URL: http://www.iucn.org/themes/wcpa/pubs/parks.htm#vol131 [12.2007]

BOS (BANK OF SUDAN): Annual Reports 1999-2005. URL: http://www.bankofsudan.org/ [05.2007]

BRECHIN, S. R.; WEST, P. C.; HARMON, D.; KUTAY, K. (1991): Resident Peoples and Protected Areas: A Framework for Inquiry. In: WEST, P. C.; BRECHIN, S. R. (Hrsg.) (1991): Resident peoples and national parks: social dilemmas and strategies in international conservation. Arizona. S. 5-28.

BRECKLE, S. W. (2001): Sustainable land use in deserts. Berlin, New York.

BRIDGEWATER, P. (2002): Biosphere Reserves – a network for conservation and sustainability. In: Parks, Vol. 12 (3) 2002. S. 15-20. URL: http://www.iucn.org/themes/wcpa/pubs/parks.htm#vol123 [04.2007]

BRUNER, A.; GULLISON, R. E.; RICE, R. E. ; FONSECA, G. A. B. DA (2001): Effectiveness of Parks in Protecting Tropical Biodiversity. In: Science Vol. 291. S. 125-128.

BULTMANN, I.; GUSTEDT, E. (1995): Ökotourismus als Instrument des Naturschutzes? Möglichkeiten zur Erhöhung der Attraktivität von Naturschutzvorhaben. Forschungsberichte des Bundesministeriums für Wirtschaftliche Zusammenarbeit und Entwicklung, Band 116. München, Köln, London.

CBD (SECRETARIAT OF THE CONVENTION ON BIOLOGICAL DIVERSITY) (2006): Global Biodiversity Outlook 2. Montreal.

CBD (2005): Handbook of the Convention on Biodiversity. Including its Cartagena Protocol on Biosafety, 3. Ausgabe. Montreal. URL: http://www.biodiv.org/doc/handbook/cbd-hb-all-en.pdf [10.2006]

CBS (CENTRAL BUREAU OF STATISTICS SUDAN) (2007a): Statistical Yearbook for the Year 2006. Khartum. URL: http://cbs.gov.sd/Stat.%20Book%20006/st%20book%202006/StatYear%20Book06%20content/contents.htm [02.2008]

CBS (2007b): Sudan in Figures. Khartum. URL: http://cbs.gov.sd/Sud.%20inf%202

Literatur

006/SudanInFig2006.pdf [02.2008]

CEMEX (2005): El Carmen, the first wilderness designation in Latin America. Anchorage. URL: http://www.8wwc.org/docs/live/Cemex.doc [11.2006]

CENTRE FOR ENVIRONMENTAL STUDIES FROM BUDAPEST, HUNGARY; INSTITUTE FOR SUSTAINABLE DEVELOPMENT FROM WARSAW, POLAND; INSTITUTE OF ENVIRONMENTAL POLICY FROM PRAGUE, CZECH REPUBLIC (Hrsg.) (2001): Transition of environmental policy in central Europe – Case studies Czech Republic, Hungary and Poland. Budapest, Prague, Warsaw. URL: http://www.ineisd.org.pl/rozne/REC_raport_regionalny.pdf [07.2007]

CHAMBERS, R.; CONWAY, G. (1992): Sustainable rural livelihoods: Practical concepts for the 21st century. IDS Discussion Paper 296, Institute for Development Studies. Brighton.

CHAPE, S.; HARRISON, J.; SPALDING, M.; LYSENKO, I. (2005): Measuring the extent and effectiveness of protected areas as an indicator for meeting global biodiversity targets. In: Philosophical Transactions of the Royal Society B, Vol. 360 (1454), 2005. S. 443-455. Cambridge. URL: http://journals.royalsociety.org/content/t0y17e1uwfjphw9d/?p=5515f09578ef42c9858151ffd77e32da&p i=3 [11.2007]

CHAPE, S.; BLYTH, L.; FISH, L.; FOX, P.; SPALDING, M. (Hrsg.) (2003): 2003 United Nations List of Protected Areas. IUCN, UNEP-WCMC, Gland, Cambridge. URL: http://www.iucn.org/themes/wcpa/wpc2003/pdfs/unlistpa2003.pdf [10.2006]

CHENOWETH, J. L.; EWING, S. A.; BIRD, J. F. (2002): Procedures for Ensuring Community Involvement in Multijuridictional River Basins: A Comparison of the Murray-Darling and Mekong River Basins. Environmental Management, Vol.29 (4). S. 497-509. URL: http://www.springerlink.com/content/r6yh8ybmurq8x2pw/ [10.2006]

CIA (CENTRAL INTELLIGENCE AGENCY) (2007): The World Factbook. Washington DC.

CIFUENTES, M. A.; IZURIETA, A. V.; DE FARIA, H. H. (2000): Measuring Protected Area Management

Literatur

Effectiveness. WWF Technical Series, No. 2. URL: www.wwfca.org/wwfpdfs/Measuring.pdf [02.2008]

CIJ (COALITION FOR INTERNATIONAL JUSTICE) (2006): Soil and Oil: Dirty Business in Sudan. Washington. URL: www.ecosonline.org/back/pdf_reports/2006/reports/Soil_and_Oil_Dirty_Business_in_Sudan.pdf [07.2007]

COLCHESTER, M. (1997): Salvaging Nature: Indigenous Peoples and Protected Areas. In: GHIMIRE, K. B.; PIMBERT, M. P. (Hrsg.) (1997): Social Change and Conservation. Environmental Politics and Impacts of National Parks and Protected Areas. S. 97-130. UNRISD, London.

CRAIG, G. M. (Hrsg.) (1991): The agriculture of the Sudan. Oxford.

CRONIN, M. A.; BALLARD, W. B.; BRYAN, J. D.; PIERSON, B. J.; MCKENDRICK, J. D. (1998): Northern Alaska oil fields and caribou: A commentary. In: Biological Conservation, Vol. 83 (2). S. 195-208.

DASMANN, W. (1972): Development and management of Dinder National Park and its Wildlife. FAO FO-UNDP/TA 3113. Rome.

DAVEY, A.G. (1998): National System Planning for Protected Areas. IUCN, Gland, Switzerland, Cambridge, UK.

DDMPC (DANA DECLARATION ON MOBILE PEOPLE AND CONSERVATION) (2002). URL: http://www.danadeclaration.org/text%20website/declaration.html [11.2007]

DFID (DEPARTMENT FOR INTERNATIONAL DEVELOPMENT) (1999): Sustainable Livelihoods Guidance Sheets. London. URL: http://www.livelihoods.org/info/info_guidancesheets.html [03.2008]

DIXON, J.; GULLIVER, A.; GIBBON, D. (2001): Farming Systems and Poverty. Improving farmer' livelihoods in a changing world. Rom, Washington D.C.

DOMNICK, I. (2005): Probleme sehen- Ansichtssache. Wahrnehmung von kartographischen Darstellungen als visuelle Kommunikationsmittel in der Entwicklungszusammenarbeit am Beispiel einer ländlichen Region in den Bale Mountains / Äthiopien. Berlin.

URL: http://www.diss.fu-berlin.de/2005/342/ [02.2008]

DOYLE, M. (2006): Why you can't eat meat and call yourself an environmentalist. The hidden costs of producing intensively-farmed, animal-based foods. URL: http://www.bvv.org.uk/greenveg/wp-content/uploads/2006/11/meat-eating-and-the-environment.pdf [02.2008]

DSC (DENVER SERVICE CENTRE)(1993): What on Earth are We Doing? In: The George Wright Forum. Volume 10 (4), 1993. S. 53-58. URL: http://www.georgewright.org/backlist_forum.html#Anchor-10-42424 [01.2008]

DUDLEY, N.; PARISH, J. (2006): Closing the Gap. Creating Ecologically Representative Protected Area Systems: A Guide to Conduction the Gap Assessments of Protected Area Systems for the Convention on Biological Diversity. CBD Technical Series No. 24. Montreal. URL: http://www.cbd.int/doc/publications/cbd-ts-24.pdf [10.2007]

DUDLEY, N.; MULONGOY, K. J.; COHEN, S.; STOLTON, S.; BARBER,

C. V.; GIDDA, S. B. (2005): Towards Effective Protected Area Systems. An Action Guide to Implement the Convention on Biological Diversity Programme of Work on Protected Areas. CBD Technical Series No. 18. URL: http://www.biodiv.org/doc/publications/cbd-ts-18.pdf [01.2008]

DUDLEY, N.; HOCKINGS, S.; STOLTON, S. (2003): Protection Assured. Guaranteeing the effective management of the world's protected areas – a review of options. A background paper for the World Commission on Protected Areas. URL: http://www.iucn.org/themes/wcpa/pubs/pdfs/protectionassured.pdf [01.2008]

DUDLEY, N.; STOLTON, S. (1999): Conversion of Paper Parks to Effective Management: Developing a Target. Report to the WWF-World Bank Alliance from the IUCN/WWF Forest Innovation Project. Gland.

EAGLES, P. F. J.; MCCOOL, S. F.; HAYNES, C. D. A. (2002): Sustainable Tourism in Protected Areas: Guidelines for Planning and Management. IUCN Gland,

Literatur

Cambridge. URL: http://www.iucn.org/themes/wcpa/pubs/pdfs/Best%20Practice%208/tourismguidelines.pdf [05.2007]

EIA (ENERGY INFORMATION ADMINISTRATION) (2007): Country Analysis Briefs: Sudan. URL: www.eia.doe.gov/cabs/Sudan/pdf.pdf [03.2008]

EIU (ECONOMIST INTELLIGENCE UNIT) (2006): Sudan. Country Profile 2006. London. URL: http://sudanreport.unep.ch/sudan_website/doccatcher/data/documents/Sudan%20Country%20Profile%202006.pdf [07.2007]

ELAMIN, E. T. M.; MUSA, H. (o.J): Reconciling the Trade-offs between Domestic Demand and Export Market: The Case of Sudan Dry-land Agriculture. Khartum.

ELASHA, B. O. (2007): Environmental Conditions in Sudan and the Policy Responses. In: HOPKINS, P. G. (Hrsg.) (2007): The Kenana Handbook of Sudan. S. 269-281. London.

ELHAG, M. M. (2006): Causes and Impact of Desertification in the Butana Area of Sudan. Bloemfontein.

ELLENBERG, L. (2008): Hindernisse für das Management von Schutzgebieten. In: Gaia, Vol. 17 (S1). S. 98-100.

ELLENBERG, L. (2003): Naturschutz in Entwicklungsstaaten. In: ERDMANN, K.-H.; SCHELL, C. (2003): Zukunftsfaktor Natur – Blickpunkt Mensch. S. 307-318. Bonn.

ELLENBERG, L. (2002): Reisen in tropische Wälder – Schmaler Pfad zum Naturschutz durch Naturgenuß. In: HGG-Journal 17. S. 31-44.

ELLENBERG, L. (1998): Tourismus zwischen Ökonomie und Ökologie. Einige Thesen zur Nachhaltigkeit von Tourismus. In: RAUSCHELBACH, B. (Hrsg.) (1998): (Öko-) Tourismus: Instrument für eine nachhaltige Entwicklung? Tourismus und Entwicklungszusammenarbeit. S. 25-28. GTZ, Heidelberg.

ELLENBERG, L.; SCHOLZ, M.; BEIER, B. (1997): Ökotourismus: Reisen zwischen Ökonomie und Ökologie. Heidelberg.

ELMAHDI, K. (2005): Regional Integration and the WTO Agreements: Effects of the Common Market for Eastern and Southern Africa (COMESA) on Bilateral

Agricultural Trade Flows and Welfare for Sudan. Berliner Schriften zur Agrar- und Umweltökonomik, Band 9. Aachen.

EL MANGOURI, H. A. (1983): The mechanization of agriculture as a factor influencing population mobility in the developing countries. Experiences in the democratic republic of the Sudan. Berlin.

EL MOGHRABY, A. I. (2006): State of the environment in Sudan. In: UNEP, Division of Technology, Industry and Economics. Economics and Trade Branch (2006): Studies of EIA Practice in Developing Countries. Geneva. S. 27-36. URL: http://iaia.org/Non_Members/EIA/CaseStudies/CaseStudies.PDF [05.2007]

EL NAAYAL, I. E. T. (2002): Poverty and the Environment. URL: http://www.worldsummit2002.org/texts/SudanIdris-P.pdf [01.2008]

EMERTON, L.; BISHOP, J.; THOMAS, L. (2006): Sustainable Financing of Protected Areas: A global review of challenges and options. IUCN, Gland, Cambridge.

ERVIN, J. (2003): WWF Rapid Assessment and Prioritization of Protected Area Management (RAPPAM) Methodology. Gland. URL: http://www.panda.org/downloads/forests/rappam.pdf [11.2007]

ESTY, D. C.; LEVY, M.; SREBOTNJAK, T.; SHERBININ A. DE; KIM C. H.; ANDERSON, B. (2006): Pilot 2006 Environmental Performance Index. New Haven. URL: http://www.yale.edu/epi/2006EPI_Report_Full.pdf [12.2007]

ESTY, D. C.; LEVY, M.; SREBOTNJAK, T.; SHERBININ, A. de (2005): 2005 Environmental Sustainability Index. Benchmarking National Environmental Stewardship. New Haven. URL: http://www.yale.edu/esi/ESI2005_Main_Report.pdf [07.2007]

FADUL, A. A. (2004): Natural Resources Management for Sustainable Peace in Darfur. In: UFP (2004): Environmental Degradation as a Cause of Conflict in Darfur. Conference Proceedings. Khartum. S. 33-46.

FAO (FOOD AND AGRICULTURE ORGANIZATION) (2007): The state of food and agriculture 2007. Paying farmers for environmental services. Rom. URL:

Literatur

http://www.fao.org/docrep/010/a12 00e/a1200e00.htm [01.2008]

FAO (2003): World Agriculture: Towards 2015/2030. An FAO perspective. Rom. URL: http://www.fao.org/docrep/005/Y4 252E/y4252e00.HTM [01.2008]

FAO (1995): Irrigation in Africa in figures. Rom. URL: http://www.fao.org/docrep/V8260 B/V8260B00.htm#Contents [06.2007]

FARKAS, A. (2007): "Un mammifero su quattro rischia di sparire" – L'Onu: "In pericolo anche un terzo degli anfibi. È la sesta estinzione di massa". In: Corriere della Sera vom 27.10.2007. S. 23

FAUCHEUX, S; O'CONNOR, M.; STRAATEN, M. VAN DER: Sustainable Development: Concepts, Rationalities and Strategies. Dordrecht.

FOLCH, R. (Hrsg.) (2000): Encyclopedia of the Biosphere. Humans in the World's Ecosystems. Volume 3: Savannahs. Detroit.

FOLEY, J. A.; DEFRIES, R.; ASNER, G. P.; BARFORD, C.; BONAN, G.; CARPENTER, S. R.; CHAPIN, F. S.; COE, M. T.; DAILY, G. C.; GIBBS, H. K.; HELKOWSKY, J. H.; HOLLO-WAY, T.; HOWARD, E. A.; KUCHARIK, C. J.; MONFREDA, C.; PATZ, J. A.; PRENTICE, I. C.; RAMANKUTTY, N.; SNYDER, P. K. (2005): Global Consequences of Land Use. In: Science Vol. 309. S. 570-574.

FRIEDRICHS, J. (1995): Methoden der empirischen Sozialforschung. Opladen

GAUSSET, Q.; WHYTE, M. A.; BIRCH-THOMSEN, T. (2005): Beyond territory and scarcity: Exploring conflict over natural resource management. Uppsala.

GHIMIRE, K. B. (1997): Conservation and Social Development: An Assessment of Wolong and other Panda Reserves in China. In: GHIMIRE, K. B.; PIMBERT, M. P. (Hrsg.) (1997): Social Change and Conservation. Environmental Politics and Impacts of National Parks and Protected Areas. UNRISD, London. S. 239-269.

GHIMIRE, K. B.; PIMBERT, M. P. (1997): Social Change and Conservation: an Overview of Issues and Concepts. In: GHIMIRE, K. B.; PIMBERT, M. P. (Hrsg.) (1997): Social Change and Conservation. Environmental Politics and Impacts of National Parks and Protec-

Literatur

ted Areas. UNRISD, London. S. 1-45.

GLCF (GLOBAL LAND COVER FACILITY) (2008): Homepage der Global Land Cover Facility. URL: http://www.landcover.org [04.2008]

GORIUP, P. (Hrsg.) (2003): Conservation Partnerships in Africa. Parks, Vol.13 (1). URL: http://www.iucn.org/themes/wcpa/pubs/pdfs/PARKS/Parks_13_1.pdf [10.2006]

GOS (GOVERNMENT OF THE REPUBLIC OF THE SUDAN), MINISTRY OF AGRICULTURE AND FORESTRY, NATIONAL DROUGHT AND DESERTIFICATION CONTROL UNIT (NDDCU) (2006): Sudan National Action Programme (SNAP). A framework for combating desertification in Sudan. In the context of the United Nations convention to combat desertification. Khartum.

GOS (2004): National Progress Report on the Implementation of the UNCCD in the Sudan. Covering the period between 2002 and 2004. Khartum. URL: http://www.unccd.int/cop/reports/africa/national/2004/sudan-eng.pdf [03.2007]

GOS, MINISTRY OF FINANCE AND NATIONAL ECONOMY (2002): Performance of the Sudanese economy during 1990-2001. Khartum.

GOS, MINISTRY OF ENVIRONMENT AND PHYSICAL DEVELOPMENT; HCENR (2006a): Third National Report on the Implementation of the Convention on Biological Diversity. Khartum.

GOS; SLM/A (SUDAN LIBERATION MOVEMENT/ARMY); JEM (JUSTICE AND EQUALITY MOVEMENT) (2006b): Darfur Peace Agreement. Abuja. URL: http://www.unmis.org/english/2006Docs/DPA_ABUJA-5-05-06-withSignatures.pdf [10.2007]

GOS; SPLM/A (THE SUDAN PEOPLE'S LIBERATION MOVEMENT/ SUDAN PEOPLE'S LIBERATION ARMY) (2005): The Comprehensive Peace Agreement. Khartum.

GOS; UNITED NATIONS COUNTRY TEAM (2004): Sudan. Millennium Development Goals. Interim Unified Report. Khartum. URL: http://www.undg.org/archive_docs/6531-Sudan_Interim_MDG_Report.pdf [11.2007]

Literatur

GOS, MINISTRY OF ENVIRONMENT AND PHYSICAL DEVELOPMENT; HCENR (2003a): Second National Report on the Implementation of the Convention on Biological Diversity. Khartum.

GOS; WORLDBANK (2003b): Sudan: Stabilization and Reconstruction. Country Economic Momorandum. Volume I: Main Text. Khartum. URL: http://www.emro.who.int/Sudan/media/pdf/World%20Bank%20June%202003%20Volume%20I.pdf [12.2007]

GOS, MINISTRY OF ENVIRONMENT AND TOURISM; HCENR (2000a): The Sudan's National Biodiversity Strategy and Action Plan. Khartum.

GOS, MINISTRY OF ENVIRONMENT AND PHYSICAL DEVELOPMENT; HCENR (2000b): First National Report on the Implementation of the Convention on Biological Diversity. Khartum.

GREENE, L. W. (1987): Yosemite: the Park and its Resources. A History of the Discovery, Management, and Physical Development of Yosemite National Park, California. Volume 1 of 3. Denver.

GRILL, B. (2007): Herren über Leben und Tod. In: Die Zeit vom 22.03.2007.

GROBER, U. (2001): Die Idee der Nachhaltigkeit als zivilisatorischer Entwurf. In: Aus Politik und Zeitgeschichte, B 24/2001. S. 3-5. Bonn.

GROVE, R. H. (1997): Ecology, climate and empire: Colonialism and global environmental history 1400-1940. Cambridge.

GROVE, R. H. (1996): Green imperialism: colonial expansion, tropical island Edens and the origins of environmentalism, 1600-1860. Cambridge.

GUSTAFSON, R. C. (2005): Land Degradation and the GEF: A Guide to Developing Project Proposals and Accessing Project Funding from the Global Environment Facility for Sustainable Land Management. Gland.

HAILS, A. J. (Hrsg.) (1996): Wetlands, Biodiversity and the Ramsar Convention: The Role of the Convention on Wetlands in the Conservation and Wise Use of Bio-

Literatur

diversity. Gland. URL: http://www.ramsar.org/lib/lib_bio_1.htm [11.2007]

HANKS, J. (1997): Protected areas during and after conflict: the objectives and activities of the Peace Parks Foundation. In: Parks, Vol. 7 (3) 1997. S. 11-24. URL: http://www.iucn.org/themes/wcpa/pubs/parks.htm#oct97 [01.2008]

HARRISON, J. (2002): International agreements and programmes on protected areas. In: Parks, Vol. 12 (3) 2002. S. 2-6. URL: http://www.iucn.org/themes/wcpa/pubs/parks.htm#vol123 [04.2007]

HAUFF, V. (Hrsg.) (1987): Unsere gemeinsame Zukunft. Der Brundtland-Bericht der Weltkommission für Umwelt und Entwicklung. Greven.

HECKEL, J-O.; WILHELMI, F.; KAARIYE, H. Y.; GEBEYEHU, G. (2007): Preliminary status assessment survey on the critically endangered Tora hartebeest (Alcelaphus buselaphus tora) and further wild ungulates in North-western Ethiopia. A Report to the IUCN/SSC/Antelope Specialist Group. Gland.

HEINRITZ, G. (Hrsg.) (1982): Problems of agricultural development in the Sudan. Göttingen.

HEINZE, T. (2001): Qualitative Sozialforschung: Einführung, Methodologie und Forschungspraxis. München, Wien.

HCENR (HIGHER COUNCIL FOR ENVIRONMENT AND NATURAL RESOURCES) (2001): Conservation and management of habitats and species and sustainable community use of biodiversity in Dinder National Park. Socio-Economic Baseline Survey. Khartum.

HCENR; WCGA (WILDLIFE CONSERVATION GENERAL ADMINISTRATION) (2004): Management Plan for Dinder National Park Sudan. Khartum.

HCENR; WILDLIFE RESEARCH CENTRE (2001): Ecological Baseline Survey in Dinder National Park. Khartum.

HILL, R. (2004): Global Trends in Protected Areas: A Report from the Vth World Parks Congress, Durban 2003. Cooperative Research Centre for Tropical Rainforest Ecology and Management. Cairns. Unpublished Report. URL:

Literatur

http://acfonline.org.au/uploads/res_protected_areas.pdf [07.2006]

HINKEL, F. (2003): The area of Darfur and Western Kordofan. Berlin

HOCKINGS, M.; STOLTON, S.; DUDLEY, N. (2000): Evaluating Effectiveness: A Framework for Assessing the Management of Protected Areas. Gland, Cambridge. URL: http://www.iucn.org/themes/wcpa/pubs/guidelines.htm#effectiveness [01.2008]

HOCKINGS, M.; PHILLIPS, A. (1999): How well are we doing – some thoughts on the effectiveness of protected areas. In: Parks, 9 (2), 1999. S. 5-14. URL: http://www.iucn.org/themes/wcpa/pubs/parks.htm#vol92 [02.2007]

HOLWEG, H. (2005): Methodologie der qualitativen Sozialforschung. Eine Kritik. Bern, Stuttgart, Wien.

HOMEWOOD, K.; RODGERS, W. A. (1987): Pastoralism, conservation and the overgrazing controversy. In: ANDERSON, D.; GROVE, R. (Hrsg.) (1987): Conservation in Africa. People, policies and practice. S. 111-128. Cambridge.

HOVEN, W. VAN; NIMIR, M. B. (2004): Recovering from conflict: the case of Dinder and other national parks in Sudan. In: Parks, 14 (1), 2004. S. 26-34. URL: http://www.iucn.org/themes/wcpa/pubs/pdfs/PARKS/14_1.pdf [02.2007]

HUGHES, R.; FLINTAN, F. (2001): Integrating Conservation and Development Experience: A Review and Bibliography of the ICDP Literature. International Institute for Environment and Development, London.

IBRAHIM, F. N. (1984): Ecological Imbalance in the Republic of the Sudan – with Reference to Desertification in Darfur. Bayreuther Geowissenschaftliche Arbeiten, Vol. 6. Bayreuth.

IBRAHIM, F. N. (1980): Desertification in Nord-Darfur. Hamburg

IBRAHIM, H. A. H. (2004): Analysis of Sudan's Agricultural Trade under Uncertainty. Berliner Schriften zur Agrar- und Umweltökonomik, Band 8. Aachen.

IPCC (INTERGOVERNMENTAL PANEL ON CLIMATE CHANGE) (2007): Fourth Assessment Report. Working Group III. URL:

Literatur

http://www.mnp.nl/ipcc/pages_media/ar4.html [06.2007]

ISMAIL, O.; THOMAS-JENSEN, C. (2007): Nations must enforce Darfur peace agreements. In: The Boston Globe, 10.02.2007. URL: http://www.boston.com/news/globe/editorial_opinion/oped/articles/2007/02/10/nations_must_enforce_darfur_peace_agreements/ [01.2008]

IUCN (THE WORLD CONSERVATION UNION) (2007): 2007 IUCN Red List of Threatened Species. URL: http://www.iucnredlist.org [11.2007]

IUCN (2006): IUCN Homepage. URL: http://www.iucn.org/en/about/ [10.2006]

IUCN (2005): Benefits Beyond Boundaries. Proceedings of the Vth IUCN World Parks Congress. IUCN, Gland, Cambridge.

IUCN (2003): Journey to Bangkok. Guide to the 3rd IUCN World Conservation Congress. World Conservation, No.3, 2003. IUCN, Gland, Cambridge.

IUCN (1997): United Nations List of Protected Areas. URL: http://www.unep-wcmc.org/protected_areas/data/un_97_list.html [10.2006]

IUCN (1994a): Guidelines for Protected Area Management Categories. IUCN, Gland, Switzerland, Cambridge, UK.

IUCN (1994b): Richtlinien für Management-Kategorien von Schutzgebieten. IUCN, FÖNAD, Gland, Cambridge, Grafenau. URL: http://app.iucn.org/dbtw-wpd/edocs/1994-007-De.pdf [10.2006]

JAMES, A. N. (1999): Institutional constraints to protected area funding. In: Parks, 9 (2), 1999. S. 15-26. URL: http://www.iucn.org/themes/wcpa/pubs/parks.htm#vol92 [02.2007]

JAMES, A. N.; GREEN, M. J. B.; PAINE, J. R. (1999): A Global Review of Protected Area Budgets and Staffing. Cambridge.

JANZEN, J. (1988): Die sozioökonomische Dimension der Bekämpfung der Desertifikation: das Entwicklungspotential des Pastoralismus in der Sahelzone Afrikas. Berlin.

Literatur

JESSE, F.; KEDING, B. (2007): Holocene settlement dynamics in the Wadi Howar region (Sudan) and the Ennedi Mountains (Chad). In: KUPER, R. (Hrsg.) (2007): Atlas of Cultural and Environmental Change in Arid Africa. S. 42-43. Köln.

JESSE, F.; KUPER, R. (2004): Gala Abu Ahmed – Eine Festung am Wadi Howar. In: Der Antike Sudan. Mitteilungen der Sudanarchäologischen Gesellschaft 15. S. 137-142.

JOB, H.; WEIZENEGGER, S. (1999): Anspruch und Realität einer integrierten Naturschutz- und Entwicklungspolitik in den Großschutzgebieten Schwarzafrikas. In: Interdisziplinärer Arbeitskreis Dritte Welt, Band 13. S. 37-64.

JONG-BOON, C. DE (1990): Reader on environmental problems in a developing country: the case of Sudan. Den Haag.

KANDAGOR, D. R. (2005): Rethinking pastoralism and African development: a case study of the Horn of Africa. Njoro.

KANNO, I. O. (2004): Application of remote sensing in monitoring ecological changes in Dinder National Park, Sudan. Khartum.

KAPTEIJNS, L.; SPAULDING, J. (1991): History, ethnicity, and agriculture in the Sudan. In: CRAIG, G. M. (Hrsg.) (1991): The agriculture of the Sudan. S. 84-100. Oxford.

KASPAR, P.; MOLL, W. (1986): The case of Sudan. In: KLENNERT, K. (Hrsg.) (1986): Rural development and careful utilization of resources: The case of Pakistan, Peru and Sudan. S. 93-132. Baden-Baden.

KIBREAB, G. (2002): State intervention and the environment in Sudan: 1889-1989; the demise of communal resource management. New York.

KINTZ, D. B.; YOUNG, K. R.; CREWS-MEYER, K. A. (2006): Implications of Land Use/Land Cover Change in the Buffer Zone of a National Park in the Tropical Andes. In: Environmental Management, Vol. 38 (2). S. 238-252. URL: http://www.springerlink.com/content/60pw967678287750/fulltext.pdf [10.2006]

KIRK, M.; LÖFFLER, U.; ZIMMERMANN, W. (Hrsg.) (1998): Land Tenure in Development Cooperation. Guiding Principles. GTZ, Di-

Literatur

vision 450, Rural Development. Eschborn. http://www2.gtz.de/dokumente/bib/98-0651.pdf [05.2007]

KLITZSCH, E.; THORWEIHE, U. (Hrsg.) (1999): Nordost-Afrika: Strukturen und Ressourcen. Ergebnisse aus dem Sonderforschungsbereich „Geowissenschaftliche Probleme in ariden und semiariden Gebieten". Wiley-VCH, Weinheim.

KLITSCH, E.; SCHRANK, E. (Hrsg.) (1990): Research in Sudan, Somalia, Egypt and Kenya. Results of the Special Research Project "Geoscientific Problems in Arid and Semiarid Areas" (Sonderforschungsbereich 69). Period 1987-1990. Berliner Geowissenschaftliche Abhandlungen, Reihe A (120.1). Berlin.

KRÖPELIN, S. (2007): Wadi Howar: Climatic Change and Human Occupation in the Sudanese Desert During the Past Eleven Thousand Years. In: HOPKINS, P. G. (Hrsg.) (2007): The Kenana Handbook of Sudan. S. 17-38. London.

KRÖPELIN, S. (2006a): Amerika geht es ums Öl. In: Süddeutsche Zeitung vom 22.02.2006

KRÖPELIN, S. (2006b): Durchblick. In: Y. Magazin der Bundeswehr Juli 2006.

KRÖPELIN, S. (1999): Terrestrische Paläoklimatologie heute arider Gebiete: Resultate aus dem Unteren Wadi Howar (Südöstliche Sahara/Nordwest-Sudan). In: KLITZSCH, E.; THORWEIHE, U. (Hrsg.) (1999): Nordost-Afrika: Strukturen und Ressourcen. Ergebnisse aus dem Sonderforschungsbereich „Geowissenschaftliche Probleme in ariden und semiariden Gebieten". S. 446-506. Wiley-VCH, Weinheim.

KRÖPELIN, S. (1993a): Zur Rekonstruktion der spätquartären Umwelt am Unteren Wadi Howar. (Südöstliche Sahara / NW-Sudan). Berliner Geographische Abhandlungen, Heft 54. Berlin

KRÖPELIN, S. (1993b): Environmental change in the southeastern Sahara and the proposal of a Geo-Biosphere Reserve in the Wadi Howar area (NW Sudan). In: THORWEIHE, U.; SCHANDELMEIER, H. (Hrsg.) (1993): Geoscientific research in Northeast Africa: Proceedings on geoscientific research in Northeast Africa, Berlin, Germany, 17-19 June 1993. S. 561-568. Rotterdam.

KRÖPELIN, S.; OEHM, S. (2007): Wadi Howar National Park. In: KUPER, R. (Hrsg.) (2007): Atlas of Cultural and Environmental Change in Arid Africa. S. 122-123. Köln.

KRÖPELIN, S.; KUPER, R. (2007a): More Corridors to Africa. In: GRATIEN, B. (Hrsg.) (2007): Mélanges offerts à Francis Geus. CRIPEL 26, 2006-2007. S. 219-229.

KRÖPELIN, S.; KUPER, R. (2007b): Holozäner Klimawandel und Besiedlungsgeschichte der östlichen Sahara. In: Geographische Rundschau, Heft 4/2007. S. 22-29.

KUPER, R. (2007): Desert parks in the eastern Sahara. In: KUPER, R. (Hrsg.) (2007): Atlas of Cultural and Environmental Change in Arid Africa. S. 118-121. Köln.

KUPER, R. (1999): Auf den Spuren der frühen Hirten. In: Archäologie in Deutschland, Heft 2/1999, S. 12-17.

KUPER, R.; KRÖPELIN, S. (2006): Climate-Controlled Holocene Occupation in the Sahara: Motor of Africa's Evolution. In: Science, Vol. 313. S. 803-807.

KUZNAR, L. A.; SEDELMEYER, R. (2005): Collective violence in Darfur: An agent-based model of pastoral/sedentary peasant interaction. In: Mathematical anthropology and cultural theory: An international journal, Vol. 1 (4), 10. 2005.

LACY, T. DE; WHITMORE, M. (2006): Tourism and Recreation. In: LOCKWOOD, M.; WORBOYS, G. L.; KOTHARI, A. (Hrsg.) (2006): Protected areas management: a global guide. S. 497-527. London.

LAMBIN, E. F.; TURNER, B. L.; GEIST, H. J.; AGBOLA, S. B.; ANGELSEN, A.; BRUCE, J. W.; COOMES, O. T.; DIRZO, R.; FISCHER, G.; FOLKE, C.; GEORGE, P. S.; HOMEWOOD, K.; IMBERNON, J.; LEEMANS, R.; LI, X.; MORAN, E. F.; MORTIMORE, M.; RAMAKRISHNAN, P. S.; RICHARDS, J. F.; SKÅNES, H.; STEFFEN, W.; STONE, G. D.; SVEDIN, U.; VELDKAMP, T. A.; VOGEL, C.; XU, J. (2001): The causes of land-use and land-cover change: moving beyond myth. In: Global Environmental Change, Vol. 11. S. 261-269.

Literatur

LAMNEK, S. (1995): Qualitative Sozialforschung. Weinheim.

LARSON, B. A.; BROMLEY, D. W. (1991): Natural Resource Prices, Export Policies and Deforestation: The Case of Sudan. In: World Development, Vol. 19 (10), 1991. S. 1289-1297.

LEBON, J. H. G. (1965): Land use in Sudan. Bude.

LEE, T.; MIDDLETON, J. (2003): Guidelines for Management Planning of Protected Areas. IUCN Gland, Cambridge.

LESER, H (2000): Ökozonen in naturräumlichen und landschaftsökologischen Gliederungskonzepten. In: Geographische Rundschau, Heft 10/2000. S. 56-60.

LESER, H. (Hrsg.) (1997): Wörterbuch allgemeine Geographie. München, Braunschweig.

LEVERINGTON, F.; HOCKINGS, M.; COSTA, K. L. (2008): Management effectiveness evaluation in protected areas: Report for the project 'Global study into management effectiveness evaluation of protected areas'. Queensland.

LIU, J. (2001): Integrating ecology with human demography, behaviour, and socioeconomics: Needs and approaches. In: Ecological Modelling, Vol. 140 (1). S. 1-8.

LOCKWOOD, M. (2006): Global Protected Area Framework. In: LOCKWOOD, M.; WORBOYS, G. L.; KOTHARI, A. (Hrsg.) (2006): Protected areas management: a global guide. S. 73-100. London.

LOCKWOOD, M.; KOTHARI, A. (2006): Social Context. In: LOCKWOOD, M.; WORBOYS, G. L.; KOTHARI, A. (Hrsg.) (2006): Protected areas management: a global guide. S. 41-72. London.

MAGEED, Y. A. (2007): Water Resource Management and Development in the Republic of Sudan. In: HOPKINS, P. G. (Hrsg.) (2007): The Kenana Handbook of Sudan. S. 711-738. London.

MAINGUET, M. (1994): Desertification: natural background and human mismanagement. Berlin.

MANGER, L. (2005): Understanding Resource Management in the Western Sudan: A critical Look at New Institutional Economics. In: GAUSSET, Q.; WHYTE, M. A.; BIRCH-THOMSEN, T. (2005): Beyond territory and scarcity: Exploring conflict over natural resource management. S. 135-148. Uppsala.

MARTINEZ VIDAL, J. L.; GONZÁLEZ-RODRIGUEZ, M. J.; BELMONTE VEGA, A.; GARRIDO FRENICH, A. (2004): Estudio de la contaminación por pesticidas en aguas ambientales de la provincia de Almería. In: Ecosistemas., Vol. 13 (3). S. 30-38. URL: http://www.revistaecosistemas.net/articulo.asp?Id=37 [10.2007]

MATTHEWS, G. V. T. (1993): The Ramsar Convention on Wetlands: its History and Development. Gland. URL: http://www.ramsar.org/lib/lib_history.htm [11.2007]

MAURIN, J. (2008): Naturschutz ist eine Mega-Industrie. In: Die Tageszeitung vom 02.05.2008. S. 7.

MAZUMDAR, M. K. (2007): The 'geopark' initiative. In: Current Science, Vol. 92 (1). S. 12. URL: http://www.ias.ac.in/currsci/jan102007/12.pdf [03.2008]

MCCORMICK, F. (1999): Principles of ecosystem management and sustainable development. In: PEINE, J. D. (1999): Ecosystem management for sustainability. Principles and practices illustrated by a regional biosphere reserve cooperative. Boca Raton, Boston.

MCNEELY, J. A. (2005): Protected Areas in 2023: Scenarios for an Uncertain Future. In: George Wright Forum 22 (1). S. 61-74. URL: http://www.georgewright.org/221mcneely.pdf [10.2006.]

MCNEELY, J. A. (Hrsg.) (1993): Parks for life: report of the IVth World Congress on National Parks and Protected Areas. IUCN, Gland, Cambridge.

MCNEELY, J. A.; HARRISON, J.; DINGWALL, P. (Hrsg.) (1994): Protecting Nature. Regional Reviews of Protected Areas. IUCN, Gland, Cambridge.

MEA (MILLENNIUM ECOSYSTEM ASSESSMENT) (2005): Ecosystems and human well-being: Synthesis. Washington, DC. URL: http://www.millenniumassessment.org/documents/document.356.aspx.pdf [03.2007]

MEISSNER, B. (2002): Kartierung entlegener Regionen. Chancen und Risiken der Weiterentwicklung von Kartiermethoden durch Fernerkundung und navigationsgestütztes GIS-Management. In: Tides of

Literatur

the Desert: Contributions to the Archaeology and Environmental History of Africa in Honour of Rudolph Kuper. Africa Praehistorica 14. S. 363-370. Heinrich-Barth-Institut, Köln.

MEISSNER, B. (Hrsg.) (1988): Zur Anwendung von Fernerkundungsdaten für Karten in Ländern der Dritten Welt. Berliner Geowissenschaftliche Abhandlungen, Reihe C (10). Berlin.

MEISSNER, B.; OEHM, S.; RYBAKOV, V.; WYSS, D. (2004): GIS based mapping and evaluation of the current socio-economic situation of pastoralism in Bulgan somon. In: Arid Ecosystems, 10 (24-25), 2004. S. 117-125.

MEISSNER, B; DOMNICK, I; RIPKE, U; SCHNEIDERBAUER, S; LEHMANN, M.; RUST, M. (1999): Kartographie – Fernerkundung – Geo-Informationssysteme: Bearbeitung von raumbezogenen Informationen in NE-Afrika. In: KLITZSCH, E.; THORWEIHE, U. (Hrsg.) (1999): Deutsche Forschungsgemeinschaft. Nordost-Afrika: Strukturen und Ressourcen. Ergebnisse aus dem Sonderforschungsbereich „Geowissenschaftliche Probleme in ari-

den und semiariden Gebieten", S. 580-646. Wiley-VCH, Weinheim.

MEISSNER, B.; SCHMITZ, H. J. (1983): Zur Kartierung alter Entwässerungssysteme in der Sahara mit Hilfe von Fernerkundungs-Daten am Beispiel des Nordwest-Sudan. In: LIST, F. K. (Hrsg.) (1983): Beiträge zur Fernerkundung der Erde an der Freien Universität Berlin. Berliner Geowissenschaftliche Abhandlungen, Reihe A (47). S. 87-93. Berlin.

MERTINS, G. (1994): Verstädterungsprobleme in der Dritten Welt. In: Praxis Geographie, 24 (1). S. 4-9.

METZ, H. C. (Hrsg.) (1991): A Country Study: Sudan. Washington. URL: http://www.sudanreport.unep.ch/sudan_website/doccatcher/data/documents/Sudan%20A%20Country%20Study.pdf [07.2007]

MOGHRABY, A. I. E. (2003): State of the environment in Sudan. In: MCCABE, M.; SADLER, B. (Hrsg.) (2003): UNEP Studies of EIA Practice in Developing Countries. S. 27-36. Genf. URL: http://www.unep.ch/etu/publicatio

Literatur

ns/Compendium_toc.htm [02.2008]

MOHAMED, Y. A. (2004): Land Tenure, Land Use and Conflicts in Darfur. In: UFP (2004): Environmental Degradation as a Cause of Conflict in Darfur. Conference Proceedings. S. 59-68. Khartum.

MOON, B. K. (2007): Aus Darfur lernen. Warum der Kampf um das Klima und der Kampf für die Menschen im Sudan zusammenhängen. In: Der Tagesspiegel, vom 18.06.2007. S. 10

MORE, T. A. (2005): From Public to Private: Five Concepts of Park Management and Their Consequences. In: George Wright Forum Vol. 22 (2). S.12-20.

MULONGOY, K. J.; CHAPE, S. (Hrsg.) (2004): Protected areas and biodiversity. UNEP-WCMC, CBD, Cambridge, Montreal. URL: http://www.ourplanet.com/wcmc/pdfs/protectedareas.pdf [02.2007]

MUNTHALI, S. M.; MUGHOGHO, D. E. C. (1992): Economic incentives for conservation: bee-keeping and Saturniidae caterpillar utilization by rural communities. In: Biodiversity and Conservation Vol. 1 (3). S. 143-154.

MUSTAFA, R. H. (2006): Risk management in the rain-fed sector of Sudan: Case study, Gedaref area eastern Sudan. Giessen. URL: http://geb.uni-giessen.de/geb/volltexte/2006/3679/pdf/HassanMustafaRajaa-2006-09-01.pdf [02.2007]

NASA (NATIONAL AERONAUTICS AND SPACE ADMINISTRATION) (2007): MODIS Web Homepage. URL: http://modis.gsfc.nasa.gov/about/ [11.2007]

NBI (NILE BASIN INITIATIVE) (2001): Transboundary Environmental Analysis. New York. URL: www.nileteap.org/docs/TEA.pdf [06.2007]

NBI (o.J.): Environmental Education and Awareness in Sudan. Khartum.

NBI; NTEAP (NILE TRANSBOUNDARY ENVIRONMENTAL ACTION PROJECT) (2005): The Nile Environment. A Quaterly Newsletter of NTEAP. Vol. 2 (2), 2005. URL: http://www.nileteap.org/docs/NTEAP_Newsletter_vol2_Issue2.pdf [10.2007]

Literatur

NDDCU (NATIONAL DROUGHT AND DESERTIFICATION CONTROL UNIT OF THE SUDAN) (1997): National Action Plan to Combat Desertification. Khartum.

NEEF, A.; SIRISUPLUXANA, P.; SANGKAPITUX, C.; HEIDHUES, F. (2004): Tenure security, long term investment and nature conservation – Getting casualties and institutions right. URL: www.unifi.it/eaae/cpapers/04%20Neef_Sirisupluxana_Sangkepitux_Heidhues.pdf [10.2007]

NEWMARK, W. D.; HOUGH, J. L. (2000): Conserving wildlife in Africa: integrated conservation and development projects and beyond. In: BioScience Vol. 50. S. 585 - 592.

NIBLOCK, T. (1991): The background to the change of government in 1985. In: WOODWARD, P. (Hrsg.) (1991): Sudan after Nimeiri. London.

NIEKISCH, M. (1998): Erhaltung von Schutzgebieten durch Tourismus. In: RAUSCHELBACH, B. (Hrsg.) (1998): (Öko-) Tourismus: Instrument für eine nachhaltige Entwicklung? Tourismus und Entwicklungszusammenarbeit. S. 47-56. GTZ, Heidelberg.

NIMIR, M. B. (1996): Management of Nature Reserves in the Sudan. In: AYYAD, M. A.; KASSAS, M.; GHABBOUR, S. I. (Hrsg.) (1996): Conservation and Management of Natural Heritage in Arab countries. Proceedings of the third regional training course 1995. Kairo.

NOHLEN, D. (Hrsg.) (2001): Kleines Lexikon der Politik. München.

NOORDWIJK, M. VAN (1984): Ecology textbook for the Sudan. Khartum, Amsterdam.

NUSCHELER, F. (2005): Entwicklungspolitik. Bonn.

NUSSBAUM, S.; KRÖPELIN, S.; DARIUS, F. (2007): The flora and vegetation of Wadi Howar. In: KUPER, R. (Hrsg.) (2007): Atlas of Cultural and Environmental Change in Arid Africa. S. 40-41. Köln.

O'FAHEY, R. S. (1983): Land in Dar Fur: charters and related documents from the Dar Fur sultanate. London.

OSMAN, M. (1990): Verwüstung: Die Zerstörung von Kulturland am Beispiel des Sudan. Bremen.

Literatur

OTSUKA, K. (2001): Population Pressure, Land Tenure, and Natural Resource Management. Asian Development Bank Institute Working Paper Series No. 16. Tokyo.

PACHUR, H.-J.; KRÖPELIN, S. (1991): Outline of the proposed project of a National Park in the Wadi Howar region (Northwestern Sudan). Unveröffentlichtes Manuskript.

PACHUR, H.-J.; KRÖPELIN, S. (1987): Wadi Howar: Paleoclimatic Evidence from an Extinct River System in the Southeastern Sahara. In: Science, Vol. 237. S. 298-300.

PARNREITER, C. (1999): Globalisierung, Binnenmigration und Megastädte der „Dritten Welt" – Theoretische Reflexionen. In: HUSA, K.; WOHLSCHLÄGL, H. (1999): Megastädte der Dritten Welt im Globalisierungsprozess: Mexico City, Jakarta, Bombay – Vergleichende Fallstudien in ausgewählten Kulturkreisen. S. 17-58. Wien.

PAUDEL, N. S. (2003): Buffer Zone Management in Royal Chitwan National Park: Understanding the Micro Politics. University of Reading. Reading.

PEARCE, D.; MORAN, D. (1994): The economic value of biodiversity. IUCN, Gland, Cambridge.

PETERS, J. (1998): Transforming the Integrated Conservation and Development Project (ICDP) Approach: Observations from the Ranomafana National Park Project, Madagascar. In: Journal of Agricultural and Environmental Ethics, Volume 11 (1). S. 17-47. Dordrecht, Boston, London.

PHILLIPS, A. (2004): The history of the international system of protected area management categories. In: Parks, Vol. 14 (3), 2004. S. 4-14. URL: http://www.iucn.org/themes/wcpa/pubs/parks.htm#143 [10.2007]

PHILLIPS, A. (2003): Turning ideas on their heads: the new paradigm for protected areas. In: The George Wright Forum, Vol. 20 (2). S. 8-32.

PIMBERT, M. P.; PRETTY, J. N. (1997): Parks, People and Professionals: Putting 'Participation' into Protected Area Management. In: GHIMIRE, K. B.; PIMBERT, M. P. (Hrsg.) (1997): Social Change and Conservation. Environmental Politics and Impacts of National Parks

Literatur

and Protected Areas. S. 297-330. UNRISD, London.

PRATO, T.; FAGRE, D. (2005): National parks and protected areas: approaches for balancing social, economic, and ecological values. Iowa.

PRIMACK, R. B. (2006): Essentials of Conservation Biology. Sunderland.

RAUCH, T.; BARTELS, M.; ENGEL, A. (2001): Regional Rural Development. A regional response to rural poverty. GTZ, Wiesbaden. URL: http://www2.gtz.de/dokumente/bib/02-5046.pdf [08.2007]

RAUCH, T. (1996): Ländliche Regionalentwicklung im Spannungsfeld zwischen Weltmarkt, Staatsmacht und kleinbäuerlichen Strategien. Saarbrücken.

RCS (RAMSAR CONVENTION SECRETARIAT) (2006a): Strategic Framework and guidelines for the future development of the list of wetlands of international importance of the Convention on Wetlands (Ramsar, Iran, 1971). Gland. URL: http://www.ramsar.org/key_guide_list2006_e.pdf [11.2007]

RCS (2006b): The Ramsar Convention Manual: a guide to the Convention on Wetlands (Ramsar, Iran, 1971). 4th edition. Gland. URL: http://www.ramsar.org/lib/lib_manual2006e.htm [11.2007]

RCS (1994): Convention on Wetlands of International Importance especially as Waterfowl Habitat. Paris. URL: http://www.ramsar.org/key_conv_e.htm [11.2007]

REENBERG, A. (2001): Agricultural land use pattern dynamics in the Sudan. Towards an event-driven framework. In: Land Use Policy, Vol. 18 (4). S. 309-319.

RICHTER, M.; THIELE, S. (2003): Konzept und Entwicklung eines Geoinformationssystems für den Wadi Howar Nationalpark (WHNP). Unveröffentlichte Diplomarbeit. Berlin.

ROBINSON, M.; PICARD, D. (2006): Tourism, Culture and Sustainable Development. UNESCO, Paris.

RÜNGER, M. (1987): Land law and land use control in western Sudan: the case of southern Darfur. London.

Literatur

SALA, O. E.; ILL, F. S. C.; ARMESTO, J. J.; BERLOW, E.; BLOOMFIELD, J.; DIRZO, R.; HUBER-SANWALD, E.; HUENNEKE, L. F.; JACKSON, R. B.; KINZIG, A.; LEEMANS, R.; LODGE, D. M.; MOONEY, H. A.; OESTERHELD, M.; POFF, N. L.; SYKES, M. T.; WALKER, B. H.; WALKER, M.; WALL, D. H. (2000): Global Biodiversity Scenarios for the Year 2100. In: Science, Vol. 287. S. 1770-1774.

SALIH, M. (1987): Agrarian Change in the central rainlands: Sudan. Uppsala.

SANDWITH, T; LOCKWOOD, M. (2006): Linking the Landscape. In: LOCKWOOD, M.; WORBOYS, G. L.; KOTHARI, A. (Hrsg.) (2006): Protected areas management: a global guide. S. 574-602. London.

SANDWITH, T.; SHINE, C.; HAMILTON, L.; SHEPPARD, D. (2001): Transboundary Protected Areas for Peace and Co-operation. IUCN, Gland, Cambridge. URL: http://www.iucn.org/bookstore/HTML-books/BP7-transboundary_protected_areas/cover.html [01.2007]

SCANLON, J.; BURHENNE-GUILMIN, F. (Hrsg.) (2004): International Environmental Governance: An International Regime for Protected Areas. IUCN, Gland, Cambridge.

SCHERL, L. M.; WILSON, A.; WILD, R.; BLOCKHUS, J.; FRANKS, P.; MCNEELY, J. A.; MCSHANE, T. O. (2004): Can Protected Areas Contribute to Poverty Reduction? Opportunities and Limitations. IUCN, Gland, Cambridge.

SCHNELL, R.; HILL, P. B.; ESSER, E. (2005): Methoden der empirischen Sozialforschung. München, Wien.

SCHOLTE, P. (2005): Floodplain Rehabilitation and the Future of Conservation and Development. Adaptive management of success in Waza-Logone, Cameroon. Leiden.

SCHOLTE, P; BABIKER, M. (2005): Terminal Evaluation for the Conservation, Management of Habitat, Species and Sustainable Community Use of Biodiversity in Dinder National Park. Khartum. Report to UNDP-GEF (SUD/98/G41).

SCHOLZ, F. (1995): Nomadismus: Theorie und Wandel einer sozioökologischen Kulturweise. Stuttgart.

Literatur

SCHRENK, H. (1991): Naturraumpotential und agrare Landnutzung in Darfur, Sudan. Vergleich der agraren Nutzungspotentiale und deren Inwertsetzung im westlichen und östlichen Jebel-Marra-Vorland. Arbeiten aus dem Fachgebiet Geographie der Katholischen Universität Eichstätt, Band 5. München.

SCIALABBA, N. E-H.; WILLIAMSON, D. (2004): The scope of organic agriculture, sustainable forest management and ecoforestry in protected area management. FAO Environment and Natural Resources Working Paper (18). Rom. URL: http://www.fao.org/docrep/007/y5558e/y5558e00.htm [01.2008]

SHAZALI, S. (2003): Share the land or part the nation. Pastoral land tenure in Sudan. UNDP, Khartum.

SHAZALI, S. (1996): State Policy and Pastoral Production Systems: The Integrated Land Use Plan of Rawashda Forest, Eastern Sudan. In: AHMED, A. G. M.; HASSAN, A. A. (Hrsg.) (1996): Managing Scarcity: Human Adaptation in East African Drylands. S. 50-75. OSSREA, Addis Ababa.

SHAZALI, S.; AHMED, A. G. M. (1999): Pastoral land tenure and agricultural expansion: Sudan and the Horn of Africa. Vortrag auf dem DFID Workshop in Berkshire, UK, Februar 1999. URL: http://www.poptel.org.uk/iied/docs/drylands/dry_ip85.pdf [12.2006]

SIDAHMED, A. S.; SIDAHMED, A. (2005): Sudan. Abingdon.

SOA (SUDAN OPEN ARCHIVE) (2001): The Impact of Conflict on Wildlife and Food Security: The Case of Boma National Park, Southern Sudan. Food Security Survey. URL: http://sudanreport.unep.ch/sudan_website/doccatcher/data/documents/The%20Impact%20of%20Conflict%20on%20Wildlife%20and%20Food%20Security%20The%20Case%20of%20Boma%20National%20Park,%20Southern%20Sudan.pdf [07.2007]

SONGORAWA, A. N. (1999): Community-Based Wildlife Management (CWM) in Tanzania: Are the Communities Interested? World Development 27(12). S. 2061-2079.

Literatur

SØRBØ, G. M. (1985): Tenants and Nomads in Eastern Sudan. A Study of Economic Adaptations in the New Halfa Scheme. Uppsala.

SPITERI, A.; NEPAL, S. K. (2006): Incentive-Based Conservation Programs in Developing Countries: A Review of Some Key Issues and Suggestions for Improvements. In: Environmental Management, Vol. 37 (1). S. 1-14. URL: http://www.springerlink.com/content/p48243242683m455/fulltext.pdf [09.2006]

STC (SAVE THE CHILDREN UK) (2003): Sudan emergency statement. Malnutrition Deteriorating in Darfur. Westport.

STERN, N. (2006): The Economics of Climate Change. The Stern Review. Cambridge. URL: http://www.hm-treasury.gov.uk/independent_reviews/stern_review_economics_climate_change/stern_review_report.cfm [01.2007]

STEVENS, S. (Hrsg.) (1997a): Conservation through cultural survival: indigenous people and protected areas. Washington.

STEVENS, S. (1997b): The Legacy of Yellowstone. In: STEVENS, S. (Hrsg.) (1997): Conservation through cultural survival: indigenous people and protected areas. S. 13-32. Washington.

STEVENS, S. (1997c): New Alliances for Conservation. In: STEVENS, S. (Hrsg.) (1997): Conservation through cultural survival: indigenous people and protected areas. S. 33-62. Washington.

STEVENS, S. (1997d): Annapurna Conservation Area: Empowerment, Conservation, and Development in Nepal. In: STEVENS, S. (Hrsg.) (1997): Conservation through cultural survival: indigenous people and protected areas. S. 237-262. Washington.

STEVENS, S. (1997e): Linking Indigenous Rights and Conservation. In: STEVENS, S. (Hrsg.) (1997): Conservation through cultural survival: indigenous people and protected areas. S. 263-298. Washington.

STOLL-KLEEMANN, S. (2005): Voices for biodiversity management in the 21st century. In: Environment 47 (10). S. 24-36.

STOLL-KLEEMANN, S.; BENDER, S.; BERGHÖFER, A.; BERTZKY, M.; FRITZ-VIETTA, N.; SCHLIEP, R.; THIERFELDER, B. (2006): Linking governance and management perspectives with conservation success in protected areas and biosphere reserves. Berlin.

STOLTON, S.; HOCKINGS, M.; DUDLEY, N.; MACKINNON, K.; WHITTEN, T. (2003): Reporting progress in Protected Areas – A site-level management effectiveness tracking tool. Washington DC. URL: http://lnweb18.worldbank.org/essd/envext.nsf/80bydocname/reportingprogressinprotectedareamanagementeffectivenesstrackingtool-july2002/$file/patrackingtooljune2003.pdf [02.2008]

STRAND, H.; HÖFT, R.; STRITTHOLT, J.; MILES, L.; HORNING, N.; FOSNIGHT, E.; TURNER, W. (Hrsg.) (2007): Sourcebook on Remote Sensing and Biodiversity Indicators. CBD Technical Series No. 32. URL: http://www.cbd.int/doc/publications/cbd-ts-32.pdf [01.2008]

SULIMAN, M. (1998): Resource access: a major cause of armed conflict in the Sudan. The case of Nuba Mountains. Paper presented at: International CBNRM Workshop, Washington, Mai 1998. URL: http://info.worldbank.org/etools/docs/library/97605/conatrem/conatrem/documents/Sudan-Paper.pdf [05.2007]

TAWDROUS, M. E. (1998): The impact of water resource use and management on the development of Rahad irrigation project in Sudan. Studien zur ländlichen Entwicklung 57. Münster.

TAYLOR, D. (2002): The Ramsar Convention on Wetlands. In: Parks, Vol. 12 (3) 2002. S. 42-49. URL: http://www.iucn.org/themes/wcpa/pubs/parks.htm#vol123 [04.2007]

TILCEPA (THEME ON INDIGENOUS AND LOCAL COMMUNITIES, EQUITY, AND PROTECTED AREAS) (2007): Hompage der TILCEPA. URL: http://www.iucn.org/themes/ceesp/Wkg_grp/TILCEPA/TILCEPA.htm [01.2007]

TUBIANA, M.-J; TUBIANA, J. (1977): The Zaghawa from an ecological perspective. Food gathering, the pastoral system, tradition and development of the Zaghawa of the Sudan and the Chad. Rotterdam

UFP (UNIVERSITY FOR PEACE) (2004): Environmental Degradation as a Cause of Conflict in Darfur. Conference Proceedings. Khartum

UN (UNITED NATIONS) (2004): Johannesburg Declaration on Sustainable Development. New York. URL: http://www.un.org/esa/sustdev/documents/agreed.htm [11.2007]

UN (2003): Starbase. Sudan transition and recovery database. New York. URL: http://www.unsudanig.org/ [10.2007]

UN (1993): Agenda 21: Earth Summit - The United Nations Programme of Action from Rio. New York. URL: http://www.un.org/esa/sustdev/documents/agenda21/english/agenda21toc.htm#sec1 [11.2007]

UN (1992a): Report of the United Nations Conference on Environment and Development. New York. URL: http://www.un.org/esa/sustdev/documents/docs_unced.htm [11.2007]

UN (1992b): United Nations Framework Convention on Climate Change. New York. URL: http://unfccc.int/resource/docs/convkp/conveng.pdf [01.2008]

UN (1992c): Statement of principles for a global consensus on the management, conservation and sustainable development of all types of forests. URL: http://www.un.org/documents/ga/conf151/aconf15126-3annex3.htm [02.2008]

UNCED (UNITED NATIONS CONFERENCE ON ENVIRONMENT AND DEVELOPMENT) (1992): Rio Declaration on Environment and Development. URL: http://www.unep.org/Documents.Multilingual/Default.asp?DocumentID=78&ArticleID=1163 [10.2007]

UNDP (UNITED NATIONS DEVELOPMENT PROGRAMME) (2003): Roots of Conflict in North Kordofan, North Darfur and Sobat Basin of Upper Nile State. Aufsatz im Rahmen des Programmes: Reduction of Resource-based Conflicts among Pastoralists and Farmers

Literatur

(SUD/01/013). URL: http://www.sd.undp.org/Publicatio ns/pub2/Conflict%20Final%20July %202003%20Ver%202.htm [03.2007]

UNEP (UNITED NATIONS ENVIRONMENT PROGRAMME) (2007a): Sudan. Post-Conflict Environmental Assessment. Nairobi. URL: http://postconflict.unep.ch/publicat ions/UNEP_Sudan.pdf [07.2007]

UNEP (2007b): Environment as a cross cutting sector in the 2007 UN joint work plan. Environmental Guidelines of the UN joint work plan 2007. Nairobi. URL: http://www.unsudanig.org/workpla n/resources/2007/docs/misc/WP20 06-mainstreaming-environment.doc [06.2007]

UNEP (2007c): Global Environmental Outlook 4. Nairobi. URL: http://www.unep.org/geo/geo4/rep ort/GEO-4_Report_Full_en.pdf [02.2008]

UNEP (2005): One Planet, Many People: Atlas of Our Changing Environment. Nairobi. URL: http://na.unep.net/digital_atlas2/we batlas.php?id=267 [07.2007]

UNESCO (UNITED NATIONS EDUCATIONAL, SCIENTIFIC AND CULTURAL ORGANIZATION) (2008a): World Heritage List, Homepage Wadi Howar National Park. Paris. URL: http://whc.unesco.org/en/tentativeli sts/1951/ [02.2008]

UNESCO (2008b): Homepage der deutschen UNESCO-Kommission e.V. URL: http://www.unesco.de/impressum. html?&L=0 [04.2008]

UNESCO (2007): Biosphere Reserves. World Network. Paris. URL: http://www.unesco.org/mab/BRs/b rlist.PDF [11.2007]

UNESCO (2003): The Sahara of Cultures and People. Towards a strategy for the sustainable development of tourism in the Sahara, in the context of combating poverty. Paris.

UNESCO (2002): Budapest Declaration on World Heritage. URL: http://whc.unesco.org/en/budapest declaration/ [11.2007]

UNESCO (2000): Solving the Puzzle. The Ecosystem Approach and Biosphere reserves. Paris. URL: http://unesdoc.unesco.org/images/0

Literatur

011/001197/119790eb.pdf [10.2007]

UNESCO (1996a): Biosphere reserves: The Seville Strategy and the Statutory Framework of the World Network. Paris. URL: http://unesdoc.unesco.org/images/0010/001038/103849Eb.pdf [10.2006]

UNESCO (1996b): Biosphärenreservate. Die Sevilla-Strategie und die Internationalen Leitlinien für das Weltnetz. Bundesamt für Naturschutz, Bonn. URL: http://www.unesco.ch/workcontent/Sevilla_Strategie_Deutsch.pdf [10.2006]

UNESCO; INTERGOVERNMENTAL COMMITTEE FOR THE PROTECTION OF THE WORLD CULTURAL AND NATURAL HERITAGE (2005): Operational Guidelines for the Implementation of the World Heritage Convention. Paris. URL: http://whc.unesco.org/pg.cfm?cid=57 [11.2007]

UNMIS (UNITED NATIONS MISSION IN SUDAN) (2007): Homepage der United Nations Mission in Sudan. URL: http://www.unmis.org/English/sudan.htm [12.2007]

UNPD (UNITED NATIONS POPULATION DIVISION) (2008): World Population Prospects: The 2006 Revision and World Urbanization Prospects: The 2007 Revision. New York. URL: http://esa.un.org/unup/index.asp?panel=1 [02.2008]

UNSUDANIG (UN SUDAN INFORMATION GATE) (2008): Virtual Map Catalogue. URL: http://www.unsudanig.org/library/mapcatalogue/sudan/index.php [02.2008]

USNPS (U.S. NATIONAL PARK SERVICE) (1993): Guiding principles for sustainable design. Denver. URL: http://www.nps.gov/dsc/dsgncnstr/gpsd/ [01.2008]

WAAL, A. DE (2006): Darfur peace agreement: so near so far. URL: http://www.opendemocracy.net/democracy-africa_democracy/darfur_talks_3950.jsp [12.2007]

WACHTER, D. (1992): Land titling for land conservation in developing countries? Washington DC.

Literatur

WÄLTERLIN, U. (2006): Bagger gegen Urwaldparadies. In: Die Tageszeitung vom 31.10.2006. S. 9.

WCED (WORLD COMMISSION ON ENVIRONMENT AND DEVELOPMENT) (1987): Our common future. The Report of the World Commission on Environment and Development. Oxford. URL: http://www.un-documents.net/wced-ocf.htm [03.2007]

WCPA (WORLD COMMISSION ON PROTECTED AREAS) (2006): WCPA Homepage. URL: http://www.iucn.org/themes/wcpa/ [10.2006]

WCPA (2002): WCPA Strategic Plan 2002-2012. Gland. URL: http://www.iucn.org/themes/wcpa/pubs/pdfs/strategicplan.pdf [10.2006]

WCPA (1998): Economic Values of Protected Areas: Guidelines for Protected Area Managers. Gland, Cambridge.

WCPA; UNEP (2007): World Database on Protected Areas. URL: http://sea.unep-wcmc.org/wdbpa/ [06.2007]

WELLS, M.; GUGGENHEIM, S.; KHAN, A.; WARDOJO, W.; JEPSON, P. (1999): Investing in biodiversity: a review of Indonesia's Integrated Conservation and Development Projects. The World Bank, Washington.

WELLS, M.; BRANDON, K.; HANNAH, L. (1992): People and Parks. Linking Protected Area Management with Local Communities. The World Bank, World Wildlife Fund, US Agency for International Development, Washington.

WICKENS, G. (2007): The Vegetation of Sudan. In: HOPKINS, P. G. (Hrsg.) (2007): The Kenana Handbook of Sudan. S. 237-250. London.

WILSON, R. T. (1978): The 'gizu', wintergrazing in the south Libyan desert. In: Journal of Arid Environment. Vol. 1. S. 327-344.

WOLTERS, J. (1998): Tourismus – passt er in das Leitbild einer nachhaltigen Entwicklung? In: RAUSCHELBACH, B. (Hrsg.) (1998): (Öko-) Tourismus: Instrument für eine nachhaltige Entwicklung? Tourismus und Entwicklungszusammenarbeit. S. 19-24. GTZ, Heidelberg.

Literatur

WOODROFFE, R.; GINSBERG, J. R. (1998): Edge Effects and the Extinction of Populations inside Protected Areas. In: Science, Vol. 280. S. 2126-2128.

WOODWARD, P. (Hrsg.) (1991): Sudan after Nimeri. London.

WORBOYS, G. L; WINKLER, C. (2006a): Natural Heritage. In: LOCKWOOD, M.; WORBOYS, G. L.; KOTHARI, A. (Hrsg.) (2006): Protected areas management: a global guide. S. 3-40. London.

WORBOYS, G. L; WINKLER, C. (2006b): Managing Staff, Finances and Assets. In: LOCKWOOD, M.; WORBOYS, G. L.; KOTHARI, A. (Hrsg.) (2006): Protected areas management: a global guide. S. 359-376. London.

WORBOYS, G. L; WINKLER, C.; LOCKWOOD, M. (2006c): Threats to Protected Areas. In: LOCKWOOD, M.; WORBOYS, G. L.; KOTHARI, A. (Hrsg.) (2006): Protected areas management: a global guide. S. 223-261. London.

WWF (WORLD WILDLIFE FUND) (2004): Are protected areas working? An analysis of forest protected areas by WWF. Gland. URL: http://assets.panda.org/downloads/areprotectedareasworking.pdf [04.2007]

WYSS, D. (2006): Waldmanagement in der Mongolei. Anwendung von GIS- und Fernerkundungsmethoden im Rahmen der Entwicklungszusammenarbeit am Beispiel des Schutzgebietes Khan Khentii. Berlin. URL: http://www.diss.fu-berlin.de/2007/386/ [09.2007]

YOUNG, H; OSMAN, A. M.; AKLILU, Y.; DALE, R.; BADRI, B. (2005): Darfur 2005. Livelihoods under Siege. Tufts, Omdurman.

ZAHLAN, A. B.; MAGAR, W. Y. (1986): The Agricultural Sector of Sudan. Policy and System Studies. London.

ZAROUG, M. G. (2006): Sudan. Country Pasture/Forage Resource Profiles. URL: http://www.fao.org/ag/AGP/AGPC/doc/Counprof/sudan/sudan.htm#1 [03.2007]

ZENS, M. (2008): Landnutzungskonflikte im Sudan. Am Beispiel des Dinder Nationalparks. Unveröffentlichte Diplomarbeit. Berlin.

ZILLESSEN, H. (1998): Von der Umweltpolitik zur Politik der Nachhaltigkeit. Das Konzept der

Literatur

nachhaltigen Entwicklung als Modernisierungsansatz. In: Aus Politik und Zeitgeschichte, B 50/1998, S. 3-10. Bonn.

ZIMMERER, K. S.; GALT, R. E.; BUCK, M. V. (2004): Globalization and Multi-spatial Trends in the Coverage of Protected-Area Conservation (1980-2000). In: Ambio, Vol. 33 (8). S. 520-529.

Der Verwendung von Internetliteratur sei ein kurzer Kommentar gewidmet. Sie ist ambivalent zu betrachten. Wenn sich wissenschaftliche Arbeit nur noch auf im Internet verfügbare Quellen stützt, ergeben sich große Probleme hinsichtlich der inhaltlichen Verlässlichkeit und Bandbreite. Jedoch sind auch enorme Vorteile zu erkennen. Viele Wissenschaftler haben keinen Zugang zu einer Vielzahl an gedruckter Literatur, gerade in Gebieten mit einer schlecht ausgestatteten Bibliothekslandschaft. Der Zugang zu im Internet veröffentlichten und frei zugänglichen Texten ist dann eine leicht zu erreichende Alternative.

Im Literaturverzeichnis sind daher bei Texten, die gedruckt und als virtuelles Exemplar verfügbar sind beide Angaben beigefügt. Damit soll einem möglichst großen Leserkreis der Zugriff auf verwendete Literatur ermöglicht werden. Bei den Angaben ist sowohl die Internetadresse angegeben (URL:), als auch das Datum des letzten Zugriffs [mm.jjjj].

Auswertung von Modis-Satellitenbilddaten zur raumzeitlichen Erkennung von Bränden im DNP

Anhang

Auswertung von Modis-Satellitenbilddaten zur raumzeitlichen Erkennung von Bränden im DNP

Auf den folgenden Seiten sind die Auswertungen von Modis-Daten in Karten und Diagrammen dargestellt. Die Auswertungen erstrecken sich über den Zeitraum von 2001 bis 2007. Im Jahr 2001 wurden erstmals Daten von dem Modis-Satelliten aufgenommen. Über die Karten kann die räumliche und über die Diagramme die zeitliche Verteilung der Feuer visualisiert werden.

Zur Klassifizierung von Bränden werden die Spektralinformationen der Satellitenbilddaten ausgewertet. Das Ergebnis einer solchen Klassifikation ist die Einteilung der Pixel der Satellitenbilddaten in Feuer und Nicht-Feuer. Diese Daten sind in Tages- und Wochenintervallen erhältlich. Durch verschiedene geoinformatische Bearbeitungsschritte können, wie in den Beispielen auf den nächsten Seiten, Aussagen über die Brandverteilung, beispielsweise für Monate oder Jahre, gemacht werden (WYSS 2006, 55-75)

Die Verteilung der Feuerhäufigkeit zeigt eindeutig, dass besonders in der Zeit zwischen Oktober und Dezember mit häufigen Bränden zu rechnen ist. Der November ist mit großem Abstand der Monat mit der größten Anzahl an Feuern. Eine räumliche Konzentration ist nicht in demselben Maße festzustellen. Die Feuerintensität fällt mit dem Beginn der Trockenzeit zusammen. Das Gebiet des DNP ist dann wieder besser zugänglich, was eine Erklärung für die Häufung der Brände ist. Weitere Erklärungen konnten bisher nicht identifiziert werden. Untersuchungen durch das Parkpersonal sind daher notwendig. Aufgrund der Ergebnisse der Auswertung der Fernerkundungsdaten können diese Untersuchungen im Gelände zeitlich gezielt durchgeführt werden. Dies ist ein gutes Beispiel für die Möglichkeiten, die der Einsatz von Fernerkundungsdaten bietet. Die verwendeten Daten sind kostenfrei und die Bearbeitung liegt innerhalb der technischen Fähigkeiten der relevanten Institutionen im Sudan.

Anhang

Die weitere Anwendung im Rahmen des Aufbaus eines GIS für Schutzgebiete im Sudan ist daher möglich und empfehlenswert. Die vorgelegten Untersuchungen über die raumzeitliche Verteilung von Bränden haben damit praktischen Nutzen und sind gleichzeitig ein Beispiel für die mögliche Einbindung von Fernerkundungsdaten und GIS im sudanesischen Schutzgebietsmanagement.

Auswertung von Modis-Satellitenbilddaten zur raumzeitlichen Erkennung von Bränden im DNP

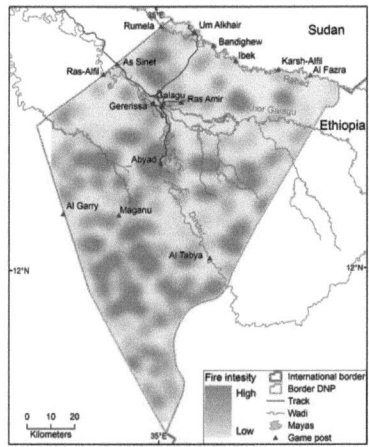

Karte 9-1: Feuerverteilung im Jahr 2001

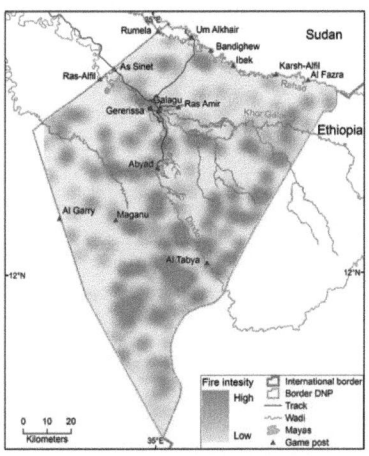

Karte 9-3: Feuerverteilung im Jahr 2003

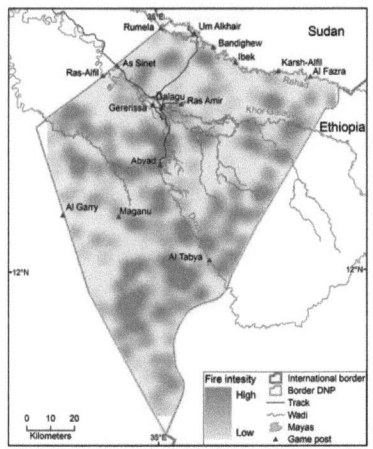

Karte 9-2: Feuerverteilung im Jahr 2002

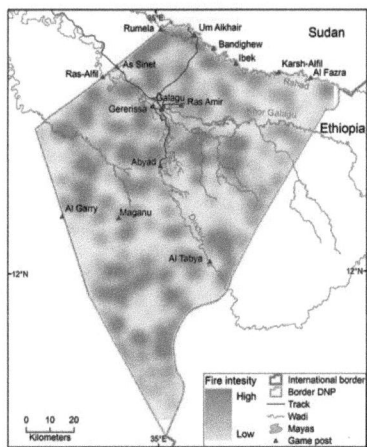

Karte 9-4: Feuerverteilung im Jahr 2004

Anhang

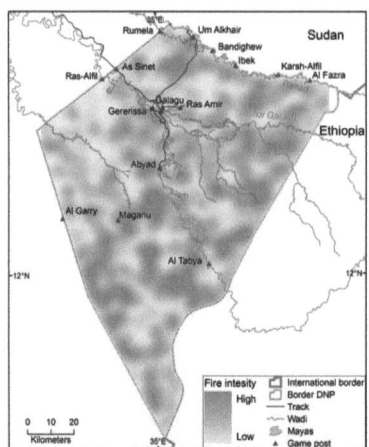

Karte 9-5: Feuerverteilung im Jahr 2005

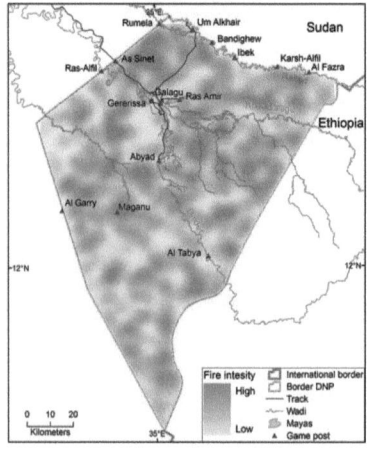

Karte 9-6: Feuerverteilung im Jahr 2006

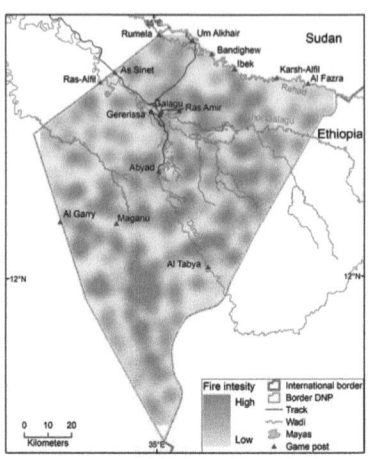

Karte 9-7: Feuerverteilung im Jahr 2007

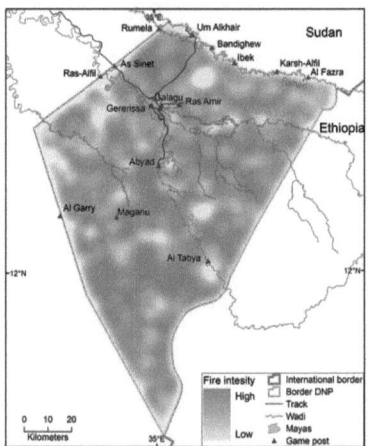

Karte 9-8: Feuerverteilung für die Jahre 2001 – 2007

Kartoraphie: S. Oehm; Quelle: NASA 2007

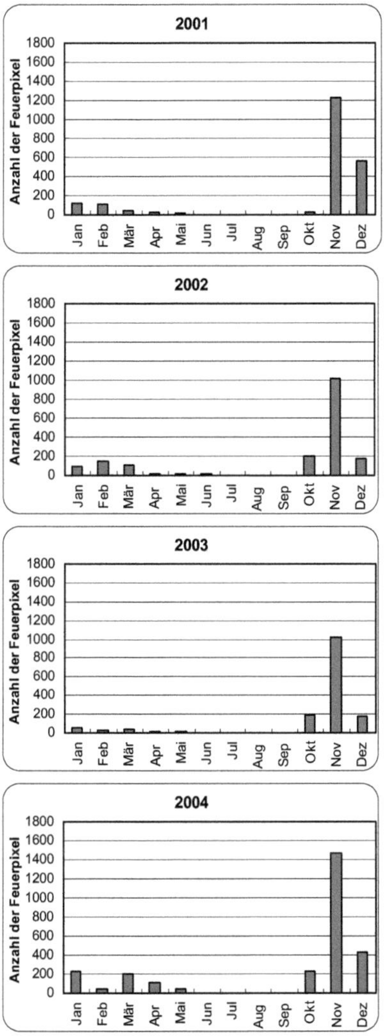

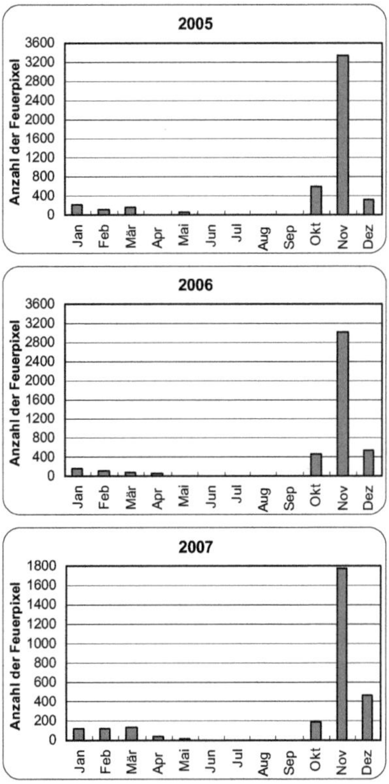

Auswertung von Modis-Satellitenbilddaten zur raumzeitlichen Erkennung von Bränden im DNP

Abbildung 9-1: Die Diagramme zeigen die zeitliche Verteilung der Brände im DNP. Es ist deutlich zu erkennen, dass es während der Regenzeit von Mai bis September so gut wie nie brennt. Der November sticht mit großem Abstand als feuerintensivster Monat heraus.
Quelle: eigene Darstellung nach NASA 2007

Anhang

Diese Fotos zeigen verschiedene Beispiele von illegalen Aktivitäten von Honigsammlern und deren Auswirkungen im DNP. Die gezeigten Bäume wurden gefällt, um den Honig aus Wildbienennestern zu sammeln. In der Mitte des Baumes wird dazu ein Loch geschlagen, um das Bienennest auszuräuchern. In der Nähe der Bäume wird hierzu ein Feuer gemacht. Wenn das Feuer nach dem Ausräuchern nicht gelöscht wird, können sich großflächige Brände entzünden.
Fotos: OEHM

Glossar

Glossar

Agronomische Trockengrenze: Trockengrenze des Regenfeldbaus, jenseits welcher Landwirtschaft nur noch mit Bewässerungssystemen möglich ist. Je nach Verdunstungsraten liegt sie zwischen 250 und 1000 mm Niederschlag. Im Sudan verläuft sie offiziell entlang der 300 mm Isohyete (Leser 1997, 21; Ibrahim 1984, 112-121)

Biodiversität: eine umfassende Definition des Begriffes Biodiversität, wie er auch in dieser Arbeit verstanden wird, wird von der UNEP gegeben. „Biodiversity is the variety of life on Earth. It includes diversity at the genetic level, such as that between individuals in a population or between plant varieties, the diversity of species, and the diversity of ecosystems and habitats. Biodiversity encompasses more than just variation in appearance and composition. It includes diversity in abundance (such as the number of genes, individuals, populations or habitats in a particular location), distribution (across locations and through time) and in behaviour, including interactions among the components of biodiversity, such as between pollinator species and plants, or between predators and prey. Biodiversity also incorporates human cultural diversity, which can be affected by the same drivers as biodiversity, and which has impacts on the diversity of genes, other species and ecosystems. Biodiversity has evolved over the last 3.8 billion years or so of the planet's approximately 5 billion-year history. Although five major extinction events have been recorded over this period, the large number and variety of genes, species and ecosystems in existence today are the ones with which human societies have developed, and on which people depend." (UNEP 2007c, 160)

Biodiversitätsschutz: unter diesem Begriff werden in dieser Arbeit die Anstrengungen zusammengefasst, die Biodiversität und andere natürliche Ressourcen, wie z.B. Boden und Wasser vor der Degradierung durch menschlichen Einfluss schützen.

Community abtitude: die Fähigkeit von Gemeinden an Partizipationsprozessen aktiv teilzuhaben

Anhang

Dar: traditionelle sudanesische Bezeichnung für Stammesland (z.B. Darfur – Land der Fur)

Feddan: sudanesischen Flächeneinheit; entspricht etwa 0,42 ha

Gerif: fruchtbare ufernahe oder Überflutungsbereiche der Flüsse/Wadis, in der Regel landwirtschaftlich genutzt. Im Bereich des DNP werden dort anspruchsvolle Sorten angebaut.

Gizzu: Vegetationsform in Trockengebieten des Nordsudans, wichtige Weidegebiete der Trockenzeit

Goz: durch Vegetation befestigte Altdünen

Hillock: kleine Sandhügel in Trockengebieten mit Strauchbewuchs

Integrated Conservation and Development Projects (ICDP): ICDP versuchen den Schutz von Biodiversität innerhalb von Schutzgebieten und die sozioökonomische Entwicklung der Bevölkerung in der Umgebung, innerhalb und durch Schutzgebiete miteinander zu vereinen

Isohyete: Verbindungslinie zwischen Orten mit gleicher Niederschlagsmenge

Khor: regionale Bezeichnung für Wadi im Sudan

Ländliche Regionalentwicklung (LRE): Ansatz der Entwicklungszusammenarbeit, welcher die regionale Ebene als Schnittstelle zwischen lokaler und nationaler Ebene als wichtige Handlungsebene in den Vordergrund stellt. Dabei werden die ökologischen, die politisch-institutionellen, die ökonomischen und die sozio-kulturellen Rahmenbedingungen als maßgebliche Faktoren des Handlungsspielraumes von gesellschaftlichen Gruppen identifiziert (RAUCH 1996).

Landsat7 / ETM+: Der Landsat7 Satellit, auch Enhanced Thematic Mapper Plus genannt, ist der siebte Satellit aus der Serie Landsat die 1972 von der NASA gestartet wurde. Er wurde im April 1999 in seine Umlaufbahn gebracht und liefert seit dem Satellitenbilddaten. Er verfügt über eine räumliche Auflösung von 30 Metern bzw. 15 Metern im multispektralen bzw. im panchromatischen Bereich. Er nimmt acht verschiedene Wellenlängen die von der Erdoberfläche reflektiert werden auf. Dies ermög-

Glossar

licht verschiedene Darstellungs- und Interpretationsmöglichkeiten zu wissenschaftlichen Zwecken. Seit einigen Jahren sind Landsat7 Szenen flächendeckend für die gesamte Welt kostenlos im Internet zugänglich (GLCF 2008). Seit Mai 2003 gibt es technische Probleme mit dem Sensor, so dass keine aktuellen Daten mehr aufgenommen werden können. Ein neuer Satellit aus der Landsat-Serie wird voraussichtlich 2010 gestartet.

Lebensunterhalt: s. Livelihood

Livelihood: die materiellen und sozialen Grundlagen von Menschen. Dazu gehören die Rechte zur Nutzung von Ressourcen, der Zugang zu diesen und die Sicherheit die deutschen Übersetzungen dieses Begriffes treffen den Kern des Begriffes nur unscharf. Gängig ist aber der Begriff Lebensunterhalt. (DFID 1999)

Maya: sudanesischer Begriff für Senken oder abgeschnürte Flussmäander, die aufgrund ihrer Lage natürliche Wasserspeicher darstellen. Oftmals halten sie bis zum Ende der Trockenzeit Wasser und stellen damit eine wichtige Wasser- und Nahrungsquelle für viele Tierarten dar.

Nachhaltigkeit: Das Konzept der Nachhaltigkeit umfasst eine Nutzung von Ressourcen, die sowohl die Bedürfnisse der heutigen als auch von zukünftigen Generationen berücksichtigt. Dabei werden neben der ökologischen auch die soziale und ökonomische Dimension miteinbezogen.

Paper park: Als „paper park" versteht man ein Schutzgebiet, das zwar auf dem Papier existiert, für das in der Realität aber keine Maßnahmen ergriffen werden, um den Schutz von Biodiversität voranzutreiben.

Schutzgebiet: wird in Anlehnung an die Definition der IUCN in dieser Arbeit folgendermaßen definiert: „An area of land and/or sea especially dedicated to the protection and maintenance of biological diversity, and of natural and associated cultural resources, and managed through legal and other effective means." (IUCN 1994a, 7)

Schutzgebietsmanagement: Maßnahmen zur Etablierung und Leitung von Schutzgebieten verstanden

Anhang

Serir: Bezeichnung für Kieswüste in der Ostsahara

Sudanesisches Pfund (SP): aktuelle Währung des Sudans. Wechselkurs von Mai 2008: 1 € = 3,2 SP. Die Währung wurde im Jahr 2007 eingeführt und ersetzt die bis dahin geltende Währung Sudanesischer Dinar (SD; 10 SD = 1 SP)

Verwundbarkeit: bezeichnet den Grand an Bewältigungsmechanismen von Bevölkerungsgruppen auf Stresssituationen wie beispielsweise klimatische Annomalien und die in Abhängigkeit dieser Bewältigungsmechanismen stehenden Auswirkungen auf den Lebensunterhalt (CHAMBERS et al. 1999).

Village development committee: im Schutzgebietsmanagement eingesetzter, institutionalisierter Zusammenschluss von Dorfbewohnern, um ihre Interessen zu artikulieren und diese gegenüber höher stehenden Institutionen, wie beispielsweise der Parkverwaltung zu vertreten.

Wilaya: administrative Gliederungseinheit im arabischen Raum und im Sudan. Äquivalent zu Bundesstaat im angelsächsischen bzw. Bundesland im deutschen Politiksystem.

Yardang: durch Ausblasung geformte, stromlinienförmige Rücken

Abkürzungsverzeichnis

Abkürzungsverzeichnis

ACACIA	Arid Climate, Adaptation and Cultural Innovation in Africa
AU	African Union
B.C.E.	Before Common Era
BIP	Bruttoinlandsprodukt
BoS	Bank of Sudan
BSP	Bruttosozialprodukt
CBD	Convention on Biological Diversity
CBC	Community Based Conservation
CBS	Central Bureau of Statistics Sudan
CIA	Central Intelligence Agency
CIJ	Coalition for International Justice
CMS	Convention on Conservation of Migratory Species of Wild Animals
COP	Conference of the Contracting Parties
CPA	Comprehensive Peace Agreement
CEESP	Commission on Environmental, Economic, and Social Policy
DDMPC	Dana Declaration on Mobile People and Conservation
DNP	Dinder National Park
DNPP	Dinder National Park Project
DSC	Denver Service Centre
EIU	Economist Intelligence Unit
EZ	Entwicklungszusammenarbeit
FAO	Food and Agriculture Organization of the United Nations
GILGERS	Global Indicative List of Geologically Relevant Sites

Anhang

GIS	Geographisches Informationssystem
GoBi	Governance of Biodiversity
GoS	Government of the Republic of the Sudan
GPS	Global Positioning System
HCENR	Higher Council for Environment and Natural Resources
IBC	Incentive-Based Conservation
IBP	Incentive-Based Programme
ICDP	Integrated Conservation and Development Programme
ILWB	Internationale Leitlinien für das Weltnetz der Biosphärenreservate
IPCC	Intergovernmental Panel on Climate Change
IUCN	The World Conservation Union; ehemals The International Union for the Conservation of Nature and Natural Resources
JEM	Justice and Equality Movement
LRE	Ländliche Regional Entwicklung
MAB	Man and the Biosphere Programme
MEA	Millennium Ecosystem Assessment
NAP	National Action Plan to Combat Desertification
NASA	National Aeronautics and Space Administration
NBI	Nile Basin Initiative
NBSAP	National Biodiversity Strategy and Action Plan
NDDCU	National Drought and Desertification Control Unit of the Sudan
NGO	Nichtregierungsorganisation(en) (Non-Governmental Organization)
NTEAP	Nile Transboundary Environmental Action Project

Abkürzungsverzeichnis

RAPPAM	Rapid Assessment and Prioritization of Protected Area Management
RCS	Ramsar Convention Secretariat
RSA	Remote Sensing Authority
SECS	Sudanese Environment Conservations Society
SFB	Sonderforschungsbereich
SLM/A	Sudan Liberation Movement/Army
SOA	Sudan Open Archive
SPLM/A	The Sudan People's Liberation Movement/Army
STC	Save the children
TFH	Technische Fachhochschule
TILCEPA	Theme on Indigenous and Local Communities, Equity, and Protected Areas
UFP	University for Peace
UN	United Nations
UNCCD	United Nations Convention to Combat Desertification
UNCED	United Nations Conference on Environment and Development
UNDP	United Nations Development Programme
UNEP	United Nations Environmental Programme
UNESCO	United Nations Educational, Scientific and Cultural Organization
UNFCCC	United Nations Framework Convention on Climate Change
UNMIS	United Nations Mission in Sudan
UNPD	United Nations Population Division
USNPS	United States National Park Service
VDC	Village development committee

Anhang

v.u.Z.	vor unserer Zeitrechnung (vor Christus)
WCED	World Commission on Environment and Development
WCGA	Wildlife Conservation General Administration
WCMC	World Conservation Monitoring Centre des UNEP
WCPA	World Commission on Protected Areas; bis 1996 CNPPA – Commission on National Parks and Protected Areas
WHNP	Wadi Howar National Park
WRC	Wildlife Research Centre
WWF	World Wildlife Fund

Abbildungsverzeichnis

Abbildung 3-1: Entwicklung der Schutzgebietszahlen und -fläche von 1962 bis 2003 35
Abbildung 3-2: Die vier globalen Abkommen zum Schutz der Biodiversität durch die Förderung von Schutzgebieten 41
Abbildung 3-3: Einflussfaktoren auf das Schutzgebietsmanagement 68
Abbildung 3-4: Schematischer Zusammenhang der vier Faktoren, die das Schutzgebietsmanagement maßgeblich beeinflussen 73
Abbildung 3-5: Einflussmöglichkeiten des Schutzgebietsmanagements auf die Nachhaltigkeit von Schutzgebieten, in Abhängigkeit von der räumlichen Ebene 79
Abbildung 4-1: Bevölkerungszahlen und -dichte im Sudan 100
Abbildung 4-2: Ölproduktion und -verbrauch im Sudan 1980 bis 2005 117
Abbildung 4-3: Anteil der drei Wirtschaftssektoren Landwirtschaft, Industrie und Dienstleistungen am Bruttosozialprodukte in Prozent 117
Abbildung 4-4: Anteil der Landwirtschaft am Bruttosozialprodukt in Prozent, nach Subsektoren 118
Abbildung 4-5: Sudanesische Exporte in Prozent der Gesamtexporte nach Sektoren 118
Abbildung 4-6: Sudanesische Exporte in Millionen US$. Erdöl und Erdölprodukte machen seit dem Jahr 2000 den größten Anteil der Exporte aus. Die Ölförderung hat im Jahr 1999 in nennenswertem Umfang begonnen 119
Abbildung 4-7: (Projizierte) Entwicklung der städtischen und ländlichen Bevölkerungszahlen im Sudan 1950 – 2050 128
Abbildung 4-8: (Projizierte) Entwicklung der städtischen und ländlichen Bevölkerungszahlen im subsaharischen Afrika 1950 – 2050 128
Abbildung 4-9: Schematisierte Zusammenstellung der für das Schutzgebietsmanagement im Sudan relevanten Institutionen 134
Abbildung 6-1: Profil des Wadi Howar. Die Vegetation nimmt von der Quelle bis zur Mündung hin ab 211
Abbildung 7-1: Schematischer Vorschlag zum Aufbau eines nationalen GIS für Schutzgebiete 254

Anhang

Tabellenverzeichnis

Tabelle 1-1: Paradigmenwechsel im Schutzgebietsmanagement 13
Tabelle 3-1: Räumliche Ebenen, Zuständigkeiten und Aufgaben von
Schutzgebieten 38
Tabelle 3-2: Bedeutende internationale Initiativen zur Ausweisung und
Anerkennung von Schutzgebieten. 42
Tabelle 3-3: Zielzuordnung der IUCN-Schutzgebietskategorien 52
Tabelle 3-4: Wachstum der landwirtschaftlich genutzten Fläche in
Entwicklungsländern (EL) und im subsaharischen Afrika (SSA) 82
Tabelle 3-5: Landwirtschaftlich genutzte Fläche in Entwicklungsländern (EL)
und im subsaharischen Afrika (SSA) 82
Tabelle 4-1: Naturräumliche Einheiten des Sudans 94
Tabelle 4-2: Mechanisierte Bewässerungssysteme 104
Tabelle 4-3: Angaben über die Anbaufläche und die hauptsächlich angebauten
Arten, aufgegliedert nach ackerbaulichen Subsektoren 106
Tabelle 4-4: Entwicklung der Landnutzung im Sudan 1980 – 2000 110
Tabelle 4-5: Getreide- und Fleischproduktion im Sudan 1979 - 2001 110
Tabelle 4-6: Entwicklung der bewässerten Landwirtschaftsflächen im Sudan
1979 - 2001 111
Tabelle 4-7: Vom Sudan ratifizierte internationale Verträge im
Umweltschutzbereich 123
Tabelle 4-8: Namen und Kategorien der sudanesischen Schutzgebiete 133
Tabelle 5-1:Tierzahlen der Zählungen zur Erstellung des Ecological Baseline
Surveys im DNP 149

Kartenverzeichnis

Karte 1-1: Lage des Sudans in Afrika 4
Karte 1-2: Lage der beiden Untersuchungsgebiete WHNP und DNP 7
Karte 3-1: Weltweite Verteilung der Schutzgebiete nach der Klassifikation der
World Conservation Union (IUCN) 36
Karte 4-1: Naturräumliche Einheiten des Sudans 95
Karte 4-2: Niederschlagskarte des Sudans 96
Karte 4-3: Bevölkerungsdichte im Sudan 101
Karte 4-4: Die traditionellen räumlichen Mobilitätsmuster sudanesischer
Pastoralisten 109
Karte 4-5: Karte der sudanesischen Schutzgebiete 131
Karte 5-1: Lagekarte des DNP 141
Karte 5-2: Oköozonale Gliederung des DNP 145
Karte 5-3: Zonierung des DNP 160
Karte 5-4: Mobilitäts- und Landnutzungsmuster in Gedaref während der 1980er
Jahre. 175
Karte 5-5: Traditionelle Mobilitäts- und Landnutzungsmuster in Gedaref 175
Karte 5-6: Touristenkarte für den DNP 194
Karte 6-1: WHNP mit Höhenmodell. 205
Karte 6-2: Verlauf des Wadi Howar 208
Karte 6-3: Vorkommen und Nutzung der Gizzu-Flächen 214
Karte 6-4: Wanderungsbewegungen der mobilen Tierhalter im Westsudan 214
Karte 6-5: Wanderungsbewegungen der nomadischen Stämme im Norddarfur 214
Karte 6-6: Vorrücken des Regenfeldbaus jenseits der agronomischen
Trockengrenze im Sudan 215
Karte 6-7: Besiedlungsphasen in der östlichen Sahara. 222
Karte 6-8: Räumliche Verteilung der archäologischen Fundplätze, zeitliche
Zuordnung 224
Karte 6-9: Schutzgebiete in der östlichen Sahara 230
Karte 6-10: Vorschlag einer Zonierung des WHNP 239
Karte 9-1: Feuerverteilung im Jahr 2001 301
Karte 9-2: Feuerverteilung im Jahr 2002 301
Karte 9-3: Feuerverteilung im Jahr 2003 301
Karte 9-4: Feuerverteilung im Jahr 2004 301

Anhang

Karte 9-5: Feuerverteilung im Jahr 2005 302
Karte 9-6: Feuerverteilung im Jahr 2006 302
Karte 9-7: Feuerverteilung im Jahr 2007 302
K arte 9-8: Feuerverteilung für die Jahre 2001 – 2007 302

Verzeichnis der Boxen

Verzeichnis der Boxen

Box 1-1: Forderungen des Caracas Action Plans zu nationalen
Schutzgebietssystemen 6
Box 1-2: Die zehn Ziele des Durban Action Plan 15
Box 3-1: Prinzipien des Ökosystemansatzes 44
Box 3-2: Empfehlungen des Durban Action Plans 50
Box 3-3: Schutzgebietskategorien der IUCN 51
Box 3-4: Kriterien zur Aufnahme in die internationale Liste der
Biosphärenreservate 57
Box 3-5: Zielsetzung der UNESCO Welterbekommission (Budapest
Declaration) 59
Box 3-6: Kriterien zur Aufnahme in die Welterbeliste der UNESCO 60
Box 3-7: Kriterien zur Identifizierung von international bedeutenden
Feuchtgebieten und Richtlinien zu ihrem Schutz 65
Box 4-1: Mechanisierter Bewässerungsfeldbau im Sudan 104
Box 4-2: Administrativer Ablauf zur Etablierung eines Schutzgebietes
im Sudan 136
Box 5-1: Ziele des Managementplans des DNP 156
Box 5-2: Beschreibung des Dinder National Park Projects 159
Box 5-3: Weidekorridore zwischen Süd- und Nordgedaref 175

Anhang

Fotoverzeichnis

Foto 2-1: Gespräch mit dem Vorsitzenden des village development committees in Nur al Medina. 24
Foto 2-3: Bewohner und Mitglieder des village development committees diskutieren anhand einer Satellitenbildkarte die Lage ihres Dorfes und der Übergangszone des DNP 26
Foto 2-4: Ziegelherstellung in einem Wadi außerhalb des DNP 30
Foto 2-5: Herde beim tränken außerhalb des DNP 30
Foto 2-6: Gruppenfoto mit vier Mitgliedern der WCGA sowie den sudanesischen Studenten und der deutschen Studentin einer Exkursion im DNP 32
Foto 4-1: Ausgetrockneter Boden im DNP 98
Foto 5-1: Typische Vegetation an der nördlichen Parkgrenze des DNP 144
Foto 5-2: Typische Vegetation östlich des Dinder River 144
Foto 5-3: Typische Akazien – und Grasvegetation des Gebietes südwestlich des Dinder (Zone der bräunlichen Tönung in der Karte) 144
Foto 5-4: Vegetation am Rand eines Wadis, mit typischer Vegetation der Zone der Flussökosysteme 146
Foto 5-5: Ausgetrocknetes Khor Galagu am Rand des Galagu Camps 147
Foto 5-6a/b: Arbeiten am Maya Beit al Wahash 147
Foto 5-7: Typisches Maya mit offenem Wasser und frischer Vegetation 147
Foto 5-8: Ausgetrocknetes Maya ohne offene Wasserstellen. 148
Foto 5-9: Eine Herde von Warzenschweinen. 150
Foto 5-10: Gazelle im DNP 150
Foto 5-11: Eine Straußenherde am Rande eines Mayas 150
Foto 5-12: Nester von Webervögeln am Rand der Piste kurz vor der nördlichen Grenze innerhalb des DNP 150
Foto 5-13: Zwei Studenten der Juba University bei der Bestimmung von Vogelarten am Maya Gererissa 150
Foto 5-14: Gemüsefelder am Nordufer des Rahad auf Gerif-Flächen 153
Foto 5-15: Rinderherde außerhalb des DNP 153
Foto 5-16: Schaf- und Ziegenherde südlich des Rahad, innerhalb der Übergangszone des DNP 158
Foto 5-17: Tiere beim Tränken im Rahad, der nördlichen Begrenzung des DNP 159

Fotoverzeichnis

Foto 5-18: Touristenbungalow im Galagucamp 163
Foto 5-19: Zelte mit Sonnenschutzdach als Übernachtungsmöglichkeiten 163
Foto 5-20: Wegweiser in einem Dorf, 46 km vor dem Touristencamp im DNP 163
Foto 5-21: Der Direktor des Museums im Galagucamp 163
Foto 5-22: Der Direktor des Museums an seinem Schreibtisch, der gleichzeitig als Informationszentrum für Wissenschaftler und Touristen dient 163
Foto 5-23: Der Speisesaal für Touristen 163
Foto 5-24: Eine Gruppe Biologiestudenten der Juba University während einer Exkursion im DNP 166
Foto 5-25: Versammlung im En Aj Jamal 168
Foto 5-26: Das Rangercamp Al Abyad. 169
Foto 5-27: Gererissacamp 169
Foto 5-28: Im Maya gefangener und zum trocknen aufgehängter Fisch 169
Foto 5-29: Einer der fahrtüchtigen Geländewagen der WCGA 170
Foto 5-30: Fahruntüchtiges „Quad" 170
Foto 5-31: Kaputter Traktor 170
Foto 5-32: Abgeerntetes Feld südlich des Rahad 172
Foto 5-33: Illegales Sesamfeld 173
Foto 5-34: Geernteter Sesam 173
Foto 5-35: Abgeschälte Baumrinde im DNP 174
Foto 5-36: Vegetationsfreie Brachen in der Umgebung des DNP. 174
Foto 5-37: Provisorischer Tierpferch in einem Rangercamp, um die konfiszierten Herden unterzubringen 174
Foto 5-38: Abtransport von Holz in Richtung Khartum 177
Foto 5-39: Lastwagen mit Holzkohle beladen 177
Foto 5-40: Holzkohle in dem Rangercamp Alkhair am Rahad Fluss 178
Foto 5-41: Teestand, mit Holzkohle befeuert 178
Foto 5-42: Frauen beim Wasserholen in einem Wadi 181
Foto 5-43: Wasserstelle in En Aj Jamal 182
Foto 5-44: Wasserpumpe im Camp Um Alkhair 182
Foto 5-45: Vorbereitung von Holzdächern für die traditionellen Rundhütten ... 183
Foto 5-46: Eingang zu dem Gelände des Hauptquartiers der WCGA 187
Foto 5-47: Eingangstor zum DNP 190
Foto 5-48: Innenansicht eines Touristenbungalow 190
Foto 5-49: Toiletten in einem Touristenbungalow 191
Foto 5-50: Duche in einem Touristenbungalow 191

Anhang

Foto 5-51: Ehemals geplanten Küchen in einem Bungalow 191
Foto 5-52: Müllhaufen im Galagucamp 191
Foto 5-53: Einziger Sonnenschutz für Touristen im Galagucamp 192
Foto 5-54: Innenansicht der Zelte für Touristen 192
Foto 5-55: Ein Ranger an einem Maya 192
Foto 5-56: Verschiedene Wasservögel, Warzenschweine und Gazellen an einem Maya 193
Foto 5-57: Maya-Ufer 193
Foto 6-1: Aktive Barchane im Bereich des Jebel Rahib 207
Foto 6-2: Siedeldüne 207
Foto 6-3: Siedeldüne mit einer Fülle von archäologischen Artefakten 207
Foto 6-4: Felsformationen des Jebel Rahib 208
Foto 6-5: Bir Rahib (Rahib Wells) 208
Foto 6-6: Reibsteine bei Abu Tabari. 208
Foto 6-7: Artefakte bei Jabarona 208
Foto 6-8: Die Oase von Nukheila 209
Foto 6-9: Ausgeblasene Seeablagerungen (Yardangfelder) 209
Foto 6-10: Mit Dünen besetzten Serirfläche 209
Foto 6-11: Blick in das Obere Wadi Howar mit Akaziendornstrauchvegatation 211
Foto 6-12: Üppige Akaziendornstrauchvegetation des „Märchenwaldes" am Lauf des Oberen Wadi Howars 211
Foto 6-13: Flach überstrichenes Gelände mit verteiltem Pflanzenbewuchs 211
Foto 6-14: Dichter Galleriewald im Bereich des „Märchenwaldes" 211
Foto 6-15: Verhärtete Dünen und Polstervegetation im Bereich des oberen Mittleren Wadi Howar 212
Foto 6-16: Vereinzelter Akazienhain im Verlauf des Mittleren Wadi Howars . 212
Foto 6-17: Strauchvegetation im unteren Wadi Howar 212
Foto 6-18: Gizzu-Vegetation im Bereich des Mittleren Wadi Howars 212
Foto 6-19: Trockene Gizzu-Vegetation 212
Foto 6-20: Hillock im Bereich des Unteren Wadi Howars, hier ein Shau-Strauch 212
Foto 6-21: Zaghawa-Frauen sammeln Wildgetreide 214
Foto 6-22: Regenfeldbau an einem Hang im Bereich südlich des WHNP 214
Foto 6-23: Region der Maidob Hills 216
Foto 6-24: Felsbilder bei Zolat el Hammad 220

Fotoverzeichnis

Foto 6-25: Die Sandsteinsäulen bei Zolat el Hammad 221
Foto 6-26: Siedeldüne mit Ton- und Steinartefakten sowie Knochen 223
Foto 6-27: Vandalismus an archäologischen Felsritzungen, Ägypten 227
Foto 6-28: Vandalismus an archäologischen Felsritzungen, Westsahara 227
Foto 6-29: Die Festungsanlage Gala Abu Ahmed am Ufer des Wadi Howar. .. 238
Foto 6-30: Die Mauern der Festung Gala Abu Ahmed 238

Anhang

Questionnaire on protected areas (PA) in Sudan

Khartoum

Protected areas general

- state of PA in the Sudan
- major achievements
- main problems
- involved actors/stake holders
- influence of land use/land tenure/agriculture
- state of financing
- role of participation of local people
- needs
    - o institutional
    - o financial
    - o personnel
    - o participation
- future planning (national system of PA)
- haves and needs of spatial information
    - o maps
    - o GIS

Dinder National Park

- major achievements
- main threats
- involved actors/stake holders

Questionnaire on protected areas (PA) in Sudan

- influence of land use/land tenure/agriculture
- role of village development committees
- relation between park management and local population
- state of financing
- needs
    o institutional
    o financial
    o personnel
    o participation
- recent developments
- transboundary cooperation

Wadi Howar National Park

- state of implementation
- main threats
- sense of establishing a PA in Darfur
- relation between land use and conflicts
- needs
    o institutional
    o financial
    o personnel
    o participation
- transboundary cooperation

Interviews around DNP

Villages

- general attitude towards the park
- which attitude towards village development committees
- what do you / the people expect / need from the park management
- how you see your involvement in the management
- relation between protection of natural resources and long term income assurance
- benefits of the park
- which benefits from the activities from DNPP / revolving funds
- restrictions which concern the income / economic situation
- conflicts between settled farmers and nomadic groups
- which experience with the wildlife forces
- which suggestions for improvement of the park

Ranger

- general attitude
- needs
- equipment
- training/education
- relation with local population
- attitude towards intruders

Liste der geführten Interviews

Liste der geführten Interviews

	Name	Institution	Ort und Datum
1	ABDELHAMEED, S. M.	Wildlife Research Centre, Director	Khartum, verschiedene Treffen September 2005-März 2007
2	ABDELRAHMAN, A.	Ministry of Agriculture, Land Use and International Relations	Khartum, 17.04.2006 und 15.03.2007
3	ABDELSALAM, A. A.	NBI, National Project Coordinator, Sudan	Khartum, 11.03.2007
4	ABUREIDA, H.	University of Juba, Department of Wildlife	Khartum, 02.04.2006 DNP, 15.04.2006
5	AHMED, S. G.	University of Juba, Dean of the College of Natural Resources and Environmental Studies	Khartum, 02.04.2006
6	AHASA, J. O.	University of Juba, College of Natural Resources and Environmental Studies	Khartum, 22.09.2005
7	ADDE, A.	Geological Research Authority of the Sudan	Khartum, 20.09.2005
8	ADIL, M.	DNPP, Deputy Project Director	Khartum, 29.09.2005
9	ALGONI, O.	Ministry of Agriculture, Land	Khartum,

Anhang

		Use and International Relations; Range and Pasture Administration; Director	13.03.2007
10	ALI, A. M.	HCENR, Dinder National Park Project, Community Development Specialist	Khartum, 02.05.2006
11	AL-IRAQI, A. M. O.	UNESCO	Khartum, 12.03.2007
	AMIN, M. A.	WCGA, Taxonom und Museumsleiter im Galagu Camp	Galagu Camp, 13.04.2006
12	AMNA, A.	Remote Sensing Authority, Director	Khartum, 04.10.2005
13	ALSAUORI, H. A.	Al Neelain University, Vice Chancellor	Khartum, 02.04.2006
14	ANUR, A.	WCGA	Khartum, verschiedene Treffen September 2005-März 2007
15	AWAD, N. M.	HCENR, Secretary General	Khartum, 22.09.2005
16	BACHIT, B.	Nadus Toursit Company, Genereal Manager	Khartum, 16.04.2007
17	DOKA, A.	Remote Sensing Authority	Khartum, 03.10.2005
18	ELASHA, B. O.	Senior Researcher HCENR, Climate Change Unit	Khartum, 14.03.2007
19	ELAMIN, A. S. M.	Ministry of Tourism and Wildlife	Khartum, 02.04.2006

Liste der geführten Interviews

20	ELDEEN, S.	Ministry of Agriculture, Department of Natural Resources	Khartum, 14.03.2007
21	ESHAT, S.	Range and Pasture administration Gedaref	Khartum, 14.03.2007
22	GAAFAR, A.	Department of Geography, Al Neelain University	Khartum, verschiedene Treffen September 2005-März 2007
23	HAMAD, A.	Manager of Galagu Camp	Galagu Camp, 05.04.2006
24	HANSOHM, D.	UNDP, Senior Economic Advisor	Khartum, 12.03.2007
25	HASSAN, H. M.	The Worl Bank; Nile Basin Initiative, Senior Country Expert	Khartum, 22.09.2005
26	HASSEIN, M. A.	Government of Sennar State, Tourism Manger	Khartum, 10.03.2007
27	HECKEL, J. O.	IUCN Antelope Specialist Group, Horn of Africa, Chair	Berlin, 09.04.2008
28	HUSSEIN, K. M.	Ministry of Tourism and Wildlife, Department of Statistics	Khartum, 10.03.2007
29	HILLER, A.	The World Bank, Senior Water Resources Specialist	Khartum, 22.09.2005
30	ISHAG, B. A.	Chair of the VDC	Um Kura /Um Al Cher, 10.04.2006

Anhang

31	KHALIL, M. S. M.	Tour Operator	Khartum, 14.03.2007
32	LADWIG, A.	Delegation of the European Commission to the Rep. of the Sudan, Second Secretary	Khartum, verschiedene Treffen September 2005-April 2006
33	MAHMUT, A.	Ministry of Agriculture, Land Use and International Relations, Range and Pasture Administration	Khartum, 14.03.2007
34	MOGHRABY, A. I. E.	Consultant for Ecology	Khartum, verschiedene Treffen September 2005-März 2007
35	MOHAMED, B. A.	University of Juba, Vice Chancellor	Khartum, 02.04.2006
36	MULUDIANG, V. T.	University of Juba, Department of Demography	Khartum, 02.04.2006
37	MUTWAKIL, H.	UNDP, Senior Programme Associate - Environment	Khartum, 02.10.2005
38	NIMIR, M. B.	HCENR, SECS, UNESCO	Khartum, verschiedene Treffen September 2005-März 2007
39	NURH, A. H.	General Secretary of VDC	Nur Al Medina,

Liste der geführten Interviews

			10.04.2006
40	ÖHM, M.	Friedrich Ebert Stiftung, Resident Representative	Khartum, verschiedene Treffen September 2005-März 2007
41	OSMAN, E.	FAO	Khartum, 02.10.2005
42	OSMAN, M.	Italian Tourism Co., Khartum Office Manager	Khartum, 13.03.2007
43	ÖZE, A.	Austrian Red Cross, Water and Sanitation Delegate	Khartum, 05.10.2005
44	PARTOW, H.	UNEP, Post-Conflict Assessment Unit, Programme Officer	Khartum, 03.10.2005
45	SERAG, M.	WCGA	Khartum, 14.03.2007
46	SULEIMAN, S.	Director of the Dinder National Park	Dinder Town, DNP HQ, 04.05.2006
47	TAHA, S.	Ministry of Agriculture, Land Use and International Relations, Planning Department, Director Agricultural investment administration	Khartum, 12.03.2007
48	TIGALI, M.	Natural Museum of the Khartoum University	Khartum, 03.10.2005
49	WIAHL, J.	German Agro Action, Head of	Khartum, ver-

Anhang

		Project North Darfur	schiedene Treffen September 2005-März 2007
50	DORFBEWOHNER UND EIN VERTRETER DES VDC		En aj Jamal, 10.04.2006

Gebührenliste für Besucher im DNP

Gebührenliste für Besucher im DNP

Entrance Fees / per Person	Fee	Services	Support for Development
Foreigner	15 U$	5000 SD	250 SD
Resident Foreigner	2500SD	1000 SD	500 SD
Sudanese	1000 SD	500 SD	250 SD
Camping within the NP			
Foreigner	3 U$	-	100 SD
Resident Foreigner	500 SD	-	100 SD
Sudanese	500 SD	-	100 SD
Car Entrance Fees (each car)			
Foreigner	5 U$	2000 Sd	500 SD
Resident Foreigner	500 SD	500 Sd	100 SD
Sudanese	500 SD	500 SD	100 SD
Normal Camera Fees			
Foreigner	3 U$	500 SD	100 SD
Resident Foreigner	300 SD	250 SD	50 SD
Sudanese	300 SD	250 SD	50 SD
Video Camera Fees			
Foreigner	25 U$	5000 SD	250 SD
Resident Foreigner	3000	1000	500 SD

Anhang

	SD	SD	
Sudanese	3000 SD	1000 SD	500 SD
Fotos (Commercial Purpose)			
Foreigner	500 U$	10000 SD	1000 SD
Resident Foreigner	50 000 SD	5000 SD	500 SD
Sudanese	50 000 SD	5000 SD	500 SD
Fotos (Educational/Scientific Purpose)			
Foreigner	250 U$	5000 SD	1000 SD
Resident Foreigner	25 000 SD	2500 SD	500 SD
Sudanese	25 000 SD	2500 SD	500 SD
Ranger Accompany			
Foreigner	5 U$	2000 SD	500 SD
Resident Foreigner	1000 SD	2000 SD	500 SD
Sudanese	500 SD	1000 SD	250 SD
1 U$ = 220 SD			
500 SD = 2,3 U$			

Gebührenliste für Besucher im DNP

1000 SD = 4,5 U$			
2000 SD = 9 U$			
2500 SD = 11,3 U$			
5000 SD = 22,6 U$			
10000 SD = 45 U$			

Gebührenübersicht des DNP. Die Gebühren müssen teilweise in US$ und teilweise in Sudanesischen Pfund gezahlt werden. Die Preise sind noch in sudanesischen Dinar angegeben, da das Pfund erst 2007 wieder eingeführt wurde. Der Wechselkurs von Ende 2006 steht in der Tabelle.
Quelle: Auslage im WCGA-Büro in Dinder Stadt

i want morebooks!

Buy your books fast and straightforward online - at one of world's fastest growing online book stores! Environmentally sound due to Print-on-Demand technologies.

Buy your books online at
www.get-morebooks.com

Kaufen Sie Ihre Bücher schnell und unkompliziert online – auf einer der am schnellsten wachsenden Buchhandelsplattformen weltweit! Dank Print-On-Demand umwelt- und ressourcenschonend produziert.

Bücher schneller online kaufen
www.morebooks.de

VDM Verlagsservicegesellschaft mbH
Heinrich-Böcking-Str. 6-8   Telefon: +49 681 3720 174   info@vdm-vsg.de
D - 66121 Saarbrücken   Telefax: +49 681 3720 1749   www.vdm-vsg.de

Printed by Books on Demand GmbH, Norderstedt / Germany